普通高等教育园林景观类
"十三五"规划教材

YUANLIN ZHIWU ZAOJING

园林植物造景

（第二版）

U0177248

主　编　关文灵
副主编　高　凯　李叶芳　李东徽

中国水利水电出版社
www.waterpub.com.cn
·北京·

内 容 提 要

本教材是根据园林专业创新人才培养要求编写的。编写内容参考了近年来国内外相关教材和论著，吸纳了相关领域的最新研究成果，力求反映本学科的发展现状和趋势，并注重本学科的系统性以及与其他相关课程的联系。

本教材内容包括绪论、园林植物的功能作用、园林植物的类群及美学特性、园林植物造景的理论基础、园林植物造景的原则和方法、园林植物种植设计的程序及图纸表现、园林植物与其他景观要素的搭配、各类型绿地的植物造景、植物造景设计实例分析共 8 章内容。

本教材适用于园林、风景园林、城乡规划、景观学、建筑学、环境设计等专业的本专科师生及相关专业人员使用，也可供园林工作者参考。

本教材配套有教学课件，可在 http://www.waterpub.com.cn/softdown 免费下载。

图书在版编目（ＣＩＰ）数据

园林植物造景 / 关文灵主编. -- 2版. -- 北京：
中国水利水电出版社，2017.4（2023.3重印）
普通高等教育园林景观类"十三五"规划教材
ISBN 978-7-5170-5239-5

Ⅰ．①园… Ⅱ．①关… Ⅲ．①园林植物－园林设计－
高等学校－教材 Ⅳ．①TU986.2

中国版本图书馆CIP数据核字(2017)第071568号

书　　名	普通高等教育园林景观类"十三五"规划教材 **园林植物造景（第二版）** YUANLIN ZHIWU ZAOJING	
作　　者	主编　关文灵　副主编　高　凯　李叶芳　李东徽	
出版发行	中国水利水电出版社 （北京市海淀区玉渊潭南路 1 号 D 座　100038） 网址：www.waterpub.com.cn E-mail：sales@mwr.gov.cn 电话：（010）68545888（营销中心）	
经　　售	北京科水图书销售有限公司 电话：（010）68545874、63202643 全国各地新华书店和相关出版物销售网点	
排　　版	中国水利水电出版社微机排版中心	
印　　刷	北京印匠彩色印刷有限公司	
规　　格	210mm×285mm　16 开本　12 印张　384 千字	
版　　次	2013 年 1 月第 1 版　　2015 年 8 月第 3 次印刷 2017 年 4 月第 2 版　　2023 年 3 月第 6 次印刷	
印　　数	16001—19000 册	
定　　价	49.00 元	

本书编委会

主　　编　关文灵　云南农业大学

副 主 编　高　凯　昆明理工大学

　　　　　　李叶芳　云南农业大学

　　　　　　李东徽　云南农业大学

参编人员　曹永琼　昆明学院

　　　　　　陈　贤　云南农业大学

　　　　　　杜　娟　云南农业大学

　　　　　　刘　敏　云南师范大学文理学院

　　　　　　马加升　昆明学院

　　　　　　牛来春　云南师范大学文理学院

　　　　　　夏春华　广东海洋大学

第二版·前言 Preface ‖‖

　　自古至今，植物始终是最重要的园林构景要素之一。作为园林中有生命的材料，植物可随着四季变化呈现不同的面貌而给人以自然美的感受，在园林中即可作为主景，又可作为配景衬托建筑、山石等硬质景观要素。利用植物还可以构成各种各样的自然空间、可以改善环境质量。另外，植物还是文化的载体，能够营造出人文意境。植物造景也叫植物配置或植物种植设计，是按照园林植物的生态习性和园林艺术布局要求，合理配置植物以创造各种优美景观的过程。随着人们生态环境意识的增强，植物在园林中的地位越来越重要，植物造景日益受到关注和重视，已经成为现代园林发展的主流，因此，植物造景设计也已经成为园林景观设计的重要内容。

　　目前我国高校的园林、景观学、艺术设计等专业已开设了"园林植物造景"及其相关课程。植物造景涉及面很广，是一门融农学、工学和艺术为一体的综合性学科，要掌握好该学科并不容易。如何让学生较全面地掌握植物造景的系统知识和应用能力，提高园林专业人才培养质量，是目前园林专业教学中亟待解决的问题。

　　本教材是在第一版的基础上修订编写的。编写内容参考了近年来国内外相关教材和论著，吸纳了相关领域的最新研究成果，力求反映本学科的发展现状和趋势，并注重本学科的系统性以及与其他相关课程的联系，修订了第一版教材中部分错误，并增加了1个新的植物造景案例。本书适用于园林、风景园林、景观学、城乡规划、建筑学、环境设计等专业的本科生及相关专业人员使用，也可供园林工作者参考。

　　教材内容包括绪论、园林植物的功能、园林植物的类群及美学特征、植物造景的理论基础、植物造景的原则和方法、植物造景的程序和图纸表现、植物与其他园林要素的搭配、各类绿地的植物造景、植物造景实例分析等8章内容。本教材运用大量的示意图和照片对植物造景的理论知识和方法进行阐述，力求图文并茂，通俗易懂，并安排了若干植物造景设计的实例供读者参考，使读者对植物造景课程的学习更加简便。

　　本教材由5所高校园林专业主讲教师合作编写完成，具体的编写分工是：杜娟编写绪论；关文灵负责全书统稿和组织，并编写第1章（第1节、第3节和第4节）、第7章（第1节~第3节）和第8章；李叶芳编写第2章；高凯编写第3章；李东徽编写第1章的第2节；夏春华、陈贤共同编写第4章；刘敏编写第5章；曹永琼、马加升共同编写第6章；牛来春编写第7章的第4节~第6节。

　　在编写过程中，杜艳艳、吕丽、叶政平、张蕾、李旋、张巧玲等同学参与了书稿资料的收集整理、图片绘制等工作；宋杰、董则奉和苏州园林设计院有限公司提供了植物造景设计案例，在此一并表示感谢！

　　由于园林植物造景涉及诸多学科领域，编者水平有限，再加上成书仓促，书中难免存在疏漏与不足之处，恳请读者批评指正！

编者

2017 年 1 月

第一版·前言
Preface

    自古至今，植物始终是最重要的园林构景要素之一。作为园林中有生命的材料，植物可随着四季变化呈现不同的面貌而给人以自然美的感受，在园林中既可作为主景，又可作为配景衬托建筑、山石等硬质景观要素。利用植物还可以构成各种各样的自然空间，可以改善环境质量。另外，植物还是文化的载体，能够营造出人文意境。植物造景也称为植物配置或植物种植设计，是按照园林植物的生态习性和园林艺术布局要求，合理配置植物以创造各种优美景观的过程。随着人们生态环境意识的增强，植物在园林中的地位越来越重要，植物造景日益受到关注和重视，已经成为现代园林发展的主流。因此，植物造景也已经成为园林景观设计的重要内容。

    目前我国高校的园林、景观学、艺术设计等专业已开设了园林植物造景及其相关课程。植物造景涉及面很广，是一门融农学、工学和艺术为一体的综合性学科，要掌握好该学科并不容易。如何让学生较全面地掌握植物造景的系统知识和应用能力，提高园林专业人才培养质量，是目前园林专业教学中亟待解决的问题。

    本教材运用大量的示意图和照片对植物造景的理论知识和方法进行阐述，力求图文并茂，通俗易懂，并安排了若干植物造景设计的实例供读者参考，使读者对植物造景课程的学习更加简便。

    本教材由5所高校园林专业主讲教师合作编写完成，具体的编写分工是：杜娟编写绪论；关文灵负责全书统稿和组织，并编写第1章（第1节、第3节和第4节），第7章（第1节~第3节）和第8章；李叶芳编写第2章；高凯编写第3章；李东徽编写第1章的第2节；夏春华、陈贤共同编写第4章；刘敏编写第5章；曹永琼、马加升共同编写第6章；牛来春编写第7章的第4节~第6节。

    在编写过程中，杜艳艳、吕丽、叶政平、张蕾、李旋、张巧玲等同学参与了书稿资料的收集整理、图片绘制等工作；宋杰、董则奉同学提供了第8章植物造景设计部分案例，为本教材的顺利出版付出了辛勤劳动，在此一并表示感谢！

    由于园林植物造景涉及诸多学科领域，编者水平有限，再加上成书仓促，书中难免存在疏漏与不足之处，恳请读者批评指正！

编者

2012 年 9 月

目录
Contents ▌▌▌

第4章　园林植物造景的原则和方法 ·· 059

绪　　论

【本章内容框架】

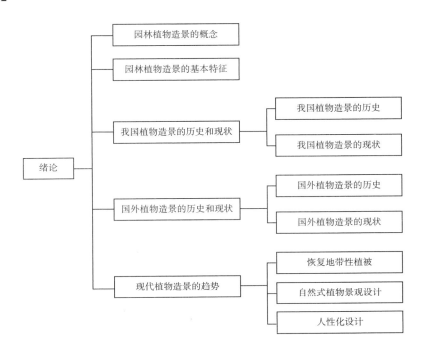

0.1　园林植物造景的概念

　　植物造景又称植物配置、植物种植设计，相当于西方园林中的 Plant Design。目前国内外尚无十分确切的定义。我国传统的植物造景定义为：利用乔木、灌木、藤本、草本植物来创造景观，并发挥植物的形体、线条、色彩等自然美，进而配置成一幅幅美丽动人的画面供人们观赏。随着生态园林建设的深入和发展以及景观生态学、全球生态学等多学科的引入，植物造景的内涵也随着景观的概念范围不断扩展而扩大。传统的植物造景概念、内涵等已不能适应生态时代的需求。植物造景不再仅仅是利用植物来营造艺术效果的景观，它还包含着生态上的景观、文化上的景观，甚至更深更广的含义。因此，植物造景的概念提出是有其时代背景的。植物造景的发展不能仅仅停留在提出概念的那个时代，而应随着时代的发展而不断发展，尤其是随着生态园林的不断发展，这才是适合时代需求的植物造景、持续发展的植物造景。

　　综上所述，编者认为植物造景的新含义为：根据园林总体设计的布局要求，应用不同种类及不同品种的园林植物，按科学性、艺术性及文化性原则，对植物进行合理配置，创造出各种美观、实用的植物景观和园林空间环境，以充分发挥园林综合功能，尤其是生态功能，使环境得以改善。简单地说，植物造景就是在园林环境中营造植物景观的过程、方法。优秀的植物种植设计不仅要考虑植物自身的生长发育特性及生态学因素，还要考虑到艺术审美原则，满足景观功能需要，同时要考虑实用功能的需求，其最终目的是营造美观舒适的植物景观和园林空间，以供人欣赏、游憩。

　　植物是园林重要的造景元素之一，园林植物种植设计是园林总体设计的一项单项设计，是一个重要的不可或缺的组成部分。园林植物与山水地形、建筑、道路及广场等其他园林构成元素之间互相配合、相辅相成，共同完善和深化了园林总体设计。

园林植物造景主要是利用植物并结合其他造景元素，在发挥园林综合功能的需要、满足植物生态习性以及符合园林艺术审美要求的基础上，采用不同的构图形式、不同的园林空间，创造出各式园林景观以满足人们的需要。植物是营造园林景观的主要素材，即使在城市景观设计中，植物造景也占有重要的地位，成为景观设计的重要组成部分。园林景观能否达到美观、实用、经济的效果，很大程度上取决于园林植物的合理配置。

园林植物造景包括2个方面：①各种植物间的配置，要考虑植物种类的选择与组合，平面和立面的构图、色彩、季相以及园林的意境；②植物与其他园林要素如山石、水体、建筑、园路、地形及小品之间的搭配。

我国园林设计一直受到传统文化的影响，特别是儒、道思想的影响，而园林植物的婀娜多姿、俏丽多彩，以及"笑花迎春，绿荫护夏，红叶迎秋，雪植傲冬"的季相变化，被赋予了丰富的文化内涵。可以这么说，一个没有种植植物的园林空间，就失去了其园林艺术的根本所在。因为没有植物造景的空间根本无法表达这个场所的意境，是缺乏感情的，因此也就缺乏了生命力，失去了美的基础，无法引起人的共鸣。由此可见，园林植物在园林景观设计中的重要性。

0.2　园林植物造景的基本特征

园林植物与其他园林素材相比，具有其独特之处。

（1）植物是具有生命的有机体，因而也是最生动、最活泼、最多变的要素，园林景观因此而鲜活。

（2）植物有其固有的生命周期和生长发育规律，植物景观的形成需要一定的时间，因此景观设计效果难以一时形成，但也易于控制和改造。

（3）植物景观具有特殊的园林艺术美——自然美。植物种类繁多，呈现丰富多样的色彩、形体及质地等的差异；而且植物在不同的生长时期具有差异极大的时序变化，呈现不同的外观形貌。如植物在叶色变化上有春色叶、秋色叶的季相变化；花色、果色更是丰富多彩。即使同一种植物，在不同生长时期及不同的立地条件下也会有形态和色彩的变化。正是植物呈现出来的绚丽多彩带给人们丰富的精神享受，并让人充分的感知自然美。植物还能与风、雨、雪、雾等自然因素结合成奇特景象，如风中的杨树叶、雨打芭蕉、踏雪寻梅、高山雾凇等景观，呈现出独有的生动性。

（4）植物景观独立成景。独赏树以及一些观赏树群、树林、花坛等可像其他园林景观一样，成为园林主景。而且在植物生长过程中，还呈现出常新的动态景观变化。

（5）植物景观较硬质景观，造价低廉，更具经济美观特点。

（6）植物景观具有强大的生态功能，能有效地净化园林空间和水源，有益于人的身心健康，并具有防止水土流失、防风固沙的功能，是现代生态园林环境建设不可缺少的部分。

0.3　我国植物造景的历史和现状

0.3.1　我国植物造景的历史

从有关文字记载与汉字形状可知，我国园林的出现与狩猎、观天象及种植有关。

殷商时期，甲骨文中出现囿、圃、园等字。《诗经·鄘风·定之方中》记载："定之方中，作于楚宫，揆之以日，作于楚事。树之榛栗，桐椅梓漆，爰伐琴瑟。"这是描述魏文公于楚秋之地营造宫室的诗歌，营造宫室后种植榛树、栗树、梧桐、梓漆等树，待树木成材后，伐倒制作乐器。《诗经·陈风·东门之枌》记载："东门之枌，宛秋之栩，子仲之下，婆娑其下。"早在 2500 ~ 3000 年前，帝王园苑及村旁就有选择性植树，这虽然谈不上是什么植物景观上的艺术，但已初具雏形。

战国时期，吴王夫差营造"梧桐园""会景园"。《苏州志》记载："穿沿凿池，构亭营桥""所植花木，类多茶与海棠。"此时在宫苑中已开始栽植观赏植物。

秦始皇统一中国，为便于控制各地局势，大修道路，道旁每隔 8m"树以青松"。有人称之为中国最早的行道树栽植。

汉代在秦旧址上翻建的"上林苑"规模宏大，《西京杂记》列举了大量植物名称，但对种植方面的记载甚少。"长杨宫，群植垂杨数亩""池中有一洲，上植树一株，六十余围，忘之重重如车盖。"这是建筑旁林植及池中小岛上孤植树的宏伟景观。

魏晋南北朝是私家园林大发展的时期。由于园主身份不同、素养不同，园林的内容、格调也有所不同，进而对植物景观产生影响。官僚、贵戚的宅院华丽考究，植物多选珍贵稀有或色艳芬芳的种类，如官员张伦的宅院"其中烟花雾草，或倾或倒；霜干风枝，半耸半垂。玉叶金茎，散满阶墀。燃目之琦，裂鼻之馨"。这一时期的植物配置开始有意识地与山水地形结合联系，注重植物的成景作用。

自隋代起，皇家园林内栽植植物转向以观赏为主的植物。《大业杂记》中记载隋炀帝兴建西苑，"草木鸟兽繁息茂盛，桃蹊李径，翠荫交合""过桥百步，即种杨柳修竹，四面郁茂，名花美草，隐映轩陛。其中有逍遥亭，八面合成，鲜花之丽，冠绝今古"。植物栽植作精心布局，使山水、建筑、花木交相辉映，景色如画。

唐代皇家园林中植物景观的地位进一步提升，植物的种植分布以便于赏玩为目的，配置日趋合理。《开元天宝遗事》记载长安御苑兴庆宫内林木蓊郁，景色奇丽，"沉香亭前遍植牡丹，龙池南岸植有叶紫而心殷的醉醒草，池中栽千叶白莲，池岸有竹数十丛"。骊山行宫，在天然植被基础上，进行大量有目的的栽植，出现不同植物且突出各个景区特色的配置手法，重视植物的配置与选择，使诗画情趣开始向植物景观中渗透。白居易诗中有大量描写"插柳作高林，种桃成老树""竹径绕荷花，萦回百余步""一片瑟瑟石，竹竿青青竹"。诗人、画家王维于辋川建造别业，园内利用多种花木群植成景，划分景点，如斤竹岭、木兰柴、宫槐陌、柳浪、椒园及辛夷坞等，每个景点都配诗一首，以"竹里馆"为例，"独坐幽篁里，弹琴复长啸，深林人不知，明月来相照。"

宋徽宗参与设计的"艮岳"中，植物配置注重山与水、地形、建筑结合，配置方式包括孤植、对植、丛植、群植等多种，艮岳内的花木满上遍冈，沿蹊傍陇，连绵不断，四季景色迷人。《御制艮岳记》记载：园内许多景区以植物材料为主体，如植梅万本的"梅岭"，上岗上种丹杏的"杏岫"，叠山石隙遍植黄杨的"黄杨巘"，山冈险奇处植丁香的"丁嶂"，水畔种龙柏万株的"龙柏坡"，以及"椒崖""斑竹麓""海棠川""万松岭""芦渚"等，到处郁郁葱葱，花繁林茂。《东京梦华录》记载东京琼林苑便是一座以植物为主体的园林。"大门牙道皆古松怪柳，两旁有石榴园、樱桃园之类"。苑内"柳锁虹桥，花萦凤舸。其花皆素馨、茉莉、山丹、瑞香、含香、射香"。植物配置从种类选择到配置手法都形成了自身的风格，注重花木形体的对比、姿态的协调、季相的变化；利用乔木、灌木及花草巧妙搭配，结合诗情画意，创造丰富多彩的植物景观。《洛阳名园记》是记载北宋洛阳园林的重要文献，其中较为详尽地描述了当时私家园林丰富的植物景观，富郑公园内大面积的竹林与小面积的梅台形成疏密与明暗的对比。由此可见，北宋洛阳私家园里的显著特点是运用树木成片栽植而构成不同的景观，大量使用植物营造天然之趣。临安为南宋南渡之后的都城所在地，闻名古今的西湖十景已经形成，其中许多景点以植物景观著称。此外"花园酒店"开始兴办，《都城纪胜》提到"花园酒店"城外多有之，城内亦有仿效者，"诸店肆俱有厅院廊庑，排列小小稳便阁儿，吊窗之外，花竹掩映"，这种花木繁茂的花园酒店很受顾客欢迎。

明朝迁都北京，平地造园，天然植被不甚丰富，但经精心营道，也行成了宛若山林的自然生境。万寿山树木蓊郁，三海水面辽阔。夹岸榆、柳、槐多为古树，海中萍荇蒲藻，交青布绿，北海遍植荷花，南海芦苇丛生，颇具水乡风韵。《日下旧闻考》记载"绕禁城门，夹道街槐树""河之西岸，榆柳成行，花畦分列，如田家也"。私家园林与两宋一脉相承，造园更为频繁，遍及全国，植物景观各具地方风格。江南以落叶树为主，配合常绿树，辅以藤萝、竹、芭蕉、草花等构成植物基调，注意树木孤植和丛植的画意，讲究欣赏花木的个体姿态。韵味之美，配合青瓦粉墙，呈现一种恬静雅致若水墨渲染的艺术格调。北京私家园林多为贵戚官僚所有。园内多植松、柏、牡丹、海棠等名贵花木，配合琉璃覆顶，绿窗红柱，色彩浓重，对比强烈，风格大气。岭南私家园林地处南亚热带，植物种类繁多，四季花团锦簇，绿荫葱翠。再者，植物配置思想和手法进一步成熟，以江南私园为例，园中植物材料的选择及造园布局均反映园主的思想情操和精神生活。拙政园以朴树、女贞、枫杨、榔榆及垂柳等乡土树种为基调，配以寓意深远的荷花、梅、竹、橘、枇杷、梧桐、芭蕉等，不难看出园主隐退田园，对清闲自操的生活的向往。留园、网师园、怡园则选用银杏、榉树、玉兰、海棠、牡丹、桂花等植物，呈现花团锦簇、繁荣富贵的景象。

清王朝在园林建设中注重大片绿化和植物配置成景，以自然风景融汇于园林景观。当时的"三山五园"，建筑少而疏朗，园林景观以植物为主，《蓬山密记》中描写畅春园："……又至斋后，上指示所种玉兰、腊梅，岁岁盛开。时荐竹两丛，猗猗青翠，牡丹异种开满阑槛间，国色天香人世罕睹。左有长轩一带，碧棂玉砌，掩映名花……自左岸历绛桃堤、丁香堤，绛桃时已花谢，白丁香初开，琼林瑶蕊，一望参差。黄刺梅含笑耀日，繁艳无比……楼下，牡丹宜佳，玉兰高茂……登舟沿西岸行，葡萄架连数亩，有黑、白、紫、绿诸种，皆自哈密来……入山岭，皆种塞外所移山枫娑罗树。隔岸即万树红霞处，桃花万树皆已成林。上坐待于天馥斋，斋前皆植腊梅。梅花冬不畏寒，开花如南土。"足可见园内花团锦簇，林茂草丰，植物景观引人入胜。香山静宜园规划设计时着重保留原有自然植被，因势利导加以利用，形成富有山地情趣的山地园。《绚秋林诗》记载："山中之树，嘉者有松、有桧、有柏、有槐、有榆，最大者为银杏。有枫，深秋霜老，丹黄朱翠，幻色炫彩。朝旭初射、夕阳返照，绮缬不足以拟其丽，巧匠设色不能穷其工。"至今植物景观依旧鲜明，千姿百态的古松古柏，无论单株、成林都颇具诗画意境。尤其秋季，层林尽染，绮丽绚烂。颐和园万寿山前山与后山的配置手法极具特色。前山宫殿佛寺集结，因此，植以纯粹的松柏为绿化基调，其暗绿色调沉稳凝重，与建筑的亮黄琉璃瓦、深红墙垣形成极其强烈的对比，渲染了皇家园林的恢弘华丽。后山则以松柏与枫、栾、椿、桃、柳间植，姿态多样，树形参差，配合丘壑起伏，山道盘曲，创造出与前山截然不同的幽雅、深邃的林木氛围。

通过对我国传统种植理论的借鉴和吸收学习，才能逐渐形成有民族风格、地方特色及结合现代生活的种植设计之路。如何从我国优秀的古典园林种植设计中汲取精华为现代所用，是每一个当代植物种植设计师值得思考的问题。

0.3.2 我国植物造景的现状

1978年以来，各地园林绿化事业进入了新的快速发展阶段，这一时期，更多的专家、学者进一步认识到用植物营造景观的必要性，因此"植物造景""植物配置"被提到了极其重要的地位，成为现代园林重要标志之一。通过不断探索，在实践中总结了以下特点。

（1）注重生态效益，创造生态景观。随着工业发展，城市人口剧增，城市面积扩大，城市环境和生态平衡受到严重破坏，环境质量显著下降，因此在城市现代化的进程中，人们都以极大的热情关注城市绿色空间的扩展。在绿地中乡土植物、野生植被的应用，借鉴自然植被模拟植物自然群落的种类、结构，注重植物种植的科学性和合理性，在城市绿地适宜地区营造混交林景观、疏林草地景观、灌丛景观、草原景观、湿地植物景观等各类植物生态景观。

（2）挖掘种植潜力，增加植物种类。"多样性导致稳定性"，这是一个最基本的生态学原理。单一植物种群的结构脆弱，景观也显得单调。在城市绿地中要优化种植结构，实行多层次的种植形式，这需要有丰富的植物种类。

（3）继承传统理论，扩充种植形式。现代园林植物种植类型除了传统的自然式树木的孤植、对植、列植、丛植、林植及棚架外，形式更趋多样。有规则式的种植类型，如修剪整齐的绿篱、绿墙，各种盛花花坛、模纹花坛；有继承发展传统花卉应用的花境、花丛、花带等；出现了既美化又有防护降温功能的墙面绿化、软化建筑立面的基础栽植；建筑立面更加生动自然且外部空间的绿色渗入室内。

（4）紧跟时代步伐，丰富种植手法。利用不同植物围合植物空间，运用各类植物空间组织园林景观，这是现代园林有别于古代园林的重要手法。植物种植离不开色块的运用，近年来南北各地常用紫叶小檗或红花檵木、金叶女贞、黄杨三色灌木按动势流线分层次栽植，形成红、黄、绿色彩对比强烈、线条流畅欢快的动势景观，以丰富园林色彩构图。

但目前我国的植物造景还存在一些问题：

（1）物种单调。虽然我国有着丰富的园林植物资源，但目前造景中应用的园林植物种类却较少，多数城市广为应用的园林植物仅为 200 ~ 400 种，且不少园林植物从国外引种，我国特有的观赏植物应用不多。贫乏的植物材料，造成了单调乏味的植物景观。

（2）缺乏科学性。许多植物造景作品在树种选择和搭配方面违背自然科学规律尤其是生态学规律，不讲科学的逆境栽植，带来了难以为继的高昂代价。

（3）艺术性欠缺。在植物造景上，除少数大城市（如杭州）的园林植物造景的科学性及艺术水平较突出外，大部分城市的园林植物造景艺术水平与国际水平相差甚远。千篇一律的设计手法，形成了如出一辙、千城一面的植物景观，缺乏地域特色和自然文化之美。

0.4 国外植物造景的历史和现状

0.4.1 国外植物造景的历史

国外植物造景配置的风格与中国古代迥然不同，园林中多强调理性对于实践的认识作用，提倡改造自然、征服自然，我国目前的植物造景也受到国外植物造园艺术的极大影响。

古埃及人把几何学的概念应用于园林规划设计中，树木按几何式规则及强烈的轴线对称布置，从公元前1375—前 1253 年的埃及古墓壁画上可见一斑。在西欧具有代表性的法国园林和意大利园林中，其植物配置也多为规则式，或将植物修剪成几何造型（图 0.4.1）。16 世纪意大利园林多以常绿树为主，沿着园路和园墙密植并修剪成绿廊或绿墙，台地上还布满以黄杨或柏树修剪成方块状的绿色植坛。

在 18 世纪以后的英国，出现了以开阔的草地、自然栽植的树丛、蜿蜒的小径为特征的自然风景园林。现代西欧各国由于环境问题日益严重，而且受到生态设计思想影响，植物配置趋于自然，并注重植物对环境保护的作用，在植物选择上，兼顾生态效益和视觉艺术效果。

图 0.4.1　法国凡尔赛宫苑的规则式植物景观
（由金月嵘提供）

日本庭院的植物配置由于当地气候、地理特点以及造园师的特殊要求，多采用自然式。树种选择以常绿树为多，与山石、水体一起被称为最主要的造园材料，树木也常常被修剪成一定形状，形成特有的风格。同时比较重视秋色树种的配置，例如成片栽植槭树等。树丛的配置往往采用三对一、二对一、五对一等方式，使游人从任何角度都能看到整个树丛的每株树木。在建筑物旁，常常种植大叶的棕榈科植物和芭蕉等，像中国古典园林景观一样获得"听雨"的意境。在瀑布的泷口常常配置若干乔木或灌木，把瀑布的一部分遮挡住，增加深度感。庭院中的地面也常以细草、小竹、蔓类、羊齿类以及苔藓类等植物覆盖。日本园林植物配置有一个突出特点，即同一园内的植物种类不多，通常以一两种植物作为主景植物，在选择另外一两种植物作为点景植物，层次清楚，形式简洁而美观。当人们从高处鸟瞰园林时，可能会看到整片庭园树林中所植均为松树。但通过类型较少的几种植物的配置，例如用一棵松树再加上几丛杜鹃，却能够形成丰富多变、构图均衡的各种空间。而对于空间的营造，则更多地体现在对园内植物复杂多样的修整技艺中。例如，有的植物修整旨在展开树木，使其枝干之间的空间层次分明，这不仅可以强化枝干的自然形态，还可以突出空间自身。

前苏联园林也比较重视植物配置。前苏联园林学家首先按其观赏特性将园林植物进行分类、分级，例如冠形分为椭圆形、卵形、球形、圆锥形、宝塔形、伞形、自然形、垂枝形及匍匐形等多种；将绿色的叶子按色度分为青绿、黄绿、灰绿3种；将花形花序分为6类。在配置植物时，从平面、立面、色彩、树丛疏密度等方面来考虑其艺术构图及风格。同时，还从林学的角度注意配置乔木、灌木比例；针、阔叶树比例；树木密度和树种比例等，形成了园林植物配置理论，这是现代园林植物配置的基础，对于我国现代园林植物配置理论具有重要的借鉴意义。

0.4.2　国外植物造景的现状

0.4.2.1　现代公园

现代公园式园林面向广大市民，满足公众游览、娱乐的需求。例如纽约中央公园，公园建设特别注意植物景观的创造，尽可能广泛地选用乡土树种和地被植物，进行自然式、组团式种植，并注重强调植物的季相变化。

0.4.2.2　国土绿化

出于环保的需要，现代植物景观已经不仅局限于一个公园或一个风景区，有些国家从国土规划阶段就开始注重植物景观的创造。很多城市从保护自然植被入手，有目的的规划和设计了大片绿带。

0.4.2.3　私人花园

随着经济的发展，主人可以根据自己的爱好布置私家花园。由此形成了诸多风格各异的私家花园，例如微型岩石园、微型水景园、微型台地园及小温室等，并培育出与这些微型花园相适应的低矮植物。与此同时，一大批园林设计师也参与其中，将自然与人工相结合，植物与建筑相结合，创造出一系列令观者动心、访者动情的园林景观。

随着科学及经济飞速的发展、人们艺术修养不断提高以及生态环境改善的要求，人们向往自然、追求生态平衡和丰富多彩、变化无穷的植物美。于是，在植物造景中追求生态效果、提倡自然美已成为新的潮流。西方园林植物景观从规则式发展到现代的以倡导生态和人文相结合的植物景观，经历了数百年的时间。除了创造优美舒适的环境，更重要的是创造适合于人类生活所要求的生态环境。

0.5　现代植物造景的趋势

现代植物造景的发展趋势在于充分的认识地域性自然景观的形成过程和演变规律，并顺应这种规律进行植物配置。因此，设计师不仅要重视植物景观的视觉效果，更要营造出适宜当地自然条件、具有自我更新能力、能够体现当地自然景观风貌的植物类型，使之成为一个园林景观作品乃至一个地区的主要特色。在此基础上，当前的园林植物配置理论及实践应当从以下几个方面进行深入的研究。

0.5.1　恢复地带性植被

在城市绿化建设中，应开发以地带性物种为核心的多样化绿化植物种类，探索乡土树种以及野花、野草在城市植物配置中的合力作用。而在绿地植物景观的设计中，则应该更好地建设养护成本低、多样性丰富的植物群落。

0.5.2　自然式植物景观设计

城市绿地植物景观营造应模拟自然植物群落，追求自然美；优化物种结构及群落外观，重视植物的美感、寓意和韵律效果，产生富有自然气息的美学价值和文化底蕴，达到生态、科学和美学高度和谐统一，并使之与城市景观特色和建筑物造型相融合。

从园林发展的趋势来看，我国园林主要走的是以植物、自然为主，与生态保护相结合的道路。对植物景观设计来说，在原有的基础上赋予其时代内容，符合当今社会发展及生态保护的需要，这是我国园林事业的继承和发扬行之有效的途径。

0.5.3　人性化设计

植物造景围绕着人的需求进行建设、变化。不断趋于文明和理性的社会愈加关注人的需求和健康。植物造景要适合人们的需求，也必须不断地向更为人性化的方向发展。因此，植物造景所创造的环境氛围要充满生活气息，做到景为人用，便于人们的休闲、运动和交流。可以说，植物造景与人的需求完美结合是植物造景的最高境界。

思考题

1. 什么是植物造景？
2. 总结我国传统园林植物造景的特点。
3. 简述现代植物造景的要求及发展趋势。

第1章　园林植物的功能作用

【本章内容框架】

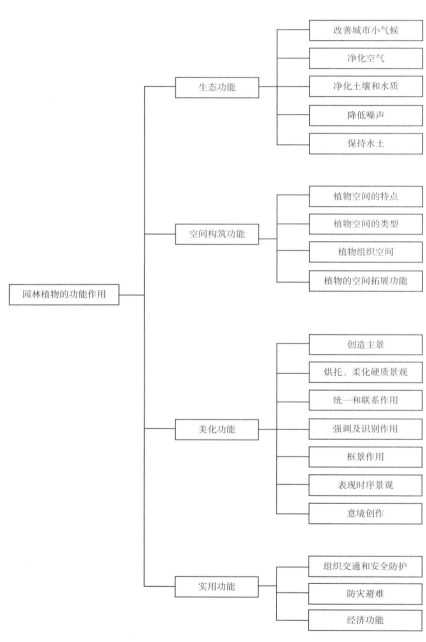

园林植物造景，不仅可以改善生活环境，为人们提供休息和进行文化娱乐活动的场所，而且还为人们创造游览、观赏的艺术空间。它给人以现实生活美的享受，是自然风景的再现和空间艺术的展示。园林植物除有净化空气、降低噪声、减少水土流失、改善环境和防风、庇荫的基本功能外，在园林空间艺术表现中还具有明显的景观特色，而且具有陶冶情操、文化教育的功能。某些园林植物的种植还能带来一定的经济效益。本章重点介绍园林植物的生态功能、空间构筑功能、美化功能和实用功能。

1.1 生态功能

园林植物是城市生态系统的第一生产者，在改善小气候、净化空气和土壤、蓄水防洪，以及维护生态平衡、改善生态环境中起着主导和不可替代的作用。

1.1.1 改善城市小气候

1.1.1.1 调节气温

树木有浓密的树冠，其叶面积一般是树冠面积的 20 倍。太阳光辐射到树冠时，有 20% ~ 25% 的热量被反射回天空，35% 的热量被树冠吸收，加上树木蒸腾作用所消耗的热量，树木可有效降低空气温度。据测定，有树阴的地方比没有树阴的地方一般要低 3 ~ 5℃；在冬季，一般在林内比对照地点温度提高 1℃ 左右。

垂直绿化对于降低墙面温度的作用也很明显。根据对复旦大学宿舍楼的测定结果，爬满爬山虎的外墙面与没有绿化的外墙面相比表面温度平均相差 5℃ 左右。另据测定，在房屋东墙上爬满爬山虎，可使墙壁温度降低 4.5℃。

1.1.1.2 增加空气湿度

据测定，每公顷阔叶林比同面积裸地蒸发的水量高 20 倍。每公顷油松林一天的蒸腾量为 4.36 万 ~ 5.02 万 kg。宽 10.5m 的乔离木林带，可使近 600m 范围内的空气湿度显著增加。据北京市测定，平均每公顷绿地日平均蒸腾水量为 18.2 万 kg，北京市建成区绿地日平均蒸腾水量 34.2 亿 kg。南京市多以悬铃木作为行道树，在夏季对北京东路与北京西路相对湿度做了比较，因北京西路上行道树完全郁闭，其相对湿度最大差值可达 20% 以上。

1.1.1.3 控制强光与反光

应用栽植树木的方式，可遮挡或柔化直射光或反射光。树木控制强光与反光的效果，取决于其体积及密度。单数叶片的日射量，随着叶质不同而异，一般在 10% ~ 30%。若多数叶片重叠，则透过的日射量更少。

1.1.1.4 防风

乔木或灌木可以通过阻碍、引导、渗透等方式控制风速，亦因树木体积、树型、叶密度与滞留度，以及树木栽植地点，而影响控制风速的效应。群植树木可形成防风带，其大小因树高与渗透度而异。一般而言，防风植物带的高度与宽度比为 1 : 11.5 时及防风植物带密度在 50% ~ 60% 时防风效率最佳。

1.1.2 净化空气

1.1.2.1 维持空气中二氧化碳和氧气的平衡

园林植物在进行光合作用时，大量吸收二氧化碳，释放氧气。通常情况下，大气中的二氧化碳含量约为 0.032%，但在城市环境中，有时高达 0.05% ~ 0.07%。绿色植物每积累 1000kg 干物质，要从大气中吸收 1800kg 二氧化碳，放出 1300kg 氧气，对维持城市环境中的氧气和二氧化碳的平衡有着重要作用。计算表明，一株叶片总面积为 1600m^2 的山毛榉可吸收二氧化碳约 2352g/h，释放氧气 1712g/h。生长良好的草坪，可吸收二氧化碳 15kg/hm^2·h，而每人呼出二氧化碳约为 38g/h，在白天如有 25m^2 的草坪就可以把一个人呼出的二氧化碳全部吸收。

1.1.2.2 吸收有害气体

城市环境尤其是工矿区空气中的污染物很多，最主要的有二氧化硫、酸雾、氯气、氟化氢、苯、酚、氨及铅汞蒸气等，这些气体虽然对植物生长是有害的，但在一定浓度下，有许多植物对它们亦具有吸收能力和净化作用。在上述有害气体中，以二氧化硫的数量最多、分布最广、危害最大。绿色植物的叶片表面吸收二氧化硫的能力最强，在处于二氧化硫污染的环境里，有的植物叶片内吸收积聚的硫含量可高达正常含量的 5 ~ 10 倍，随着植物叶片衰老和凋落、新叶产生，植物体又可恢复吸收能力。夹竹桃、广玉兰、龙柏、罗汉松、银杏、臭椿、垂柳及悬铃木等树木吸收二氧化硫的能力较强。

据测定，每公顷干叶量为 2.5t 的刺槐林，可吸收氯 42kg，构树、合欢、紫荆等也有较强的吸氯能力。生长在有氨气环境中的植物，能直接吸收空气中的氨作为自身营养（可满足自身需要量的 10% ~ 20%）；很多植物如大叶黄杨、女贞、悬铃木、石榴、白榆等可在铅、汞等重金属存在的环境中正常生长；樟树、悬铃木、刺槐以及海桐等有较强的吸收臭氧的能力；女贞、泡桐、刺槐、大叶黄杨等有较强的吸氟能力，其中女贞吸氟能力比一般树木高 100 倍以上。

1.1.2.3　吸滞粉尘

空气中的大量尘埃既危害人们的身体健康，也对精密仪器的产品质量有明显影响。树木的枝叶茂密，可以大大降低风速，从而使大尘埃下降，不少植物的躯干、枝叶外表粗糙，在小枝、叶子处生长着绒毛，叶缘锯齿和叶脉凹凸处及一些植物分泌的黏液，都能对空气中的小尘埃有很好的黏附作用。沾满灰尘的叶片经雨水冲刷，又可恢复吸滞灰尘的能力。

据观测，有绿化林带阻挡的地段，比无树木的空旷地降尘量少 23.4% ~ 51.7%，飘尘少 37% ~ 60%，铺草坪的运动场比裸地运动场上空的灰尘少 2/3 ~ 5/6。树木的滞尘能力与树冠高低、总叶面积、叶片大小、着生角度及表面粗糙程度等因素有关。刺楸、白榆、朴树、重阳木、刺槐、臭椿、悬铃木、女贞、泡桐等树种的防尘效果较好。

1.1.2.4　杀灭细菌

空气中有许多致病的细菌，而绿色植物如樟树、黄连木、松树、白榆、侧柏等能分泌挥发性的植物杀菌素，可杀死空气中的细菌。松树所挥发的杀菌素对肺结核病人有良好的作用，圆柏林分泌出的杀菌素可杀死白喉、肺结核、痢疾等病原体。

地面水在经过 30 ~ 40m 林带后，水中含菌数量比不经过林带的减少 1/2；在通过 50m 宽、30 年生的杨树和桦木混变林后，其含菌量能减少 90%。有些水生植物如水葱、田蓟、水生薄荷等也能杀死水中的细菌。

杀菌能力强的植物有油松、桑树、核桃等；较强的有白皮松、侧柏、圆柏、洒金柏、栾树、国槐、杜仲、泡桐、悬铃木、臭椿、碧桃、紫叶李、金银木、珍珠梅、紫穗槐、紫丁香和美人蕉；中等的有华山松、构树、银杏、绒毛白蜡、元宝枫、海州常山、紫薇、木槿、鸢尾、地肤；较弱的有洋白蜡、毛白杨、玉兰、玫瑰、太平花、樱花、野蔷薇、迎春及萱草。

1.1.3　净化土壤和水质

城市和郊区的水及土壤常受到工厂废水及居民生活污水的污染而影响环境卫生和人们的身体健康。绿色植物能够吸收污水及土壤中的硫化物、氰、磷酸盐、有机氯、悬浮物及许多有机化合物，可以减少污水中的细菌含量，起到净化污水及土壤的作用。绿色植物体内有许多酶的催化剂，有解毒能力。有机污染物渗入植物体后，可被酶改变而毒性减轻。

含氨的污水流过 30 ~ 40m 宽的林带后，氨的含量可降低 1/2 ~ 2/3，通过 30 ~ 40m 宽的林带后，水中所含的细菌量比不经过林带的减少 1/2。许多水生植物和沼生植物对净化城市污水有明显的作用。在实验水池中种植芦苇后，水中的悬浮物可减少 30%、氯化物减少 90%、有机氯减少 60%、磷酸盐减少 20%、氨减少 66%、总硬度减少 33%。水葱可吸收污水池中有机化合物，凤眼莲能从污水里吸取汞、银、金及铅等金属物质，并有降低镉、酚、铬等有机化合物的能力。

1.1.4　降低噪声

城市的噪声污染已成为一大公害，是城市应解决的问题。声波的振动可以被树的枝叶、嫩枝所吸收，尤其是那些有许多又厚又新鲜叶子的树木。长着细叶柄，具有较大的弹性和振动程度的植物，可以反射声音。在阻隔噪声方面，植物的存在可使噪声减弱，其噪声控制效果受到植物高度、种类、种植密度、音源、听者相对位置的影响。大体而言，常绿树较落叶树效果为佳，若与地形、软质建材、硬面材料配合，会得到良好的隔音效果。一般来说，噪声通过林带后比空地上同距离的自然衰减量多 10～15dB。据南京环境保护办公室测定：噪声通过 18m 宽、由两行圆柏及一行雪松构成的林带后减少 16dB；而通过 36m 宽同类林带后，则减少 30dB。

1.1.5 保持水土

树木和草地对保持水土有非常显著的功能。当自然降雨时，有 15%～40% 的水量被树冠截留或蒸发，5%～10% 的水量被地表蒸发，地表的径流量仅占 0～1%，即 50%～80% 的水量被林地上一层厚而松的枯枝落叶所吸收，然后逐步渗入到土壤中，变成地下径流，因此植物具有涵养水源、保持水土的作用。坡地上铺草能有效防止土壤被冲刷流失，这是由于植物的根系形成纤维网络，从而加固土壤。

1.2 空间构筑功能

作为重要的园林实体要素，植物在景观设计营造过程中发挥着重要的作用。有生命的绿色植物是一种有生命的构建材料，除了能作设计的构成因素外，还能使环境充满生机和美感，是设计要素中的"活要素"，为景观设计提供灵感变化。植物以其特有的点、线、面、形体以及个体和群体组合，形成有生命活力的、呈现时空变化性的复杂动态空间，这种空间具有的不同特性都会令人产生不同的视觉感受和心理感受，这正是人们利用植物形成空间的目的。在进行室外景观设计时，植物的空间构筑功能是应该优先考虑的，植物不仅可以限制空间、控制室外空间的私密性，还能构建空间序列和视线序列。

1.2.1 植物空间的特点

营建户外空间时，植物因其本身是一个三度空间的实体，故能成为构建空间结构的主要成分。由于植物的性质迥异于建筑物及其他人造物，所以界定出的空间个性，也异于建筑物所界定的空间。植物在构建空间过程中会呈现出因自身生长变化，形成不同于其他人造物的软质性空间；因枝叶疏密程度不同，形成声音、光线及气流与相邻空间的相互渗透性空间；因常绿、落叶植物的生理特征，形成随季节更替的变化性空间；因不同植物所特有的文化象征性，形成丰富多样的文化性空间。

因此，进行植物景观设计时，可充分发挥植物空间的特点，创造多样有机的柔性空间，丰富室外空间的构成类型，加强外部空间的亲和性。

1.2.2 植物空间的类型

植物构成空间的 3 个要素是地面要素、立面要素和顶面要素。在室外环境中，如能选用恰当的方式将 3 个要素以各种变化配合设计，相互组合形成各种不同的空间类型，给人以不同的心理感受及空间感。所谓空间感是指有地平面、垂直面，以及顶平面单独或共同围合成的具有实在的或暗示性的围合，及人意识到自身与周围事物的相对位置的过程。植物具有的各种天然特征，如色彩、形姿、大小、质地及季相变化等，可以形成各种各样的自然空间，与其他的景观要素搭配、组合，就能创造出更加丰富多变的空间类型（图 1.2.1）。

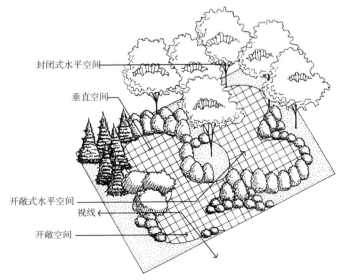

封闭式水平空间

垂直空间

开敞式水平空间

视线

开敞空间

图 1.2.1 各种类型的植物空间
（由喻栾浠绘制）

1.2.2.1 虚实空间

植物可以用于空间中的任何一个平面，植物材料可以在地平面上以不同高度和不同种类的地被植物或矮灌木来暗示空间的边界，从而形成实空间或虚空间（图1.2.2）。

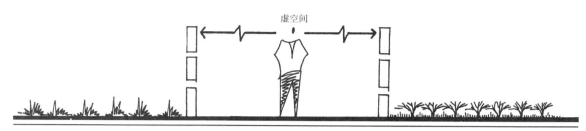

图1.2.2 地被和草坪暗示虚空间的边缘
（由喻栾浠绘制）

在垂直面上，树干如同直立于外部空间的柱子，以暗示的方式形成空间的分隔，其空间封闭程度随树干的大小、疏密，以及种植形式而不同。树干越多，空间围合感就越强，例如自然界的森林、行道树、绿篱和绿墙等（图1.2.3）形成的空间感。

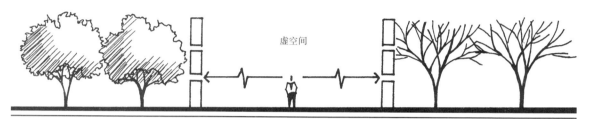

图1.2.3 树干形成虚空间的边缘
（由喻栾浠绘制）

图1.2.4 自然界的森林
（由李东徽提供）

1.2.2.2 开闭空间

园林植物是设计要素中的"活要素"，自身的变化会对空间的封闭程度产生直接影响，因此在选择植物营造空间时，需根据植物的形态特征、生理特性等因素，合理配置营造空间。园林植物自身影响空间围合的因素主要包括：枝干的大小、叶丛的疏密度和分枝的高度等。枝干越多，空间围合感越强，如自然界的森林（图1.2.4）。植物的叶丛变化，同样影响着空间的闭合感，如阔叶或针叶越浓密、体积越大其围合感越强烈。常绿植物能形成周年稳定的空间封闭效果，而落叶植物形成的空间则会随着季节的变化，产生空间属性上的改变。在夏季，落叶植物拥有浓密树叶，能形成一个闭合的空间，从而给人内向的隔离感；而在冬季，同一个空间，则比夏季显得更大、更空旷，因植物落叶后，人们的视线能延伸至树丛限制的空间范围以外的地方，无叶的枝桠仅能暗示着空间的界限（图1.2.5）。

空间封闭 视线受限　　　　　　　　　　空间开敞 视线通透

图1.2.5 夏季、冬季空间封闭性的差异
（由李东徽绘制）

空间的地平面、垂直面、顶平面在室外环境中，以各种变化方式互相组合，形成各种不同感受的空间形式。空间的封闭度总是随围合植物的高矮大小、株距、密度、树冠的形状，以及观赏者与周围植物的相对位置而变化的。例如，当围合植物高大、枝叶密集、株距紧凑并与赏景者距离近时，会显得空间非常封闭。在运用植物构成室外空间时，设计者应首先明确设计目的和空间性质给人的感受，如开敞、闭合、隐秘、公共、紧张及轻松等，然后才能相应地选取和组织设计所要求的植物，营造不同闭合度的空间。借助于植物材料作为空间开闭的限制因素，根据闭合度的不同，大致可分为以下几类空间。

（1）开敞空间。园林植物形成的开敞空间是指在一定区域范围内，人的视线高于四周植物的空间。常规做法是用低矮的灌木、地被植物、草本花卉、草坪等作为空间限制因素，形成四周开敞、外向及无私密性的空间（图1.2.6）。

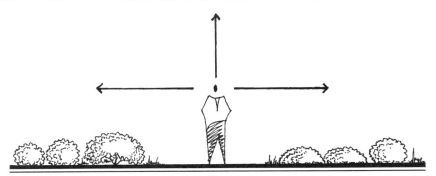

图1.2.6 开敞空间
（由喻栾浠绘制）

开敞空间在开放式绿地、城市公园等园林类型中非常多见，设计师仅用低矮的灌木及地被植物作为空间的限定元素，形成的空间四周开敞、外向、无私密性，完全暴露在天空和阳光之下，视线通透。视野辽阔的视觉感受，容易让人心胸开阔，心情舒畅，产生轻松自由的满足感。

（2）半开敞空间。半开敞空间就是指在一定区域范围内，人的视线一面或多面的受到植物的遮挡，从而形成局部开敞的空间。半开敞空间根据功能和设计需要，开敞的区域有大有小。从一个开敞空间到封闭空间的过渡就是半开敞空间。它可以借助地形、山石、小品等园林要素与植物配置共同完成。半开敞空间的封闭面能够抑制人们的视线，形成围合空间或引导性空间，增加向心和焦点作用（图1.2.7）。

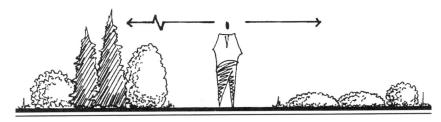

图1.2.7 半开敞空间
（由喻栾浠绘制）

（3）封闭空间。封闭空间是指人处于的区域范围内，四周均被大中小型植物所封闭，这时人的视距缩短，视线受到制约，近景的感染力加强，容易产生亲切感和宁静感，如空间封闭程度极高，空间方向性消失，那么此类空间又将具有很强的隐秘性和隔离感（图1.2.8）。小庭院的植物配置宜采用这种较封闭的空间造景手法，而在一般的绿地中，这样小尺度的空间私密性较强，适宜于年轻人私语或者人们独处和安静休憩。

1.2.2.3 方向空间

不同形态的植物对空间的方向性有着不同的影响。设计师在营造特殊类型空间的过程中，可以根据植物形态的特性，对水平方向和垂直方向加以控制，从而形成具有明确方向导向性的空间。

（1）水平空间。水平空间是指空间中只有水平要素限定，人的视线和行动不被限定，但有一定隐蔽感、覆盖感的空间。此类空间在植物形成的空间中主要以覆盖空间和廊道空间的方式出现，覆盖空间位于树冠下与地面之间，通过植物树干的分枝点高低，浓密的树冠来形成空间感，通常以高大乔木作为空间覆盖的材料，上层空间具有良好的遮阴效果，下层空间又能够为人们提供较大的活动空间和遮阴休息区域，常用于休息广场。此外，攀援植物利用花架、拱门、木廊等攀附生长，也能够构成有效的覆盖空间；廊道空间是由植物行列种植方式。形成的具有较好方向性和运动感的空间，由于有较强的方向性，常用于引导性种植和行道树种植（图1.2.9）。

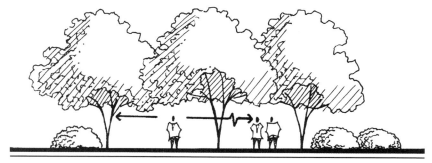

图1.2.8 封闭空间
（由喻栾浠绘制）

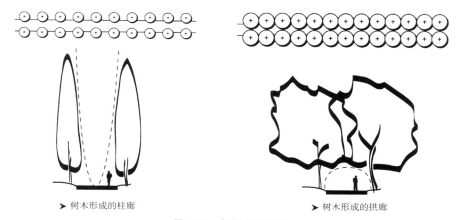

▶ 树木形成的柱廊　　　　　　　　▶ 树木形成的拱廊

图1.2.9 廊道与覆盖空间
（引自汉斯·罗易德.开放空间设计.北京：中国电力出版社，2007）

（2）垂直空间。用植物封闭垂直面，开敞顶平面，就形成了垂直空间。分枝点较低、树冠紧凑的中小乔木形成的树列、修剪整齐的高树篱都可以构成垂直空间。由于垂直空间两侧几乎完全封闭，视线的上部和前方较开敞，极易产生"夹景"效果来突出轴线顶端的景观，狭长的垂直空间可以引导游人的行走路线，对空间端部的景物也起到了障丑显美、加深空间感的作用。纪念性园林中，园路两边常栽植松柏类植物，人在垂直的空间中走向目的地瞻仰纪念碑，就会产生庄严、肃穆的崇敬感。运用高而细的植物能构成一个具有方向性的、直立、朝天开敞的室外空间。这类空间只有上面是敞开的，令人翘首仰望将视线导向空中能给人以强烈的封闭感，人的行动和视线被限定在其内部（图1.2.10）。

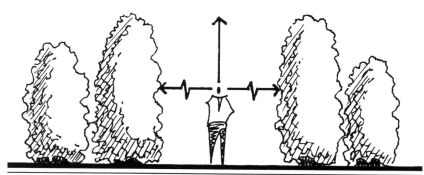

图1.2.10 垂直空间
（由喻栾浠绘制）

1.2.3　植物组织空间

在植物造景的设计过程中，设计师除能用植物材料造出各种有特色的空间外，还应具备利用植物构成互有联系的空间序列和利用植物解决现状条件带来设计影响的能力，通过与其他设计要素的相互配合共同构成空间轮廓，营造出变化多样、类型丰富的外部空间。

1.2.3.1　利用植物营造空间序列

植物如同建筑中的门、墙、窗，合理的使用和发挥各要素的功能，就能为人们创造一个个"房间"，并引导人们进出和穿越一个个空间。设计师在不变动地形的情况下，利用植物调节空间范围内的所有方面，植物一方面改变空间顶平面的遮盖，一方面有选择性地引导和阻止空间序列的视线，从而达到"缩地扩基"的效果，形成欲扬先抑的空间序列（图 1.2.11）。

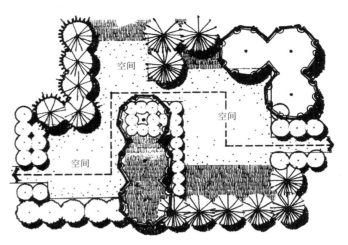

图 1.2.11　植物以建筑方式构成和连接空间序列
（引自诺曼 K·布恩 . 风景园林设计要素 . 北京：中国林业出版社，2006）

1.2.3.2　利用植物强调（弱化）地形变化所形成的空间

对于较小面积且地貌普通的区域，增加种植能使其看起来有不同的空间感。如通过梯状种植的方式，使堤坎看起来抬高或者降低（图 1.2.12）。

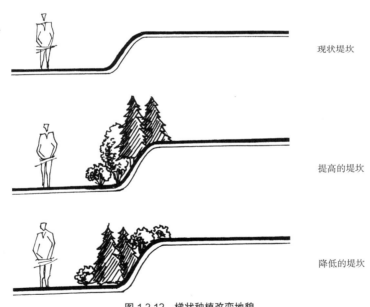

现状堤坎

提高的堤坎

降低的堤坎

图 1.2.12　梯状种植改变地貌
（由戴雪蕊绘制）

同样的方法用于丘陵上，植物种植也能增强或减弱地势。在丘陵顶部种植半高或高大型树木，视线能从树下空隙透出，可以大致判断真实地貌情况，不仅提高了地势，而且增加了丘陵的灵动感；如果顺着丘陵的地形种植封闭的植物组团（如数层乔木与灌木），植物与丘体混为一体，丘陵本来的地形难以辨认，整个地形得以提升，使丘陵看起来更"高"更"大"（图 1.2.13）。

如果植物种植于丘陵边，丘陵的地形会变得模糊，弱化地形的变化；如果植物种植于丘陵前，丘陵的地形被植物遮挡使地形趋向于平坦，从而消减地势（图 1.2.14）。

在较大的坡地上种植植物，如高大植物位于坡底，而低矮浓密的植物种植于坡上，这样能使陡峭的斜坡在视觉上趋于平坦；反之，高大植物种于坡上，而低矮植物种于坡底，视觉上的效果会变为斜坡更陡峭（图 1.2.15）。

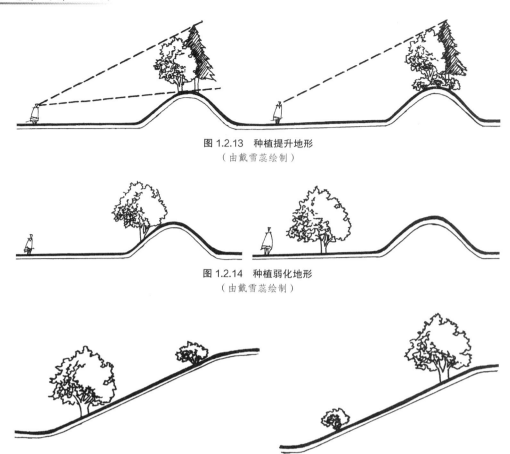

图 1.2.13　种植提升地形
（由戴雪蕊绘制）

图 1.2.14　种植弱化地形
（由戴雪蕊绘制）

图 1.2.15　种植强调或弱化斜坡地形
（由戴雪蕊绘制）

　　综上所述，植物与地形相结合可以强调或弱化甚至消除由于地平面上地形的变化所形成的空间。如果将植物植于凸地形或山脊上，便能明显地增加地形凸起部分的高度，随之增强了相邻的凹地或谷地的空间封闭感。与之相反，植物若被植于凹地或谷地内的底部或周围斜坡上，它们将弱化和消除最初由地形所形成的空间，削弱地形的变化感受。因此为增强由地形构成的空间效果，最有效的办法就是将植物种植于地形顶端、山脊和高地，与此同时让低洼地区更加透空，最好不要种中、高型乔木或少量种植小灌木及地被植物（图 1.2.16）。

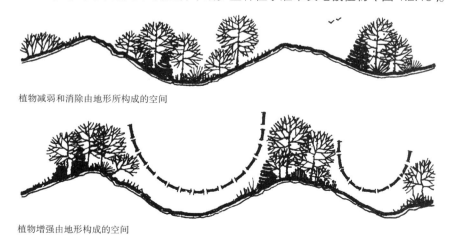

植物减弱和消除由地形所构成的空间

植物增强由地形构成的空间

图 1.2.16　植物与地形结合构成的空间示例
（引自诺曼K·布恩.风景园林设计要素.北京：中国林业出版社，2006）

1.2.3.3　利用植物分割空间

　　城市环境中，如果只有由人工构筑物形成的空间场所，无疑会显得呆板、冷酷、单调、缺乏生气，因此，植物的出现能改变空间构成，完善、柔化、丰富这些空间的范围、布局及空间感受。如建筑物所围合的大空间，经过植物材料的分割，形成许多小空间，从而在硬质的主空间中，分割出了一系列亲切的、富有生命的次空间（图1.2.17）。乡村风景中的植物，同样有类似的功能，林缘、小林地、灌木树篱等，通过围合、连接几种方式，将乡村分割成一系列的空间。

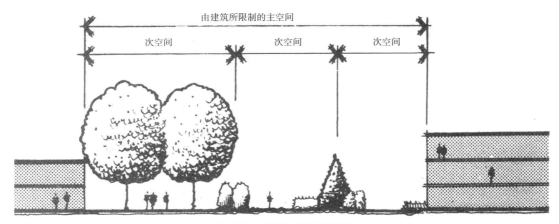

图 1.2.17 植物的空间分隔作用
（引自诺曼 K·布恩.风景园林设计要素.北京：中国林业出版社，2006）

1.2.3.4 利用植物缩小空间

在外部空间设计中，通过对某一植物要素的重复使用，使视觉产生空间错位，从而取得缩小空间的效果（图1.2.18）。

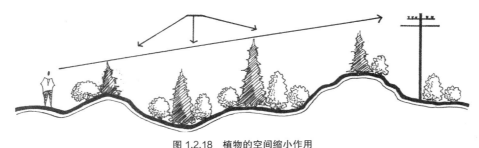

图 1.2.18 植物的空间缩小作用
（由喻柰浠绘制）

1.2.4 植物的空间拓展功能

在景观设计时，可借助植物运用大小、明暗对比的方式，创建室内外过渡型空间，使室内空间得以延续和拓展。例如，利用植物具有与天花板同等高度的树冠，形成覆盖性的方向空间，使建筑室内空间向室外延续和渗透，并在视觉和功能上协调统一（图1.2.19）。

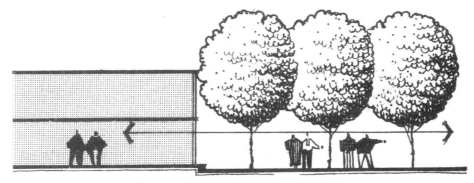

图 1.2.19 树冠构筑的"屋顶"拓展了建筑空间
（引自诺曼 K·布恩.风景园林设计要素.北京：中国林业出版社，2006）

1.3　美化功能

园林植物是一种有生命的景观材料，能使环境充满生机和美感，其美学观赏功能主要包括以下几方面。

1.3.1　创造主景

园林植物作为营造园林景观的重要材料，植物本身具有独特的姿态、色彩、风韵之美，不同的园林植物形态

图 1.3.1　棕榈科植物群落形成主景

各异，变化万千，既可孤植以展示个体之美，又能按照一定的构图方式造景，表现植物的群体之美，还可以根据各自生态习性，合理安排，巧妙搭配，营造出乔、灌、草组合的群落景观（图 1.3.1）。银杏、毛白杨树干通直，气势轩昂，油松曲虬苍劲，铅笔柏则亭亭玉立，这些树木孤立栽培，即可构成园林主景。而秋季变色树种如枫香、乌桕、黄栌、火炬树及银杏等大片种植可以形成"霜叶红于二月花"的景观。许多观果树种如海棠、柿子、山楂、火棘、石榴等的累累硕果可表现出一派丰收的景象。

由于植物还富有神秘的气味，从而会使观赏者产生浓厚的兴趣。许多园林植物芳香宜人，能使人产生愉悦的感受，如白兰花、桂花、腊梅、丁香、茉莉、栀子、兰花、月季和晚香玉等，在园林景观设计中可以利用各种香花植物进行造景，营造"芳香园"景观，也可单独种植于人们经常活动的场所，如在盛夏夜晚纳凉场所附近种植茉莉和晚香玉，微风送香，沁人心脾。

色彩缤纷的草本花卉更是创造观赏景观的好材料。由于花卉种类繁多，色彩丰富，植株矮小，园林应用十分普遍，形式也是多种多样。既可露地栽植，又能盆栽摆放组成花坛、花带或采用各种形式的种植钵，点缀城市环境，创造赏心悦目的自然景观，烘托喜庆气氛，装点人们的生活。

1.3.2　烘托、柔化硬质景观

无论何种形态、质地的植物，都比那些呆板、生硬的建筑物、构筑物和无植被的环境更显得柔和及自然。因此，园林中经常用柔质的植物材料来软化生硬的建筑、构筑物或其他硬质景观，如基础栽植（图 1.3.2）、墙角种植、墙壁绿化（图 1.3.3）等形式。被植物所柔化的空间，比没有植物的空间更加自然和谐。一般体形较大、耸立而庄严、视线开阔的建筑物附近，选栽干高枝粗、树冠开展的树种；在玲珑精致的建筑物四周，选栽一些枝态轻盈、叶小而致密的树种。现代园林中的雕塑、喷泉、建筑小品等也常用植物做装饰，或用绿篱做背景，通过色彩的对比和空间的围合来加强人们对景点的印象，产生烘托效果（图 1.3.4 和图 1.3.5）。

1.3.3　统一和联系作用

园林景观中的植物，尤其是同一种植物，能够使得两个无关联的元素在视觉上联系起来，形成统一的效果。如在两栋缺少联系的建筑之间栽植上植物，可使两栋建筑物构成联系，整个景观的完整感得到加强。要想使独立的两个部分（如植物组团、建筑物或者构筑物等）产生视觉上的联系，只要在两者之间加入相同的元素，并且最好呈水平状态延展，比如球形植物或者匍匐生长的植物（如铺地柏、地被植物等），从而产生"你中有我，我中有你"的感觉，就可以保证景观的视觉连续性，获得统一的效果。

图 1.3.2　基础种植美化了建筑生硬的轮廓

图 1.3.3　垂直绿化美化了墙面

图 1.3.4　绿篱作为背景衬托雕塑

图 1.3.5　植物烘托景石

1.3.4　强调及识别作用

强调作用就是指在户外环境中突出或强调某些特殊的景物。某些植物具有特殊的外形、色彩、质地等格外引人注目，能将观赏者的注意力集中到植物景观上，植物能使空间或景物更加显而易见，更易被认识和辨明。这一点就是植物强调和标示的功能。植物的这一功能是借助它截然不同的大小、形态、色彩或与邻近环绕物不同的质地来完成的，就如种植在一件雕塑作品之后的高大树木。在一些公共场合的出入口、道路交叉点、庭院大门、建筑入口及雕塑小品旁等需要强调、指示的位置合理配置植物，能够引起人们的注意（图 1.3.6）。

1.3.5　框景作用

植物对可见或不可见景物，以及对展现景观的空间序列，

图 1.3.6　入口处的大树起到指示作用

都具有直接的影响。植物以其大量浓密的叶片、有高度感的枝干屏蔽了两旁的景物，为主要景物提供开阔的、无阻拦的视野，从而达到将观赏者的注意力集中到景物上的目的。在这种方式中，植物如同众多的遮挡物，围绕在景物周围，形成一个景框，如同将照片和风景油画装入画框一样（图 1.3.7）。

图 1.3.7　树木的树干形成"画框"

1.3.6　表现时序景观

园林植物随着季节的变化表现出不同的季相特征，春季繁花似锦，夏季绿树成荫，秋季硕果累累，冬季枝干遒劲。这种盛衰荣枯的生命节律，为我们创造园林四时演变的时序景观提供了条件。根据植物的季相变化，把不同观赏特性的植物搭配种植，使得同一地点在不同时期产生特有景观，给人们不同感受，体会时令的变化。

1.3.7　意境创作

中国植物栽培历史悠久，文化灿烂，很多诗、词、歌、赋和民风民俗都留下了歌咏植物的优美篇章，并为各种植物材料赋予了人格化内容，从欣赏植物的形态美升华到欣赏植物的意境美。因此，利用园林植物进行意境的创作是中国传统园林的典型造景风格和宝贵的文化遗产，亟须挖掘整理并发扬光大。

在园林景观创造中可借助植物抒发情怀，寓情于景，情景交融。松苍劲古雅，不畏霜雪严寒的恶劣环境，能在严寒中挺立于高山之巅；梅不畏寒冷，傲雪怒放；竹则"未曾出土先有节，纵凌云处也虚心"。三种植物都具有坚贞不屈，高风亮节的品格，所以被称作"岁寒三友"。其造景形式，意境高雅而鲜明。莲花"出淤泥而不染，濯清涟而不妖，中通外直，不蔓不枝"，用来点缀水景，可营造出清静、脱俗的气氛。牡丹花花朵硕大，富丽华贵，植于高台显得雍容华贵。菊花迎霜开放，深秋吐芳，代表不畏风霜恶劣环境的君子风格。

1.4　实用功能

1.4.1　组织交通和安全防护

在人行道、车行道、高速公路和停车场种植植物时，植物能有助于调节交通。例如，种植带刺的多茎植物是引导步行方向的极好方式。用植物影响车辆交通，依赖于选择的植物种类和车辆速度。高速公路隔离带的植物能将夜晚车灯的亮度减到最小，降低日光的反射。停车场种植植物也能降低热量的反射。从心理角度讲，行道树增添了道路景观，同时又为行人和车辆提供了遮阴的环境。同时，行道树对于减小交通事故危害具有一定作用。

1.4.2　防灾避难

有些植物枝叶含有大量水分，一旦发生火灾，可阻止、隔离火势蔓延，减少火灾损失。如珊瑚树，即使其叶片全都烤焦，也不发生火焰。防火效果好的树种还有厚皮香、山茶、油茶、罗汉松、蚊母、八角金盘、夹竹桃、石栎、海桐、女贞、冬青、枸骨、大叶黄杨、银杏、栓皮栎、苦楝、栲树、青冈栎及苦木等。

1.4.3　经济价值

园林植物具有一定经济价值，可以产生经济效益，其经济价值主要体现在以下几个方面。

（1）利用植物景观进行旅游开发。优美的园林植物景观，会吸引人们回到大自然中去享受无穷乐趣，这就可以促进旅游开发，为园林事业提供大量资金。

（2）生产植物产品。某些园林植物能够生产经济产品，如椰子树生产的果实（椰子）可食用；银杏树生产的叶片和种子（白果）可入药。在不影响园林植物美化和生态防护功能的前提下，可以利用园林植物生产的植物产品创造价值。

在园林植物应用中，应当注意园林植物的生态防护和美化作用是主导的、基本的，园林生产是次要的、派生的，应分清主次，充分发挥园林树木的作用，要防止片面强调生产而影响园林植物主要功能的发挥。

思考题

1. 植物的生态功能主要表现在哪些方面？
2. 植物可以构成哪些类型的空间？
3. 植物的美学功能主要表现在哪些方面？

第2章　园林植物的类群及美学特性

【本章内容框架】

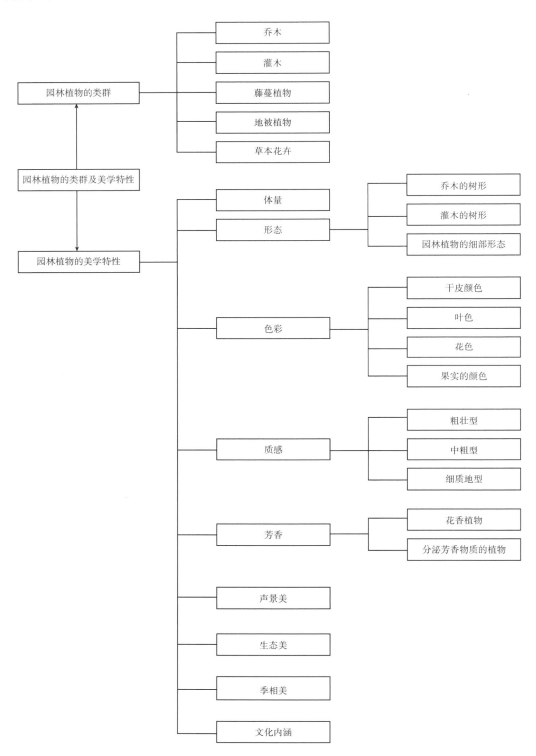

2.1 园林植物的类群

园林植物种类繁多，形态各异，不同植物具有不同的观赏特性，为植物造景提供了丰富的素材。根据植物的生物学特征，园林植物分为木本园林植物（即园林树木）和草本园林植物两大类。其中木本园林植物包括乔木、灌木、藤本植物，草本园林植物包括草本花卉、草坪，以及地被等类型群。每种类型的植物可营造不同的空间效果和结构形式。

2.1.1 乔木

乔木是指树体高大的木本植物，其高度通常在 6m 以上，且具有明显而高大的主干。根据高度，乔木树种又分为大、中、小 3 种。大乔木高 20m 以上，如香樟、毛白杨、雪松、滇朴等；中乔木高 11 ～ 20m，如石楠、玉兰、垂柳等；小乔木高 5 ～ 10m，如垂丝海棠、碧桃、梅花等。依生活习性，乔木还可分为常绿乔木和落叶乔木，依叶片类型则可分为针叶乔木和阔叶乔木。

从景观构成来看，大中型乔木由于体量巨大，往往成为室外环境的基本结构和框架，从而使局部具有立体的轮廓，在景观设计的综合功能中占主导地位。在平面布局中，它将占有突出的地位，可以充当视线的焦点。设计时应首先确定大乔木的位置，再安排其他植物，以完善和增强大乔木形成的结构和空间特征。

小乔木常用作雕塑小品的背景，并可构成框景、漏景等景观效果，也可用以构成亲切宜人的小空间。在狭窄的空间末端小乔木也可以作为一件雕塑或是抽象形象布置，以引导和吸引游人进入此空间。

2.1.2 灌木

灌木是指树体矮小、主干低矮或无明显主干、分枝点低的树木，通常高 6m 以下。灌木通常分为大、中、矮 3 种，高度在 3 ～ 4.5m 的植物为大灌木，中灌木高度为 1 ～ 2m，矮灌木高度 1m 以下。某些乔木树种在人工栽培条件下也可长成灌木状。

在景观中，大灌木能在垂直面上构成四面封闭、顶部开敞的空间。这种空间具有极强向上的趋向性，给人明亮、欢快感。它还能构成极强烈的长廊性空间，将人的视线和行动直接引向终端。大灌木也可以被用作视线屏障和私密控制之用。在小灌木的衬托下大灌木能形成构图的焦点，其形态越狭窄，色彩和质地越明显，其效果越突出。在对比作用方面，它还可作为背景，突出置于其前的一件雕塑或低矮的灌木，因其落叶或常绿的种类不同而其效果各异。

小灌木如迎春、月季等，由于其没有明显的高度，它们不是以实体来封闭空间，而是以暗示的方式来控制空间。在构图上它也具有从视觉上连接其他不相关因素的作用。一般情况下，它只能在设计中充当附属因素。此外，中灌木还能在构图中起到高灌木与矮小灌木之间的视线过渡作用。

2.1.3 藤蔓植物

藤蔓植物是指其自身不能直立生长，需要依附其他物体生长的植物，包括蔓性和攀援性藤本两类。该类植物可以装饰建筑、棚架、亭廊、拱门及点缀山石，可形成独立的景观或起到画龙点睛的作用。凉亭、棚架用攀援植物覆盖后，不但可供观赏，同时可以遮挡夏日骄阳，供人们休息、乘凉。落叶后的藤蔓常形成形体不定的线条，在景观设计中可塑造美丽的线条图案。

藤蔓植物具有占地面积小、绿量大的优势，在用地紧张的城市里，其生态作用和美化作用不可小觑，而且藤蔓植物在空间应用上可依设计者的构想，给予高矮大小不同的支架，达到各种不同的效果，还可用来柔化生硬呆板的人工墙面；并能联络建筑物和其他景观设施物，达到统一的效果；覆于建筑物上或地面，则可以减少太阳眩光、反射热气、降低热气、改善城市气候。

2.1.4 地被植物

地被植物是指那些株丛密集、低矮，经简单管理即可用于代替草坪覆盖在地表、防止水土流失，能吸附尘土、净化空气、减弱噪声、消除污染并具有一定观赏和经济价值的植物。广义的地被植物包括草坪植物。地被植物不仅包括多年生低矮草本植物，还有一些适应性较强的低矮、匍匐型的灌木和藤本植物。"低矮"一词是一个模糊的概念。有学者将地被植物的高度标准为 1m，并认为有些植物在自然生长条件下，植株高度超过 1m，但是，它们具有耐修剪或苗期生长缓慢的特点，通过人为干预，可以将高度控制在 1m 以下，也视为地被植物。国外的学者则将高度标定为 2.5cm 到 1.2m。地被植物可以作为室外空间的"地毯"铺饰地表，能在地面上形成设计所需各种图案，当其与草坪或铺装材料相连时，其边缘构成的线条在视觉上能起到引导视线、范围空间的作用。地被植物的另一功能是从视觉上将其他孤立因素或多组因素联系成一组有机的整体，还可作为衬托其他景物的背景。

2.1.5 草本花卉

花卉有广义和狭义两种意义。本文所指花卉是狭义的花卉，即有观赏价值的草本植物（草本花卉），包括一、二年生花卉和多年生花卉，如凤仙、菊花、一串红、鸡冠花等。花卉往往具有绚丽的花色或叶色，是装点园林色彩、烘托节日氛围的重要造景材料，可广泛用于布置花坛、花境、花缘、花丛、花群或做地被植物使用。

2.2 园林植物的美学特性

园林植物的体量、外形、色彩和质感等是重要的视觉观赏特性，植物的这些观赏特性犹如音乐中的音符以及绘画中的色彩、线条，是情感表现的语言。植物正是通过这些特殊的语言表现出一幅幅美丽动人的景观效果，激发起人们的审美热情。

除此之外，园林植物景观美感要素还包括其他要素如芳香、季相变化、意境（文化）、声景及生态美等方面。

2.2.1 体量

植物的体量（大小和高矮）是植物造景中最重要、最引人注目的特征之一，如果从远距离观赏，这一特征更为突出。植物的大小成为种植设计的骨架，而植物的其他特性为其提供细节。在一个设计中植物的大小和高度，能使整个布局显示出统一性和多样性；使整个布局丰富多彩，植物的林冠线高低错落有致。除色彩的差异外，植物的大小和高度在视觉上的变化特征更为明显。因此，既定的空间中，植物的大小应成为种植设计中首先考虑的观赏特性，其他特性都要服从植物的大小。乔木的体量较大，成年树高度一般在 6m 以上，最高的超过 100m。灌木和草本植物体量一般较小，其高度从数厘米至数米不等（图 2.2.1）。在实际应用中应根据需要选择适当体量的植物种类，所选择植物的体量应与周边环境及其他植物协调。

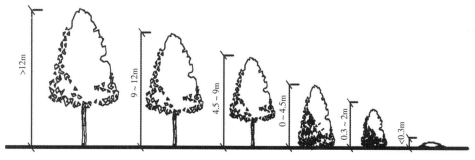

图 2.2.1 园林植物的体量（大小）

2.2.2 形态

园林植物的形态是重要的观赏要素之一，对植物景观的构成起着至关重要的作用，尤其对园林树木而言更是如此。不同的植物形态可引起观赏者不同的视觉感受，因而具有不同的景观效果，或优雅细腻富于风致，或粗犷豪放野趣横生。植物形态包括植株整体外貌（树形），也包括叶、花、果等细部形态。树形是指植物生长过程中表现出的大致外部轮廓。它是由一部分主干、主枝、侧枝及叶幕组成。园林植物的种类丰富，形态各异，不同的植物种类有着属于自己的独特姿态。植物的形态特征主要由树种的遗传性而决定，但也受外界环境因子的影响，也可通过修剪等手法来改变其外形。园林树木整体形态分类见表 2.2.1。

表 2.2.1　　　　　　　　　　　　　　　　　　　园林树木整体形态分类

序号	类型	代 表 植 物	观 赏 效 果
1	圆柱形	桧柏、毛白杨、杜松、塔柏、新疆杨、钻天杨等	高耸、静谧，构成垂直向上的线条
2	塔形	雪松、冷杉、日本金松、南洋杉、日本扁柏、辽东冷杉等	庄重、肃穆，宜与尖塔形建筑或山体搭配
3	圆锥形	圆柏、侧柏、北美香柏、柳杉、竹柏、云杉、马尾松、华山松、罗汉柏、广玉兰、厚皮香、金钱松、水杉、落羽杉、鹅掌楸	庄重、肃穆，宜与尖塔形建筑或山体搭配
4	圆球形或卵圆形	球柏、加杨、毛白杨、丁香、五角枫、樟树、苦楮、桂花、榕树、元宝枫、重阳木、梧桐、黄栌、黄连木、无患子、乌桕、枫香	柔和，无方向感，易于调和
5	馒头形	馒头柳、千头椿	柔和，易于调和
6	扁球形	板栗、青皮槭、榆叶梅等	水平延展
7	伞形	老年油松、老年期的滇朴、合欢、幌伞枫、榉树、鸡爪槭、凤凰木等	水平延展
8	垂枝形	垂柳、龙爪槐、垂榆、垂枝梅等	优雅、平和，将视线引向地面
9	钟形	欧洲山毛榉等	柔和，易于调和，有向上的趋势
10	倒钟形	槐等	柔和，易于调和
11	风致形	特殊环境中的植物如黄山上的"迎客松"	奇特、怪异
12	龙枝形	龙爪桑、龙爪柳、龙爪槐等	扭曲、怪异，创造奇异的效果
13	棕榈形	棕榈、椰子、蒲葵、大王椰子、苏铁、桫椤等	雅致，构成热带风光
14	长卵形	西府海棠、木槿等	自然柔和，易于调和
15	丛生形	千头柏、玫瑰、榆叶梅、绣球、棣棠等	自然柔和
16	拱垂形	连翘、黄刺玫、云南黄馨、迎春、探春、笑靥花、胡枝子等	自然柔和
17	匍匐形	铺地柏、砂地柏、偃柏、鹿角桧、匍地龙柏、偃松、平枝栒子、匍匐栒子、地锦等	伸展，用于地面覆盖
18	雕琢形	修剪整形的植物如：黄杨、雀舌黄杨、小叶女贞、大叶黄杨、海桐、金叶假连翘、塔柏等	具有艺术感
19	扇形	旅人蕉	优雅、柔和

2.2.2.1 乔木的树形

一般而言，针叶乔木类的树形以尖塔形和圆锥形居多，具有严肃端庄的效果，园林中常用于规则式配置；阔叶乔木的树形以卵圆形、圆球形等居多，多有浑厚朴素的效果，常作自然式配置。乔木树种常见的树形有以下几种（图 2.2.2）。

1. 圆柱形或纺锤形

此类植物的中央领导干较长，分棱角度小，枝条贴近主干生长，因而树冠狭窄，多有高耸、静谧的效果，尤其以列植时最为明显。纺锤形植物其形态狭长、顶部尖细。圆柱形植物除了顶部是圆的外，其他形状与纺锤形相同。它们通过引导视线向上的方式，突出空间的垂直面；还能为一个植物群落和空间提供一种垂直感和高度感。

在设计中应慎重使用这类植物，以免造成过多的视线焦点。

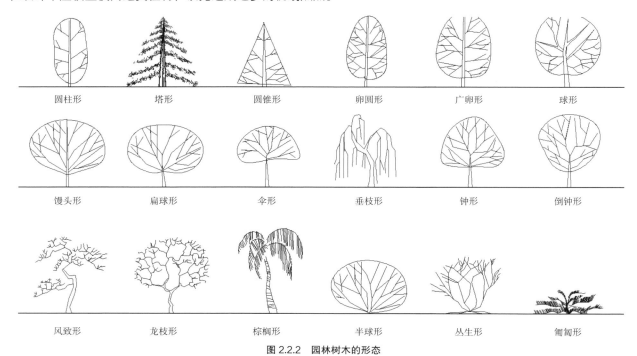

圆柱形　　塔形　　圆锥形　　卵圆形　　广卵形　　球形

馒头形　　扁球形　　伞形　　垂枝形　　钟形　　倒钟形

风致形　　龙枝形　　棕榈形　　半球形　　丛生形　　匍匐形

图 2.2.2　园林树木的形态

2. 圆锥形

此类植物主枝向上斜伸，与主干约呈 45° ~ 60° 角，树冠较丰满，整个形体从底部逐渐往上收缩，外形呈圆锥状，轮廓非常明显，有严肃、端庄的效果，可以成为视线焦点，尤其是与低矮的圆球形植物配置在一起时，对比之下更为醒目。也可以与尖塔形的建筑或尖耸的山巅相呼应。它也可以协调地用在硬质的、几何形状的传统建筑设计中。若植于小土丘上方，还可加强小地形的高耸感。

3. 尖塔形

此类植物中央领导干明显，主枝平展，与主干几乎呈 90° 角。基部主枝最粗长，向上逐渐细短，树冠外形呈尖塔形，具有端庄严肃的效果，其艺术效果及园林用途与圆锥形类似。

4. 圆球形和卵圆形

此类树形的植物较常见，其中央领导干不明显，或在有限高度即分枝。树冠外形呈卵圆形或圆球形，具有朴实、浑厚的效果，给人以亲切感。因其外形圆柔温和，在引导视线方向上即无方向性也无倾向性，因而可以调和其他外形强烈的形体，也可以和其他曲线形的因素相互配合、呼应，并且可以调和外形较强烈的植物类型。与此相类似的树形还有扁球形、倒卵形、钟形和倒钟形等。

5. 伞形和垂枝形

此类植物中央领导干不明显，或在有限高度即分枝。伞形树冠的上部平齐，呈伞状展开，其形态能使设计构图产生一种宽阔感和外延感，会引导视线沿水平方向移动。该类植物多用于从视线的水平方向联系其他植物形态。在构图中这类植物与纺锤形和圆柱形植物形成对比的效果。垂枝形植物具有明显悬垂、下弯的枝条，其有引导人们视线向下的作用。伞形和垂枝形树冠具有柔和优雅的气氛，给人以轻松宁静之感，适植于水边、草地等安静休息区。

6. 棕榈形

自然界中有一类植物形态比较特殊，其主干明显，但不分枝，叶片大型，呈羽状或掌状，集中生于主干顶端。该类植物树姿特异，可展现热带风光，具有此类树形的植物主要是棕榈科、苏铁科、大型蕨类植物。

7. 风致形

该类植物形状奇特，姿态百千，通常是在某些特殊环境中已生存多年的老树，其形态大多数都是有自然造成的。如黄山松长年累月受风吹雨打的锤炼形成特殊的扯旗形。这类植物多作为孤植树，放在突出的位置上，构成独特的景观效果。

2.2.2.2 灌木的树形

园林中应用的灌木，一般受人为干扰较大，经修剪整形后树形往往发生很大的变化。但总体上，可分为 4 大类。

1. 团簇形（丛生形）

此类植物丛生，树冠团簇状，外形呈圆球形、扁球形或卵球形等，多有朴素、浑实之感，造景中最宜用于树群外缘，或装点草坪、路缘和屋基。

2. 长卵形

枝条近直立生长而形成的狭窄树形，有时呈长倒卵形或近于柱状。尽管没有明显主干，但该类树形整体上有明显的垂直轴线，具有挺拔向上的生长势，能突出空间垂直感。

3. 偃卧及匍匐形

此类植株的主干和主枝匍匐地面生长，上部的分枝直立或否。适于用做木本地被或植于坡地、岩石园。这类树冠属于水平展开型，具有水平方向生长的习性，其形状能使设计构图产生广阔感和外延感，引导视线沿水平方向移动。因此，常用于布局中从视线的水平方向联系其他植物形态，并能与平坦的地形、平展的地平线和低矮水平延伸的建筑物相协调。

4. 拱垂形

此类植株枝条细长而拱垂，株形自然优美，多有潇洒之姿，能将人们的视线引向地面，不仅具有随风飘洒、富有画意的姿态，而且下垂的枝条引力向下，构图重心更加稳定还能活跃视线。为能更好地表现该类植物的姿态，一般将其植于有地势高差的坡地、水岸边、花台、挡土墙及自然山石旁等处，使下垂的枝条接近人的视平线，或者在草坪上应用构成视线焦点。

5. 人工造型（雕琢形）

除自然树形外造景中还常对一些萌芽力强、耐修剪的树种进行整形，将树冠修剪成人们所需的各种人工造型。如修剪成球形、柱状、立方体、梯形、圆锥形等各种几何形体或者修剪成各种动物的形状，用于园林点缀。选用的树种应该是枝叶密集、萌芽力强的种类，否则达不到预期的效果。

虽然对树木的形态做了分类，但并不能概括所有植物的外形，有些形状极难描述。即使同一树种，树形并非永远不变，它随着生长发育过程而呈现出规律性的变化，也会因环境和栽培条件的差异而改变，这需要设计师在平时工作生活中多注意观察。设计者必须了解这些变化的规律，对其变化能有一定的预见性，一般所谓某种树有什么样的树形，均指在正常的生长环境下，其成年树的自然外貌。

2.2.2.3 园林植物的细部形态

园林植物的花、果、叶、枝干等细部形态也是植物造景中要考虑的构景要素。

1. 叶的形态

园林植物叶的形状、大小，以及在枝干上的着生方式各不相同。以大小而言，小的如侧柏、桎柳的鳞形叶长 2 ~ 3mm，大的如棕榈类的叶片可长达 5 ~ 6m 甚至 10m 以上。一般而言，叶片大者粗犷，如泡桐、臭椿、悬铃木，小者细腻可爱，如黄杨、胡枝子、合欢等。

叶片的基本形状主要有针形、条形、披针形、卵形、圆形、三角形等多种（图 2.2.3）。而且还有单叶、复叶之别，复叶又有羽状复叶、掌状复叶、三出复叶等类别（图 2.2.4）。

另有一些叶形奇特的种类，更具有观赏性，如银杏呈扇形、鹅掌楸呈马褂状、琴叶榕呈琴肚形、槭树呈葫芦形、龟背竹形若龟背，其他如构骨冬青、变叶木、龙舌兰、羊蹄甲等亦叶形奇特，而芭蕉、长叶刺葵、苏铁、椰子等大型叶具有热带情调，可展现热带风光。

此外，植物叶片的边缘开裂、叶脉排列方式等也往往表现出独特的美感（图 2.2.5 和图 2.2.6）。

2. 花形

花的形态美既表现在花朵或花序本身的形状，也表现在花朵在枝条上排列的方式。花朵有各式各样的形状和大小，有些植物的花形特别，更具观赏性。如广玉兰的花形如荷花，又名荷花玉兰，珙桐头状花序上2枚白色的大包片如同白鸽展翅，被誉为"东方鸽子树"；吊灯花花朵下垂，花瓣细裂，蕊柱突出，宛如古典的宫灯；蝴蝶荚蒾花序宽大，周围的大型不孕花似群蝶飞舞，中间的可孕花如同珍珠，故有"蝴蝶戏珠花"之称；红千层的花序则颇似实验室常用的试管刷。

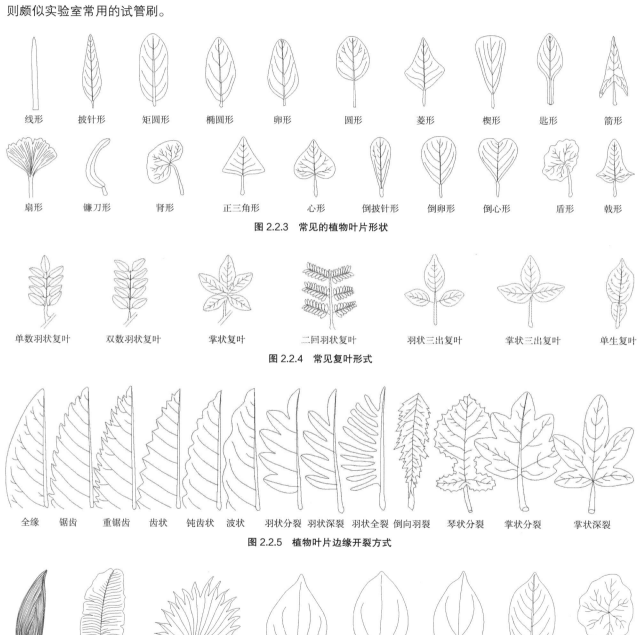

图 2.2.3　常见的植物叶片形状

图 2.2.4　常见复叶形式

图 2.2.5　植物叶片边缘开裂方式

图 2.2.6　植物叶片叶脉排列方式

3. 果形

许多园林植物果实具有观赏性，其观赏特性主要表现在形态和色彩两个方面，果实形态一般以奇、巨、丰为美。

奇是指果形奇特，如菠萝蜜果实似牛胃，腊肠树的果实形似香肠，秤锤树的果实形似秤锤，紫珠的果实宛若晶莹透亮的珍珠。其他果形奇特的还有佛手、黄山栾树、杨桃、木通马兜铃等。

巨是指单果或果穗巨大，如柚子、菠萝蜜的单果重达数公斤，其他如石榴、柿树、苹果、木瓜等均果实较大，而火炬树、葡萄、南天竹虽果实不大，但集生成大果穗。

丰是指全株结果繁密，如火棘、紫珠、花楸、金橘等。

4. 枝干的形态

植物的枝干往往也是重要的观赏要素。树木主干、枝条的形态千差万别、各具特色，或直立、或弯曲，或刚劲、或细柔。如酒瓶椰子树干状如酒瓶、佛肚树的树干状如佛肚；而龟甲竹竹竿下部或中部以下节间极度缩短、肿胀交错成斜面，呈龟甲状；垂柳、龙爪槐的枝自然下垂；龙爪榆、龙爪柳、龙桑的枝自然扭曲。

5. 其他部位的形态

榕树的气生根和支柱根、落羽杉和池杉的呼吸根、人面子的板根等均极具观赏性。

2.2.3 色彩

色彩是最引人关注的视觉特征，是构图的重要因素。园林植物具有非常丰富的色彩，而且在不同的季节里，色彩呈现出不同的特征。因而，植物色彩是植物造景中最令人关注的景观元素之一，令人赏心悦目的植物，首先是色彩动人。植物的色彩通过它的各个部分呈现出来，如叶、花、果、枝干及芽等。

2.2.3.1 干皮颜色

当秋叶落尽，深冬季节，枝干的形态、颜色更加醒目，成为冬季主要的观赏景观。多数植物的干皮颜色为灰褐色，当然也有很多植物的干皮表现为紫红色或红褐色、黄色、绿色、白色或灰色、斑驳色等（表2.2.2）。

表 2.2.2　　　　　　　　　　　　　　　　　常 见 植 物 干 皮 颜 色

颜　色	代 表 植 物
紫色或红褐色	红瑞木、青藏悬钩子、紫竹、马尾松、杉木、山桃、中华樱、樱花、稠李、金钱松、柳杉、日本柳杉等
黄色	金竹、黄槐、连翘等
绿色	棣棠、梧桐、国槐、迎春、幼龄青杨、河北杨、新疆杨等
白色或灰色	白桦、胡桃、毛白杨、银白杨、朴、山茶、柠檬桉、白桉、粉枝柳、考氏悬钩子、老龄新疆杨、漆树等
斑驳	黄金镶碧玉、木瓜、白皮松、榔榆、悬铃木等

2.2.3.2 叶色

在植物的生长周期中，叶片出现的时间最久。叶色与花色及果色一样，是重要的观赏要素。自然界中大多数植物的叶色都为绿色，但仅绿色在自然界中也有深浅明暗不同的种类，多数常绿树种以及山茶、女贞、桂花、榕、毛白杨、构树等落叶植物的叶色为深绿色，而水杉、落羽杉、落叶松、金钱松、玉兰等的叶色为浅绿色。即使是同一绿色植物其颜色也会随着植物生长、季节的变化而改变，如垂柳刚发叶时为黄绿，后逐渐变为淡绿，夏秋季为浓绿；春季银杏和乌桕的叶子为绿色，到了秋季银杏叶为黄色，乌桕叶为红色；鸡爪槭叶片在春季先红后绿，到了秋季又变成红色。凡是叶色随着季节变化出现明显改变，或是植物终年具备似花非花的彩叶，这些植物都被统称为色叶植物或彩叶植物。色叶植物往往表现出像花朵一样绚丽多彩的叶色，极具感染力。利用园林植物的不同叶色可以表现各种艺术效果，尤其是运用秋色叶树种和春色叶树种可以充分表现园林的季相美。色叶植物包括以下几种：

1. 常色叶植物（全年彩叶植物）

常色叶植物是指整个生长期内叶片一直为彩色。叶色季相变化不明显，色彩稳定、长久，如紫叶矮樱、紫叶女贞、红花檵木等。

2. 季相彩色叶植物

园林植物叶片随着季节的变化而呈现不同的色彩。该类植物种类繁多、色彩斑斓。按照季相特征分为春色叶、秋色叶、冬色叶及春秋两季色叶等类型。

（1）春色叶植物。主要呈现红色叶色。有五角枫、红枫、红叶石楠等。

（2）秋色叶植物。叶片色彩主要有红、黄两大类别。叶片金黄色的树种有金钱松、银杏、杨树等。秋叶红艳的树种有枫香、重阳木、丝绵木等。秋叶颜色由黄色转为红色的有水杉、池杉、落羽杉等。

3. 斑彩色叶植物

叶片色彩斑斓、绚丽多姿，有彩边、彩心、花斑、彩脉等，五光十色。如金叶千头柏、日本花柏、斑叶黄杨等都是优良的绿化材料。金边六月雪、变叶木、红桑等是极好的室内观赏树种。

常见色叶植物见表 2.2.3。

表 2.2.3　　　　　　　　　　　　常见色叶植物一览表

分类	子目		代表植物
季相色叶植物	秋色叶	红色/紫红色	枫香、黄栌、乌桕、漆树、卫矛、连香木、黄连木、地锦、五叶地锦、小檗、樱花、盐肤木、野漆、南天竹、花楸、百华花楸、红槲、山楂、大戟狼毒
		金黄色/黄褐色	银杏、红叶杨、白蜡、鹅掌楸、加杨、柳、梧桐、榆、槐、白桦、复叶槭、紫荆、栾树、麻栎、栓皮栎、悬铃木、胡桃、水杉、落叶松、楸树、紫薇、椰榆、酸枣、猕猴桃、七叶树、水榆花楸、腊梅、石榴、黄槐、金缕梅、无患子
	春色叶	春叶 红色/紫红色	清香木、石榴、红叶石楠、天竺桂、卫矛、黄连木、枫香、漆树、鸡爪槭、茶条槭、南蛇藤、红栎、乌桕、火炬树、盐肤木、花楸、南天竺、山楂、枫杨、小檗、爬山虎等
		新叶特殊色彩	云杉、铁力木
常色叶植物	彩缘	黄边	金边龙舌兰
		银边	银边八仙花、银边吊兰、银边常春藤
		红边	红边朱蕉、紫鹅绒等
	彩脉	白色/银色	银脉虾蟆草、银脉凤尾蕨、银脉爵床、白网纹草、喜阴花等
		黄色	金脉爵床、黑叶美叶芋等
		多种色彩	彩纹秋海棠等
		黄色或红色叶片，绿色叶脉	花叶芋、枪刀药等
	斑叶	点状	洒金桃叶珊瑚、洒金一叶兰、细叶变叶木、黄道星点木、洒金常春藤
		线状	斑马小凤梨、斑马鸭趾草、条斑一叶兰、虎皮兰、虎纹小凤梨、金心吊兰等
		块状	花叶蔓长春花、花叶假连翘、花叶扶桑、金心常春藤、锦叶白粉藤、虎耳秋海棠、变叶木、冷水花等
		彩斑	三色虎耳草、菜叶草、七彩朱蕉等
	彩色	红色/紫红色	紫叶苋、美国红栌、红叶景天、紫叶小檗、紫叶李、紫叶桃、紫叶矮樱、紫叶黄栌、紫叶榛、紫叶梓树等
		黄色/金黄色	金叶女贞、金叶雪松、金叶鸡爪槭、金叶圆柏、金叶连翘、金山绣线菊、金焰绣线菊、金叶接骨木、金叶皂荚、金叶刺槐、金叶六道木、金叶风箱果等
		银色	银叶菊、棉毛醉鱼草、银边翠、银叶百里香等
		叶两面颜色不同	银白杨、胡颓子、栓皮栎、红背桂等

2.2.3.3　花色

花色是植物观赏中最为重要的一部分，在植物诸多审美要素中，花色给人的美感最直接、最强烈。要掌握好植物的花色就应该明确植物的花期，同时以色彩理论作为基础，合理搭配花色和花期。正如刘禹锡诗中所述："桃红李白皆夸好，须得垂杨想发挥。"需要注意的是，自然界中某些植物的花色并不是一成不变的，有些植物的花色会随着时间的变化而改变。比如金银花一半都是一蒂双花，刚开花时花色为象牙白色，两三天后变为金黄色，这样新旧相参，黄白互映，所以得名金银花。杏花在含苞待放时是红色，开放后却渐渐变淡，最后几乎变为白色。世界上著名的观赏植物王莲，傍晚时刚出水的蓓蕾为洁白的花朵，第二天清晨，花瓣又闭合起来，待到黄昏花儿再度怒放时，花色变成了淡红色，后又逐渐变成深红色。在变色花中最其妙的要数木芙蓉，一般的木芙蓉，刚开放的花朵为白色灰淡红色，后来渐渐变成深红色，三醉木芙蓉的花可一日三变，清晨刚绽放时是白色，中午变成淡红色，而到了傍晚又变成深红色。

另外有些植物的花色会随着环境的改变而改变，比如八仙花的花色是随着土壤 pH 值的变化而有所变化的，生长在酸性土壤中的花为粉红色，生长在碱性土壤中的花为蓝色，所以八仙花不仅可以用于观赏，而且可以指示土壤的 pH 值。

自然界中植物的花色多种多样，除了红色、白色、黄色、蓝紫色等单色外，还有很多植物的花具有两种甚至多种颜色，而经人类培育的不少栽培品种的花色变化更为丰富。从花期来看，四季均有开花的种类。常见观花植物见表 2.2.4。

表 2.2.4   常 见 观 花 植 物

花 色		代 表 植 物
春花类	白花系列	梨、紫叶李、郁李、山樱花、白碧桃、深山含笑、火棘、海桐、茉莉、瑞香、鹅掌楸、白玉兰、二乔玉兰、泡桐、刺槐、麻叶绣线菊、香荚蒾、毛白杜鹃、厚朴、凹叶厚朴、木香
	红花系列	木棉、红花檵木、蚊母、紫荆、贴梗海棠、垂丝海棠、日本晚樱、毛樱桃、西府海棠、樱花、碧桃、山桃、榆叶梅、丰花月季、美丽锦带花、杜鹃、锦绣杜鹃
	黄花系列	结香、双荚决明、阔叶十大功劳、月桂、元宝枫、棣棠、迎春、云南黄馨、黄蔷薇
	蓝、紫花系列	泡桐、紫藤、常春油麻藤
夏花类	白花系列	广玉兰、白兰花、木莲、柚、柑橘、金橘、南天竹、石楠、木荷、女贞、珊瑚树、栀子花、六月雪、凤尾兰、丝兰、国槐、溲疏、小蜡、水蜡、四照花、糯米条、木本绣球、荚蒾、七叶树、多花蔷薇、金银花
	红花系列	红花木莲、合欢、石榴、金焰绣线菊、金山绣线菊、玫瑰、多花蔷薇、大花蔷薇、十姐妹、木槿、猥实、凌霄、大花六道木
	黄花系列	米籽兰、双荚决明、十大功劳、麻楝、梓树、栾树、复羽叶栾树、全缘栾树、金丝桃、金丝梅、云实
	蓝、紫花系列	蓝花楹、苦楝、紫薇、多花紫薇、大叶醉鱼草、鸡血藤
秋花类	白花系列	茶、八角金盘、鹅掌柴、月季、糯米条、木芙蓉、木槿
	红花系列	木芙蓉、木槿
	黄花系列	桂花、四季桂、双荚决明、黄槐
	蓝、紫花系列	大叶醉鱼草
冬花类	白花系列	山茶花、茶梅、油茶、梅
	红花系列	冬樱花、山茶花、茶梅、梅
	黄花系列	金花茶、腊梅

2.2.3.4 果实的颜色

"一年好景君须记，正是橙黄橘绿时"，自古以来，观果植物在园林中就有运用，比如苏州拙政园的"待霜亭"，亭名取自唐朝诗人韦应物"洞庭须待满林霜"的诗意，因洞庭产橘，待霜降后方红，此处原种植洞庭橘十余株，故此得名。很多植物果实的色彩鲜艳，甚至经冬不落，在百物凋落的冬季也是一道难得的风景。就果色而言，一般以红紫为贵，以黄次之。

常见的观果树种中，不同色系的观果植物见表 2.2.5。

表 2.2.5 常 见 植 物 果 实 颜 色

果实颜色	代 表 植 物
紫蓝色/黑色	越橘、紫叶李、紫珠、葡萄、女贞、白檀、十大功劳、八角金盘、海州常山、刺楸、水腊、西洋常春藤、接骨木、无患子、灯台树、稠李、东京樱花、小叶朴、珊瑚树、香茶、金银花、君迁子等
红色/橘红色	平枝栒子、冬青、红果冬青、小果冬青、南天竺、忍冬、卫矛、山楂、海棠、构骨、枸杞、石楠、火棘、铁冬青、九里香、石榴、木香、欧洲荚蒾、花椒、欧洲花楸、樱桃、欧李、麦李、郁李、沙棘、风箱果、瑞香、山茱萸、小檗、五味子、朱砂根、蛇莓等
白色	珠兰、红瑞木、玉果南天竹等
黄色/橙色	木瓜、柿、柑橘、乳茄、金橘等

2.2.4 质感

植物存在着多种多样的质感，植物的质感分为细致、普通与粗糙。所谓植物的质感，又称质地，是指单株或群体植物直观的粗糙感和光滑感。不同的树种、不同的结构都会带给人以不同的质感感受。例如，有的园林植物树干质感光滑，而有的则非常粗糙；一些叶子大、厚、多毛的树冠显得粗糙厚重，而叶子小、薄、光洁的树冠则显得细腻轻盈；色彩素淡明亮、枝叶稀疏的树冠易产生轻柔的质感，而色彩浓重灰暗、枝叶茂密的树冠则易产生厚重的质感等。

质地除随距离而变化外，落叶植物的质地也随季相的变化而不同。植物的质地会影响许多其他设计因素，其中包括布局的协调性和多样性、视距感以及设计的色调、观赏情趣和气氛。通常将植物的树冠质地分为 3 种：粗壮型、中粗型及细质地型。

2.2.4.1 粗壮型

粗壮型植物通常有大叶片、浓密而粗壮的枝干，以及疏松的生长习性而形成。其观赏价值高、泼辣而有挑逗性。将其与中粗型及细小型植物配置时，会"跳跃"而出。因此，粗壮型植物可作为焦点设计，以吸引观赏者的注意力，或使设计显示出强壮感。该类植物具有强壮感，它能使景物有趋向赏景者的动感，从而造成观赏者与植物间可视距离短于实际距离的幻觉。众多的此类植物，能通过吸收视线"收缩"空间的方式，使某室外空间显得小于其实际面积。这一特性最适合运用于超过人们正常舒适感的空间中。此类植物通常还具有较大的明暗变化，因此，它们多用于不规则的景观中。

2.2.4.2 中粗型

中粗型植物是指那些具有中等大小叶片、枝干，以及具有适度密度的植物。与粗壮型植物相比较，中粗型植物透光性较差，而轮廓较明显。中粗型植物占绝大多数，它在景观设计中占绝大比例，与中间绿色一样，它也应成为设计的一项基本结构，充当粗壮型和细小型植物之间的过渡成分。该类植物还具有将整个布局中的各个成分连接成一个统一整体的能力。

2.2.4.3 细质地型

细质地植物长有许多小叶片和微小脆弱的小枝，具有整齐、密集的特性，如鸡爪槭等。该类植物的特征及观赏特性恰好与粗壮型植物相反。它们通常具有一种"远距"观赏者的倾向，当其大量被植于一个户外空间时，它们会构成一个大于实际空间的幻觉。它被恰当地种植在某些背景中，可使背景展示出整齐、清晰、规则的特征。该类植物最适合在景观中充当更重要的中性背景，为布局提供幽雅、细腻的外表特征。在与粗质和中粗质地植物相互完善时，增强景观变化。

在一个设计中最好是均衡地使用这 3 种不同类型的植物。质地种类太少、布局显得单调，但若种类过多，布局又显得杂乱。对于较小的空间来说，适度的种类搭配更为重要。同样，在质地的选择和使用上必须结合其他观赏特性，以增强所有特性的功能。常见植物的质感见表 2.2.6。

表 2.2.6 **常见植物的质感**

质感类型	代表植物
粗糙	枇杷、向日葵、木槿、蓝刺头、玉簪、梓树、梧桐、悬铃木、泡桐、广玉兰、天女木兰、新疆大叶榆、新疆杨、响叶杨、龟背竹、印度橡皮树、荷花、五叶地锦等
中等	香樟、小叶榕、金光菊、丁香、景天属、大戟属、芍药属、月见草属、羽扇豆属等
细腻	萼距花、石竹、唐松草、金鸡菊、小叶女贞、丝石竹、合欢、含羞草、小叶黄杨、锦熟黄杨、瓜子黄杨、大部分绣线菊属、柳属、大多数针叶树种、白三叶、经修剪的草坪等

植物质感除了受植物叶片的大小、枝条的长短、枝叶的密集程度等的影响，还受树皮质地的影响。

2.2.5 芳香

2.2.5.1 花香植物

人们对于植物景观的要求不仅仅满足于视觉上的美丽，而且是追求一种具有视、听、嗅等全方位美感。许多园林植物具有香味，由此产生的嗅觉感知更具独特的审美效应。有些则能分泌芳香物质如柠檬油、肉桂油等，具有杀菌驱蚊之功效。所以，熟悉和了解园林植物的芳香种类，配植成月月芬芳满园、处处馥郁香甜的香花园是植物造景的一个重要手段。常见的芳香园林植物见表 2.2.7。

表 2.2.7 **常见园林芳香植物**

分类名称	代表植物
香草	香水草、香罗兰、香客来、香囊草、香附草、香身草、晚香玉、碰碰香、鼠尾草、熏衣草、神香草、排香草、灵香草、留兰香、迷迭香、六香草、七里香等
香花	茉莉花、紫茉莉、栀子花、米兰、香珠兰、香雪兰、香豌豆、香玫瑰、香芍药、香茶花、香含笑、香矢车菊、香万寿菊、香型花毛茛、香型大岩桐、野百合、香雪球、香福禄考、香味天竺葵、豆蔻天竺葵、五色梅、番红花、桂竹香、香玉簪、欧洲洋水仙等
香果	香桃、香杏、香梨、香李、香苹果、香核桃、香葡萄（桂花香、玫瑰香 2 种）等水果
香蔬	香芥、香芹、香水芹、根芹菜、孜然芹、香芋、香荆芥、香薄荷、胡椒薄荷等蔬菜
芳香乔木	美国红荚蒾、美国红叶石楠、苏格兰金链树、腊杨梅、美国香桃、美国香柏、日本紫藤、黄金香柳、金缕梅、干枝梅、结香、韩国香杨、欧洲丁香、欧洲小叶椴、七叶树、天师栗、银鹊树、观光木、白玉兰、紫玉兰、望春木兰、红花木莲、醉香含笑、深山含笑、黄心夜合、暴马丁香等
芳香灌木	白花醉鱼草、紫花醉鱼草、山刺枚、多花蔷薇、光叶蔷薇、鸡树条荚蒾、紫丁香等
芳香藤本	香扶芳藤、中国紫藤、藤蔓月季、芳香凌霄、芳香金银花等
香味作物	香稻、香谷、香玉米（黑香糯、彩香糯）、香花生（红珍珠、黑玛瑙）、香大豆等

2.2.5.2 分泌芳香物质的植物

运用芳香植物应该注意：有些芳香植物对人体是有害的，比如夹竹桃的茎、叶、花都有毒，其气味如闻得太久，会使人昏昏欲睡，智力下降；夜来香在夜间停止光合作用后会排出大量废气，这种废气闻起来很香，但对人体健康不利，如果长期把它放在室内，会引起头昏、咳嗽，甚至气喘、失眠；百合花所散发的香味如闻之过久，会使人的中枢神经过度兴奋而引起失眠；松柏类的植物所散出来的芳香气味对人体的肠胃有刺激作用，如闻之过久，不仅影响人的食欲，而且会使孕妇烦躁恶心、头晕目眩；月季花所散发的浓郁香味，初觉芳香可人，时间一长会使一些人产生郁闷不适、呼吸困难。可见，芳香植物也并非全都有益，设计师应该在准备掌握植物生理特性的基础上加以合理的利用。

2.2.6　声景美

听觉也是植物审美的一个方面，园林植物景观的意境美，不仅能使人从视觉上获得诗情画意，而且还能从听觉等感官方面来得到充分的表达。如苏州拙政园的"听雨轩""留听阁"借芭蕉、残荷在风吹雨打的条件下所产生的声响效果而给人以艺术感受；承德避暑山庄中的"万壑松风"景点，也是借风掠松林发出的瑟瑟涛声而感染人的。

植物的声音来自于叶片，在风、雨、雪的作用下发出声音，比如响叶杨因其在风的吹动下发出清脆的声响而得名。针叶树种最易发声，当风吹过树林，便会听到阵阵涛声，有时如万马奔腾，有时似潺潺流水，所以会有"松涛""万壑松风"等景点题名。还有一些叶片较大的植物也会产生声响效果，如拙政园的"留听阁"，因唐代诗人李商隐《宿骆氏亭寄怀崔雍崔衮》诗"秋阴不散霜飞晚，留得枯荷听雨声"而得名，这对荷叶产生的音响效果进行了形象的描述。再如"雨打芭蕉，清声悠远"，唐代诗人白居易的"隔窗知夜雨，芭蕉先有声"最合此时的情景，就在雨打芭蕉的淅沥声里飘逸出浓浓的古典情怀。

2.2.7　生态美

植物为昆虫、鸟类等动物提供了生存的空间，而这些动物又使得植物景观更富情趣，营造出鸟语花香的境界。正所谓"蝉噪林愈静，鸟鸣山更幽"。要想创造出这种效果就不能单纯的研究植物的生态习性，还应了解植物与动物、昆虫之间的关系，利用合理的植物配置为动物、昆虫营造一个适宜的生存空间。比如在进行植物配置时设计师可以选择蜜源植物或结果植物，如矮紫杉、罗汉松、香榧、龟甲冬青、香樟、杨梅、女贞、厚皮香、荚蒾、桃叶珊瑚、十大功劳、火棘、黄杨、海桐及八角金盘等，借此吸引鸟类或者蝴蝶、蜜蜂，形成鸟语花香的优美景致。

2.2.8　季相美

园林植物在一年四季的生长过程中，叶、花、果的形状和色彩随季节而变化，这就是植物的季相。园林植物的季相演变及其独特的形态、色彩、意境之美使其成为唯一具有生命特征的园林要素，它能使园林空间体现出生命的活力，富于四时的变化，让人充分的感知四季的更替及植物的时序之美，因而成为园林的灵魂。利用植物的花开花落、四时季相的不同来模仿四季的交替规律，是中国古典园林中的造景手法之一，同时也是现代城市绿地植物造景重要方法。

2.2.9　文化内涵

园林植物在某种程度上是一种文化的载体。长久以来，人们运用植物的姿态、色彩给人的不同感受而产生的比拟、联想，赋予植物特定的思想感情或借植物表达某一意境，使植物具有深层次的文化内涵，为植物造景提供文化依据。各种植物由于生长环境和抗御外界环境变化的能力不同，在人们的观念中留下了它们各自不同的性格特征。如松刚强、高洁，梅坚挺、孤高，竹刚直、清高，菊傲雪凌霜，兰超尘绝俗，荷清白无染。杭州的西泠印社，以松、竹、梅为主题，比拟文人雅士清高、孤洁的性格。利用植物的文化内涵进行造景，更能提升园林景观的品位。

思考题

1. 简述园林植物的类型及各类植物在造景设计中的应用特点。

2. 阐述校园里10种常见树种的主要观赏特点。

3. 园林植物的文化美包括哪些方面？

第3章 园林植物造景的理论基础

【本章内容框架】

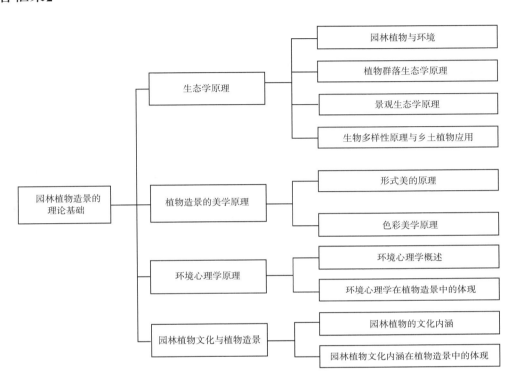

3.1 生态学原理

3.1.1 园林植物与环境

环境一般是指有机体周围的生存空间。就园林植物而言，其环境就是植物体周围的园林空间，在这个空间中存在着阳光、温度、水分、土壤及空气等非生物因子和植物、动物、微生物，以及人类等生物因素。这些非生物因素和生物因素错综复杂的交织在一起，构成了园林植物生存的环境条件，并直接或者间接地影响着园林植物的生存与生长。园林植物在生活过程中始终和周围环境进行着物质和能量交换，既受环境条件制约又影响周围环境。一方面，园林植物以其自身的变异适应不断变化的环境，即环境对植物的塑造或改造作用；另一方面园林植物通过其自身的某些特性和功能具有一定程度和一定范围的环境改造作用。

组成环境的各种因素，即环境因子，如气候因子、土壤因子、地形因子等，在环境因子中对某植物有直接作用的因子称为生态因子。特定园林植物长期生长在某种环境里，受到该环境条件的特定影响，通过新陈代谢，于是在植物的生活过程中就形成了对某些生态因子的特定需要，这就是其生态习性，如仙人掌耐旱不耐寒。有相似生态习性和生态适应性的植物则属于同一个植物生态类型。如水中生长的植物叫水生植物，耐干旱的称为旱生植物，需在强阳光下生长的称为阳性植物，在盐碱土上生长的称为盐生植物等。植物造景要遵循植物生态学原理，尊重植物的生态习性，对各种环境因子进行综合研究分析，然后选择合适的园林植物种类，使得园林中每一种园林植物都有各自理想的生存环境，或者将环境对园林植物的不利影响降到最小，使植物能够正常地生长和发育。

环境中各生态因子对植物的影响是综合的，也就是说园林植物是生活在综合的环境因子中。缺乏某一因子，例如，缺少光、或水、或温度、或土壤等生态因子，园林植物均不可能正常生长。而环境中各生态因子又是相互联系及制约的，并非孤立的。例如，温度的高低和地面相对湿度的高低受光照强度的影响，而光照强度又受地形地貌所左右。

尽管组成环境的所有生态因子都是植物生长发育所必需的，缺一不可的，但对某一种植物，甚至植物的某一生长发育阶段的影响，常常有 1～2 个因子起决定性作用，这种起决定性作用的因子就称为"主导因子"。而其他因子则是从属于主导因子起综合作用的。如橡胶是热带雨林的植物，其主导因子是高温高湿；仙人掌是热带稀树草原植物，其主导因子是高温干燥。这两种植物离开了高温都要死亡。又如高山植物长年生活在云雾缭绕的环境中，在引种到低海拔平地时，空气湿度是存活的主导因子，因此将其种在树阴下，一般较易成活。

常见的主导因子包括温度、水分、光照、空气、土壤几项。

3.1.1.1 温度

1. 温度生态因子的生态学意义

任何植物都是生活在具有一定温度的外界环境中并受着温度变化的影响。植物的生理活动（如光合作用、呼吸作用、蒸腾作用等）、生化反应，都必须在一定的温度条件下才能进行。每种植物的生长都有其特定的最低温度、最适温度和最高温度，即温度三基点。在最适温度范围内，植物各种生理活动进行旺盛，植物生长发育最好。通常情况，温度升高，生理生化反应加快、生长发育加速；温度下降，生理生化反应变慢，生长发育迟缓。但当温度低于或高于植物所能忍受的温度范围时，生长逐渐缓慢、停止，发育受阻，植物开始受害甚至死亡。

温度的变化还能引起环境中其他因子如湿度、降水、风、水中氧的溶解度等的变化，而环境诸因子的综合作用，又能影响植物的生长发育、作物的产量和质量。

2. 节律性变温对植物的影响

节律性变温就是指温度的昼夜变化和季节变化两个方面。温度的季节变化和水分变化的综合作用，使植物产生了物候这一适应方式。例如，大多数植物在春季温度开始升高时发芽、生长，继之出现花蕾；夏秋季高温下开花、结实和果实成熟；秋末低温条件下落叶，随即进入休眠。这种发芽、生长、现蕾、开花、结实、果实成熟、落叶休眠等生长、发育阶段，称为物候期。物候期是各年综合气候条件（特别是温度）如实、准确的反映，也是园林植物造景需着重考虑的要素之一和可资利用的景观资源之一。例如，银杏等植物进入秋季后全树树叶金黄，五角枫、黄栌等园林植物进入秋季后树体通红，是园林的空间维与时间维综合造就的植物季相景观。

昼夜变温对植物的影响主要体现在能提高种子萌发率，对植物生长有明显的促进作用，昼夜温差大则对植物的开花结实有利，并能提高产品品质，影响植物的分布等方面。

3. 极端温度对植物的影响

极端高低温值、升降温速度和高低温持续时间等非节律性变温，对植物都有极大的影响。

（1）低温对植物的影响与植物的生态适应。温度低于一定数值，植物便会因低温而受害，这个数值便称为临界温度。在临界温度以下，温度越低，植物受害越重。低温对植物的伤害，据其原因可分为冷害、霜害和冻害 3 种。冷害是指温度在零度以上仍能使喜温植物受害甚至死亡，即零度以上的低温对植物的伤害。冷害是喜温植物北移的主要障碍。冻害是指冰点以下的低温对植物造成的损害。霜害则是指伴随霜降而形成的低温冻害。此外，在相同条件下降温速度越快，植物受伤害越严重。植物受冻害后，温度急剧回升比缓慢回升受害更重，低温期越长，植物受害也愈重。

（2）高温对植物的影响与植物的生态适应。当温度超过植物适宜温区上限后，会对植物产生伤害作用，使植物生长发育受阻，特别是在开花结实期最易受高温的伤害，并且温度越高，对植物的伤害作用越大。高温可减弱光合作用，增强呼吸作用，使植物的这两个重要生态过程失调，植物因长期饥饿而死亡。高温还可破坏植物的水分平衡，加速生长发育，促使蛋白质凝固和导致有害代谢产物在体内的积累。

4. 温度对植物分布的影响

温度能影响植物的生长发育，是制约植物分布最为关键的生态因子之一。根据植物与温度的关系，从植物分布的角度上可分为两种生态类型：广温植物和窄温植物。广温植物是指能在较宽的温度范围内生活的植物，如松、桦、栎等。窄温植物是指只生活在很窄的温度范围内，不能适应温度较大变动的植物。其中凡是仅能在低温范围内生长发育、最怕高温的植物，称为低温窄温植物，如雪球藻、雪衣藻等只能在冰点温度范围发育繁殖。仅能在高温条件下生长发育、最怕低温的植物，称为高温窄温植物，如椰子、槟榔等只分布在热带高温地区。温度是影响园林植物的引种驯化、异地保护的重要因素。通常北种南移（或高海拔引种到低海拔）比南种北移（或低海拔引种到高海拔）更易成功，草本植物比木本植物更易引种成功；一年生植物比多年生植物更易引种成功；落叶植物比常绿植物容更易引种成功。

3.1.1.2 水分

1. 水分的生态学意义

水是植物生存的物质条件，也是影响植物形态结构、生长发育、繁殖及种子传播等重要的生态因子。但水分过多也不利于植物生长。水分对植物的不利影响可分为旱害和涝害两种。旱害主要是由大气干旱和土壤干旱引起的，它使植物体内的生理活动受到破坏，并使水分平衡失衡。轻则使植物生殖生长受阻，产品品质下降，抗病虫害能力减弱，重则导致植物长期处于萎蔫状态而死亡。涝害则是因土壤水分过多和大气湿度过高引起，淹水条件下土壤严重缺氧、二氧化碳积累，使植物生理活动和土壤中微生物活动不正常、土壤板结、养分流失或失效等。

2. 园林植物对水分的生态适应性

水分是影响植物分布和生态适应性的至关因素之一（图3.1.1），根据环境中水的多少和植物对水分的依赖程度，可将植物分为以下几种生态类型。

（1）水生植物。水生植物是指生长在水中的植物。其适应特点是体内有发达的通气系统，以保证氧气的供应；叶片常呈带状、丝状或极薄，有利于增加采光面积和对二氧化碳与无机盐的吸收；植物体具有较强的弹性和抗扭曲能力，以适应水的流动；淡水植物具有自动调节渗透压的能力，海水植物则是等渗的。水生植物可根据结构特征、生态习性等可划分为挺水植物、浮叶植物、

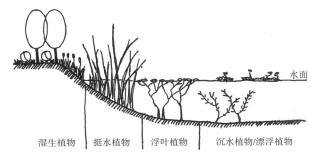

图 3.1.1　水分与植物的分布

漂浮植物和沉水植物等类型（表3.1.1）。

表 3.1.1　　　　　　　　　　　　　　水生植物的生态型分类及特征

类 型	特 征	举 例
挺水植物	植物体的基部或下部生于水中，上面尤其是繁殖体挺出水面。在自然群落中挺水植物一般生于水域近岸或浅水处	红树林植物、荷花、菖蒲、香蒲、水葱、芦苇、菰、水芹、雨久花、水蓼、泽泻等
浮叶植物	植物的根系和地下茎生淤泥中，叶片或植株大部分浮于水面而不挺出	睡莲、王莲、芡实
漂浮植物	植株完全自由地漂浮于水面，根系舒展于水中，可随水流而漂浮，个别种类幼时有根生于泥中，后折断即行漂浮	凤眼莲、浮萍、满江红、槐叶萍
沉水植物	植物体在整个生活史中沉没于水中生活	金色藻、苦草、菹草

（2）陆生植物。此类植物是指在陆地上生长的植物，它包括湿生、中生和旱生植物3类。湿生植物在潮湿环境中生长，不能长时间忍受缺水，是一类抗旱能力最弱的陆生植物。在植物造景中可用的有落羽松、池杉、水松、垂柳及千屈菜等。中生植物生长在水湿条件适中的陆地上，是种类最多、分布最广和数量最大的陆生植物。旱生植物在干旱环境中生长，能忍受较长时间干旱，主要分布在干热草原和荒漠地区，它又可分为少浆液植物和多浆

液植物两类。少浆液植物叶面积缩小，根系发达，原生质渗透压高，含水量极少，如刺叶石竹、骆驼刺等；多浆液植物有发达的贮水组织，多数种类叶片退化而由绿色茎代行光合作用，如仙人掌、瓶子树等。

3.1.1.3 光照

植物依靠叶绿素吸收太阳光能，将二氧化碳和水转化为有机物（主要是淀粉），并释放出氧气，即光合作用。植物通过光合作用利用无机物生产有机物并且贮存能量，是绿色植物赖以生存的关键。因此光照对植物的生长发育至关重要。

1. 光的物理性质及对植物的影响

太阳辐射的波长范围，大约在 0.15 ~ 4μm 之间（图 3.1.2），可分为 3 个主要区域，即波长较短的紫外光区（大于 0.4μm）、波长较长的红外光区（大于 0.76μm）和介于两者之间的可见光区（0.4 ~ 0.76μm）。可见光具有最大的生态学意义，因为只有可见光才能在光合作用中被植物所利用并转化为化学能。植物叶片对可见光区中的红橙光和蓝紫光的吸收率最高，因此这两部分称为生理有效光；绿光被叶片吸收极少，称为生理无效光。

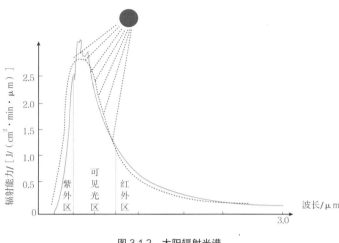

图 3.1.2　太阳辐射光谱

当太阳光透过复层结构的植物群落时，因植物群落对光的吸收、反射和透射，到达地表的光照强度和光质都大大改变了，光照强度大大减弱，而红橙光和蓝紫光也已所剩不多。因此，生长在生态系统不同层次的植物，对光的需求是不同的。

2. 光照强度对园林植物的影响

光照强度直接影响植物的生长发育，不同植物对光照强度的需求和适应性是不同的。在自然界的植物群落组成中，可以看到乔木层、灌木层、地被层。各层植物所处的光照条件都不相同，这是长期适应的结果，从而形成了植物对光的不同生态习性。根据植物对光强的要求，将植物分成阳性植物、阴性植物和居于这两者之间的耐阴植物（表 3.1.2）。但植物的耐阴性是相对的，其喜光程度与纬度、气候、年龄、土壤等条件有密切关系。在低纬度的湿润、温热气候条件下，同一种植物要比在高纬度较冷凉气候条件下耐阴。

表 3.1.2　　　　　　　　　阳性植物、阴性植物及耐阴植物的特征

分　类	特　征	植　物　种　类
阳性植物	适应于强光照地区生活，要求较强的光照，不耐荫蔽。一般需光度为全日照 70% 以上的光强，在自然植物群落中，常为上层乔木	大多数松柏类植物、桉树、椰子、芒果、柳、桦、槐、梅、木棉、银杏、广玉兰、鹅掌楸、白玉兰、紫玉兰、朴树、榆树、毛白杨、合欢等，矮牵牛、鸢尾等一、二年生及多年生草本花卉
阴性植物	一般需光度为全日照的 5% ~ 20%，不能忍受过强的光照，在较弱的光照条件下，比在强光下生长良好。常处于自然植物群落中、下层，或生长在潮湿背阴处	铁杉、红豆杉、云杉、冷杉、文竹、杜鹃花、茶、中华常春藤、地锦、人参等
耐阴（中性）植物	一般需光度在阳性和阴性植物之间，对光的适应幅度较大，在全日照下生长良好，也能忍受适当的荫蔽。大多数植物属于此类	八角金盘、罗汉松、竹柏、君迁子、棣棠、珍珠梅、绣线菊、玉簪、棣棠、山茶、栀子花、南天竹、海桐、珊瑚树、大叶黄杨、蚊母树、迎春、十大功劳、八仙花等

3. 日照长度对园林植物的影响

日照长度是指白昼的持续时数或太阳的可照时数。日照长度对植物的开花有重要影响，植物的开花具有光周期现象，而它受着日照长度决定性的作用。日照长度还对植物休眠和地下贮藏器官形成有明显的影响。根据植物

开花过程与日照长度的关系，可以将植物分为 4 类：长日照植物、短日照植物、中日照植物和日照中性植物（表3.1.3）。

表 3.1.3 　　　　　　　　　　　　　　　　　植物按所需日照长度不同的分类

类　型	特　征	举　例
长日照植物	只有当日照长度超过一定数值（通常大于 14h）时才开花，否则只进行营养生长、不能形成花芽的植物，人为延长光照时间可促使这些植物提前开花。通常自然分布于高纬度地区	唐菖蒲、牡丹、郁金香、睡莲、熏衣草、冬小麦、油菜、菠菜、甜菜、甘蓝和萝卜等
短日照植物	只有当日照长度短于一定数值（通常日照长度短于 12h 或具有 14h 以上的黑暗）才开花，否则只进行营养生长的植物。这类植物通常是在早春或深秋开花	菊花、大丽花、波斯菊、长寿花、牵牛、玉米等
中日照植物	只有当昼夜长短比例接近时才能开花的植物	甘蔗等
日照中性植物	对光照时间长短不敏感的，只要温度、湿度等生长条件适宜，就能开花的植物	蒲公英、黄瓜、番茄等

3.1.1.4　空气

空气中的氧气对园林植物作用甚大，植物生长发育的各个时期都需要氧气进行呼吸作用，为植物生命活动提供能量。氮气是大气成分中组成最多的气体，也是植物体内不可缺少的成分，但是高等植物却不能直接利用它，仅有少数根瘤菌的植物可以用根瘤菌来固定大气中的游离氮。二氧化碳在空气中虽然含量不多，但作用极大，它是光合作用的原料，同时还具有吸收和释放辐射能的作用，影响地面和空气的温度。CO_2 的含量与光合强度密切相关，在正常光照条件下，光照强度不变，随着 CO_2 浓度的增加，植物的光合作用强度也相应提高。因此在现代园林植物栽培技术中，可以对植物进行 CO_2 施肥，用提高植物周围 CO_2 含量的方法促使植物生长加快。另外，大气中还含有水汽、粉尘等，它们在气温作用下形成风、雨、霜、雪、露、雾和雹等，调节生物圈的水分平衡，有利于植物生长发育。

1. 空气流动对园林植物的影响

空气流动形成风，风既能直接影响植物，又能影响环境中湿度、温度、大气污染的变化，从而间接影响植物生长发育。风对植物有利的生态作用表现在帮助授粉和传播种子。各种园林植物的抗风能力差别很大，一般而言，凡树冠紧密，材质坚韧，根系强大深广的植物，抗风力就强；而树冠庞大，材质柔软或硬脆，根系浅的植物，抗风力就弱。但是同一树种又因繁殖方法、立地条件和配置方式不同而有异。用扦插繁殖的树木，其根系比用播种繁殖的浅，故易倒；在土壤松软而地下水位较高处根系浅，固着不牢亦易倒；孤立树和稀植的树比密植者易受风害，而以密植的抗风力最强。

植物枝叶茂密，由植物构成的防风林带可以有效地阻挡冬季寒风或者海风的侵袭，具有重要的生态功能。防风林的防风效果与林带的结构及防护距离紧密相关，疏透度为 50% 左右的林带防风效果较佳，而非林带越密越好（表 3.1.4）。

表 3.1.4 　　　　　　　　　　　　　　　　　最佳防风林结构特征及组成

林带结构	最佳树种选择	北方防风树种	南方防风树种
以均透林带（半透风林带）为最佳，疏透度 50%、每隔一定距离重复设置、与主导风向呈 90° 夹角	深根性、抗风能力强、生长快、寿命长、叶小而密，树冠为尖塔或圆柱形的乡土树种	杨、柳、榆、桑、白蜡、桂香柳、柽柳、柳杉、扁柏、花柏、紫穗槐、蒙古栎、水曲柳、复叶槭、银白杨、云杉、落叶松、冷杉、赤松、银杏、朴树、麻栎、榉树等	马尾松、黑松、圆柏、榉树、乌桕、柳、台湾相思、木麻黄、假槟榔、相思树、罗汉松、刚仞、毛竹、青冈栎、栲树、山茶、珊瑚树、海桐等

2. 空气污染对园林植物的影响

空气污染或大气污染，是指由于人类活动或自然过程引起某些物质进入大气中，呈现出足够的浓度，达到足够的时间，并因此危害了人体的舒适、健康和福利或环境的现象。空气污染主要来源于人类不合理的工业生产和交通运输活动，对园林植物的生长、发育同样有较大的负面影响。大气中的污染物主要通过气孔进入叶片并溶解到叶的汁液中，通过一系列的生物化学反应对植物产生毒害，所以植物受害症状一般首先出现在叶片，不同污染物对植物危害的症状不同。大气污染对植物的危害程度与污染物的浓度和危害持续时间密切相关。污染物浓度和接触时间的联合作用称为剂量，能引起植物危害的最低剂量称为临界剂量或伤害阈值。由于植物敏感程度不同，同一污染物危害不同种类植物的临界剂量是不同的，不同污染物危害同一种植物的临界剂量也是不同的。

大气污染物种类很多，主要包括颗粒状污染物和气态污染物两类，其中对园林植物危害较大的污染物有二氧化硫、氯气和氟化氢等。园林植物在进行正常生长发育的同时能吸收一定量的大气污染物并对其进行解毒，即抗性。不同植物对大气污染物的抗性不同，这与植物叶片的结构、叶细胞生理生化特性有关。通常常绿阔叶植物的抗性比落叶阔叶植物强，落叶阔叶植物的抗性比针叶树强（表3.1.5）。另外，可以利用一些对有毒气体特别敏感的植物来监测大气中有毒气体的种类和浓度，这些植物在受到有毒气体危害时会表现出一定的伤害症状，从而推断出环境污染的范围与污染物的种类和浓度。用来监测环境污染的植物称为监测植物或指示植物，例如，矮牵牛和紫花苜蓿是二氧化硫的指示植物；雪松对二氧化硫和氟化氢敏感，当雪松针叶出现发黄、枯焦的症状时，周围大气中可能存在二氧化硫或者氟化氢污染。

表3.1.5　　　　　　　　　　　　　　　　　常见污染气体及抗性植物

污染气体	抗污染气体园林植物
二氧化硫（SO_2）	花曲柳、桑、山桃、黄菠萝、赤杨、紫丁香、刺槐、臭椿、茶条槭、忍冬、水蜡、柳叶绣线菊、银杏、刺榆、夹竹桃、东北赤杨、圆柏、侧柏、白皮松、云杉、香柏、槐、加杨、毛白杨、柳属、柿、君迁子、核桃、小叶白蜡、白蜡、北京丁香、火炬树、紫薇、栾树、悬铃木、华北卫矛、桃叶卫矛、胡颓子、桂香柳、板栗、太平花、蔷薇、珍珠梅、山楂、枸子、欧洲绣球、紫穗槐、木槿、雪柳、黄栌、朝鲜忍冬、金银木、连翘、大叶黄杨、小叶黄杨、地锦、五叶地锦、木香、金银花、菖蒲、鸢尾、玉簪、金鱼草、蜀葵、野牛草、草莓、晚香玉、鸡冠花、酢浆草等
氯气（Cl_2）	圆柏、侧柏、白皮松、皂角、刺槐、银杏、毛白杨、加杨、接骨木、臭椿、山桃、枣、欧洲绣球、合欢、木槿、大叶黄杨、小叶黄杨、紫藤、虎耳草、早熟禾、鸢尾、花曲柳、桑、旱柳、银柳、忍冬、水蜡、榆、黄菠萝、卫矛、紫丁香、茶条槭、刺榆、紫穗槐、复叶槭、夹竹桃、小叶朴、加杨、连翘等
氟化氢（HF）	白皮松、桧柏、侧柏、银杏、构树、胡颓子、悬铃木、槐、臭椿、龙爪柳、垂柳、泡桐、紫薇、紫穗槐、连翘、朝鲜忍冬、金银花、小檗、丁香、大叶黄杨、欧洲绣球、小叶女贞、海州常山、接骨木、地锦、五叶地锦、菖蒲、鸢尾、金鱼草、万寿菊、野牛草、紫茉莉、半支莲、蜀葵等

3.1.1.5　土壤

土壤是岩石圈表面的疏松表层，是陆生植物生活的基质，是由固、液、气三相物质组成的多相分散的复杂体系（图3.1.3）。它提供了植物生活必需的营养和水分，肥沃的土壤同时能满足植物对水、肥、气及热的要求，是植物正常生长发育的基础。

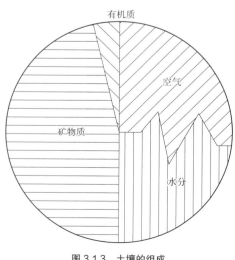

图3.1.3　土壤的组成

1. 土壤的物理性质对园林植物的影响

土壤质地可分为砂土、壤土和黏土3大类。砂土类土壤以粗砂和细砂为主，粉砂和黏粒比重小，土壤黏性小、孔隙多，通气透水性强，蓄水和保肥性能差，易干旱。黏土类土壤以粉砂和黏粒为主，质地黏重，结构致密，保水保肥能力强，但孔隙小，通气透水性能差，湿时黏、干时硬。壤土类土壤质地比较均匀，其中砂粒、粉砂和黏粒所占比重大致相等，既不松又不黏，通气透水性能好，并具一定的保水保肥能力，是比较理想的土壤。

具有团粒结构的土壤是结构良好的土壤，它能协调土壤中水分、空气和营养物质之间的关系，统一保肥和供肥的矛盾，有利于根系活动及吸取水分和养分，为植物的生长发育提供良好的条件。无结构或结构不良的土壤，土体坚实，通气透水性差，土壤中微生物和动物的活动受抑制，土壤肥力差，不利于植物根系扎根和生长。土壤质地和结构与土壤的水分、空气和温度状况有密切的关系。

土壤水分能直接被植物根系所吸收，土壤水分的适量增加有利于各种营养物质溶解和移动，有利于磷酸盐的水解和有机态磷的矿化，这些都能改善植物的营养状况。土壤水分还能调节土壤温度，但水分过多或过少都会影响植物的生长。水分过少时，植物会受干旱的威胁及缺养；水分过多会使土壤中空气流通不畅并使营养物质流失，从而降低土壤肥力，或使有机质分解不完全而产生一些对植物有害的还原物质。

土壤通气不良会抑制好气性微生物，减缓有机物的分解活动，使植物可利用的营养物质减少，不利于植物生长；但若过分通气又会使有机物的分解速率太快，使土壤中腐殖质数量减少，不利于养分的长期供应。良好的土壤应该具有适当的孔隙度。

土壤温度能直接影响植物种子的萌发和实生苗的生长，还影响植物根系的生长、呼吸和吸收能力。大多数植物在 10 ~ 35℃的范围内生长速度随温度的升高而加快。温带植物的根系在冬季因土温太低而停止生长。土温太高也不利于根系或地下贮藏器官的生长。土温太高或太低都能减弱根系的呼吸能力，如向日葵在土温低于 10℃和高于 25℃时其呼吸作用都会明显减弱。

2. 土壤的化学性质对园林植物的影响

土壤酸碱度是土壤最重要的化学性质，对土壤养分有效性有重要影响，在 pH 值 6 ~ 7 的微酸条件下，土壤养分有效性最高，最有利于植物生长。在酸性土壤中易引起 P、K、Ca、Mg 等元素的短缺，在强碱性土壤中易引起 Fe、B、Cu、Mn、Zn 等的短缺。土壤酸碱度还通过影响微生物的活动而影响养分的有效性和植物的生长。pH 值 3.5 ~ 8.5 是大多数维管束植物的生长范围，但其最适生长范围要比此范围窄得多。pH 值小于 3 或大于 9 时，大多数维管束植物便不能生存。根据所生存环境的土壤酸碱度，可以将园林植物划分为酸性土植物、碱性土植物和中性土植物见表 3.1.6。

表 3.1.6　　　　　　　　　　　　　　　　　　土壤酸碱度与植物的关系

类 型	特 征	举 例
酸性土植物	酸性土植物在土壤 pH 值小于 6.5 时生长最好，在碱性土或钙质土中不能生长或成长不良。酸性土植物主要分布于暖热多雨地区，该地的土壤由于盐质如钾、钠、钙、镁被淋溶，而铝的浓度增加，土壤呈酸性。在寒冷潮湿地区，由于气候冷凉潮湿，在针叶林为主的森林区，土壤中形成富里酸，含灰分较少，土壤也呈酸性	马尾松、池杉、红松、白桦、山茶、油茶、映山红、高山杜鹃类、吊钟花、马醉木、栀子、印度橡皮树、桉树、木荷、含笑、红千层等树种，以及多数兰科、凤梨科花卉等
中性土植物	中性土植物在土壤 pH 值为 6.5 ~ 7.5 最为适宜，大多数园林树木和花卉是中性土植物	水松、桑树、苹果、樱花、金鱼草、香豌豆、风信子、郁金香
碱性土植物	碱性土植物适宜生长于 pH 值大于 7.5 的土壤中，大多数是大陆性气候条件下的产物，多分布于炎热干燥的气候条件下	柽柳、杠柳、沙棘、桂香柳等

此外，在我国还有大面积的盐碱地，其中大部分是盐土，真正的碱土面积较小。真正的喜盐植物很少，但有不少树种耐盐碱能力强，可在盐碱地区用于园林植物景观营造，常见的耐盐碱园林植物有柽柳、侧柏、铅笔柏、白榆、榔榆、银白杨、新疆杨、苦楝、白蜡、绒毛白蜡、桑树、旱柳、臭椿、刺槐、梓树、杜梨、皂角、山杏、合欢、枣树、迎春、榆叶梅、紫穗槐、文冠果、枸杞、火炬树、桂香柳、沙棘及白刺等。

土壤有机质是土壤的重要组成部分，对植物的营养有重要的作用，能促进植物的生长和植物对养分的吸收。

植物所需的无机元素主要来自土壤中的矿物质和有机质的分解。土壤中必须含有植物所必需的各种元素及这些元素的适当比例，才能使植物生长发育良好，因此通过合理施肥改善土壤的营养状况是促进植物生长的重要措施。

3.1.2　植物群落生态学原理

3.1.2.1　植物群落的内涵

植物群落（plant community）是指在一定的生境条件下，不同种类的植物群居在一起，占据一定的空间和面积，按照自己的规律生长发育、演替更新，并同环境发生相互作用而形成的一个整体，在环境相似的不同地段有规律地重复出现。植被是一个地区所有植物群落的总和。植物群落包括自然群落和人工群落两类。

自然群落是指在不同的气候条件及生境条件下自然形成的群落，自然群落都有自己独特的种类、外貌、层次、大小、边界及结构等。如西双版纳热带雨林群落，在很小的面积中往往就有数百种植物，群落结构复杂，常分为6～7个层次，林内大小藤本植物、附生植物丰富；而东北红松林群落中最小群落仅有40多种植物，群落结构简单，常分为2～3个层次。自然群落，环境越优越，群落中植物种类就越多，群落结构也越复杂。

人工群落是指按人类需要把同种或不同种的植物配置在一起，模仿自然植物群落栽植的、具有合理空间结构的植物群体。其目的是为了满足生产、观赏、改善环境等需要，常见的类型有观赏型人工植物群落，主要表现植物景观之美及四季景观变化；抗污染型人工植物群落，以抗污染树种为主，改善污染环境，提高生态效益，有利于人的健康；保健型人工植物群落，以分泌或挥发有益物质的植物为主；增强人的健康、防病、治病的目的；知识型人工植物群落，在植物园、动物园或公园等建立科普性人工群落，既可形成植物景观，又使游人认识、了解植物，激发热爱自然、保护自然的心理。

3.1.2.2 群落的属性

1. 群落的种类组成

植物群落内不同的植物种类组成，每种植物都具有其结构和功能上的独特性，它们对周围的生态环境各有一定的要求和反应，在群落中的地位和作用也不同，即生态位不同。群落的组成是群落最重要的特征，是决定群落外貌及结构的基础条件。群落内各物种在数量上是不等同的，数量最多、占据群落面积最大的植物种叫优势种。优势种最能影响群落的发育和外貌特点，如云杉或冷杉群落的外轮廓线条是尖峭耸立的。

2. 群落的外貌

群落外貌除了决定于优势种外，还决定于植物种类的高度、生活型及季相。群落的高度指群落中最高一群植物的高度，直接影响着群落的外貌。群落高度首先与自然环境中海拔高度、温度及湿度有关。一般说来，在植物生长季节中温暖多湿的地区，群落的高度就大，如热带雨林；在植物生长季节中气候寒冷或干燥的地区，群落的高度就小。生活型是指植物长期适应环境而形成独特的外部形态、内部结构和生态习性，例如针叶、阔叶、落叶、常绿、干旱草木等都是植物长期适应外界环境而形成的生活型。植物群落是由多种生活型的植物组成的，如乔木、灌木、草本植物、水生植物、藤本植物等，这些植物的外在形态就构成了群落的外貌。植物群落外貌常随着气候季节性交替而发生周期性变化，呈现不同的外貌，是植物适应环境条件的一种表现形式，即季相。群落季相变化的主要标志是群落主要层尤其是优势种的物候变化。通常，温带地区各种群落的季相变化最为明显，亚热带次之，热带不明显。例如，温带地区落叶阔叶林群落的季相变化：春季树木萌芽，长出新叶，并开花；夏季树叶茂盛，整个群落绿色葱葱；秋季树叶变黄、变红；冬季，树叶凋落，枝干耸立。

3. 群落的结构

群落结构是指群落的所有种类及其个体在空间中的配置状态。它包括层片结构、垂直结构、水平结构、时间结构等。层片指群落中属于同一生活型的不同种的个体的总体，它是群落最基本的结构单位。垂直结构是指群落的垂直分化或成层现象，它保证了群落对环境条件的充分利用；它有地上与地下成层现象之分，它们是相对应的。在成熟的森林群落中，通常可以分为乔木层、灌木层、草本层和地被层4个基本层次，另有藤本、附生等层间植物。水平结构是指群落在空间上的水平分化或镶嵌现象。水平分化的基本结构单位是小群落（microcommunity），它反映了群落的镶嵌性或异质性，形成原因是生境分布的异质性。时间结构是指群落结构在时间上的分化或配置，它反映了群落结构随着时间的周期性变化而相应地发生更替，重要是由层片结构的季节性等变化引起的。

4. 种群的数量特征

群落中种的多度，表示某一种在群落中个体数的多少或丰富程度，通常多度为某一种类的个体数与同一生活型植物种类个体数的总和之比。密度，指单位面积上的植物个体数，它由某种植物的个体数与样方面积之比求得。

盖度，指植物在地面上覆盖的面积比例，表示植物实际所占据的水平空间的面积，它可分为投影盖度和基部盖度。投影盖度指植物枝叶所覆盖的土地面积；而基部盖度是指植物基部所占的地面面积，通常用基面积或胸高处断面面积来表征。频度是指某一种类的个体在群落中水平分布的均匀程度，表示个体与不同空间部分的关系，为某种植物出现的样方数与全部样方之比。

5. 群落动态

植物群落的形成，可以从裸地上开始，也可以从已有的另一个群落开始。一个植物群落形成后，会有一个发育过程，一般可把这个过程划分为 3 个时期，即群落发育的初期、盛期和末期，直到被另一群落替代（演替）。演替是一个植物群落被另一个植物群落所取代的过程，它是植物群落动态的一个最重要的特征。原生旱生演替系列是从岩石表面开始的，一般经过以下几个阶段：地衣植物阶段、苔藓植物阶段、草本植物阶段、木本植物阶段，演替使旱生生境变为中生生境。原生水生演替系列是从淡水湖沼中开始的，通常有以下几个演替阶段：自我漂浮植物阶段、沉水植物阶段、浮叶根生植物阶段、直立水生植物阶段、湿生草本植物阶段、木本植物阶段，演替从水生生境趋向最终的中生生境。

3.1.2.3　群落原理在植物造景中的应用

植物群落生态学原理的低碳、节约的风景园林规划设计的重要理论基础。

（1）植物造景设计之初不仅考虑乔木、灌木、草本和藤本植物等形态特征，更要考虑植物的常绿落叶、喜阴喜阳、喜酸喜碱、耐水湿耐干旱等生理生态特征的差异。

（2）模拟地带性植物群落种类组成、结构特点，应用植物生态位互补、互惠共生的生态学原理，形成乔、灌、草及藤本、地被、水生植物的立体复层空间结构以及四季不同的季相特色，再现或还原疏密有致，高低错落的原生林景观、近自然园林景观。

（3）在植物造景构建过程中，应根据植物群落演替的规律，充分考虑群落的物种组成、结构，选配生态位重叠较少的物种，增强群落自我调节能力，减少病虫害的发生，维持植物群落平衡与稳定。

3.1.3　景观生态学原理

景观生态学是研究景观单元的类型组成、空间配置及其与生态学过程相互作用的综合性学科。强调空间格局、生态学过程与尺度之间的相互作用是景观生态学研究的核心所在。斑块—廊道—基质模型是景观生态学用来解释景观结构的基本模式，这一模式为比较和判别景观结构，分析结构与功能的关系和改变景观提供了一种通俗、简明和可操作的语言，也是风景园林生态设计与植物造景的重要理论依据之一。

斑块是指不同于周围背景的非线性景观元素，与其周围基质有着不同的物质组成。大小、类型、形状及边界是其重要属性。一般说来，斑块内物种数量、物质、能量与斑块面积大小呈正相关，但这种相关并非是线性的，开始时物种随斑块面积的增大而增大，但增加速率逐渐变慢直至停滞。斑块面积大小在自然保护区设计中具有重要意义，大型斑块对于保护涵养水源，维护生物多样，保护稀有种和濒危种，为生物提供栖息地，缓冲干扰至关重要。小型斑块可以作为物种扩散的踏脚石，为局地灭绝的物种提供栖息地和落脚点，并有助于提高景观异质性，减弱风速和水土流失。斑块形状、内缘比及边界影响物种、营养、水分等生态流，并制约穿越景观的动植物的扩散和觅食，影响边界效应。斑块的数量和构型也是斑块的重要属性之一。研究表明，单一的大斑块所含的物种数量往往比总面积相同的几个小斑块要多得多，但如果斑块散布范围较广，则几个小斑块所含物种要相对较多。这是因为大斑块和小斑块含有类似的边缘物种，而大斑块通常还包含敏感的内部物种，但广泛分布的斑块则可分布于不同的动植物区系内。景观中斑块的空间构型影响生态流，对干扰的扩散也具有重要的影响。生态植物造景应以维护生物多样性为出发点，以景观格局为落脚点，结合其他造园要素，从斑块的大小、形状、边界、数量等方面构建美观、生态的植物景观斑块。

廊道是指不同于两侧基质的狭长地带，如包括线状廊道、带状廊道和河流廊道 3 类。廊道的主要作用包括通道、屏障、源、汇和栖息地以及过滤等，廊道宽度、组成内容、内部环境、形状、连续性以及与周围缀块或基底的作用关系是影响廊道的重要因素。生态植物造景应以科学的植物群落结构为廊道组成内容，构建一定宽度的绿道，联系河流等现有廊道，连接不同生态斑块，增加景观结构和功能连接度，建立景观安全格局，利于物种在景观的交流及信息、物质的交换。

基质是景观中的背景地域，其面积最大，具有高度的连续性，在很大程度上决定着景观的性质，对景观的稳定和动态起着主导作用。基质的判定标准包括相对面积、连接度和动态控制。植物造景可以以基调树种及骨干树种形成的植物景观作为特定属性园林景观的基质，并注重景观的稳定性和安全性。

3.1.4　生物多样性原理与乡土植物应用

3.1.4.1　生物多样性原理

生物多样性是地球上的生命经过几十亿年进化的结果，是人类社会赖以生存发展的物质基础。生物多样性是指一定范围内多种多样的活的有机体（动物、植物、微生物）有规律地结合，所构成稳定的生态综合体，包含遗传多样性、物种多样性和生态系统多样性3个层次，此外景观多样性也应纳入保护层面考虑。

生物多样性保护是综合的生态概念，以往传统的植物造景设计和管理中，由于对植物生态习性缺乏了解，片面追求华丽美观的设计，忽视对当地特有生态系统和原生动植物资源的保护和利用，不恰当的引进大量外来物种造成"生物入侵"等生态危机，过多使用农药、化肥等，不仅无法构建稳定、有效的植物景观，并且给城市环境带来一系列的生态问题。

因此，植物造景伊始应对规划范围内的生物多样性物种资源保护和利用的基础数据进行调查，编制生物多样性保护规划，协调保护和利用之间的平衡点；加强城市原生自然植物群落的保护，并根据保护等级、生态敏感度等因素，划定生态敏感区和景观保护区；构筑地域植被特征的城市生物多样性格局，加强地带性植物的保护与可持续利用，保护地带性生态系统；植物造景规划设计应以保护城市的生物多样性和景观多样性为出发点之一，突出乡土物种的保护和利用，减少外来物种的引入，避免"生物入侵"现象的发生；对风景园林规划设计基址范围以内的珍稀、濒危植物和古树名木，因地制宜，以就地保护和迁地保护等手段引入植物造景，使其不仅成为植物造景的可资利用的景观资源，且更达到生物多样性保护的最终目的。

3.1.4.2　乡土植物

乡土植物是指原产于本地区（大到一个国家和地区，小到一个城市甚至乡镇）或通过长期引种、栽培和繁殖并证明了已经非常适应本地区的气候和生态环境、生长良好的一类植物。极具地域自然特色、积淀地域历史文脉的乡土植物是植物造景最能体现地方特色的景观符号和元素。这类植物在当地经历漫长的演化过程，最能够适应当地的生境条件，其生理、遗传、形态特征与当地的自然条件相适应，具有较强的适应能力。

乡土植物资源是植物多样性的重要组成部分，因其适应当地的气候与土壤，生长势旺盛，能够自然形成稳定的生态群落。特别在一些环境恶劣的土地上，种植乡土植物的优势会很快地显现出来，乡土植物平衡维系着植物生存和群落演替，可形成稳定和平衡的城市生态系统，其应用力度的加大必然会减小因"生物入侵"对本土生态环境及景观的破坏与改变的风险。植物造景中，与其他植物相比，乡土植物具有很多的优点。

（1）具有独特的观赏价值。乡土植物具有独特的地域特色和观赏特点，可改变园林植物种类较单一、群落结构简单、景观单调的弊病，为园林景观增添新的色彩，提供新的观赏内容，最终提升并增加园林景观的观赏水平与内涵。乡土植物体现了植物和人类长期活动的关系，这些植物往往具有很强的实用性，如作为食用、药用、香料、化工、造纸、建筑原材料，以及绿化观赏。

（2）可以降低成本。由于乡土植物经历过长时间的风雨洗礼，经受过各种恶劣气候的考验，通过自然竞争才得以生存下来，因此更适应当地环境和气候条件，在涵养水分、保持水土、遮阴降温、吸尘杀菌、绿化观赏等环境保护和美化中发挥主导作用，并且具有高度的抗逆性，可抗旱、抗寒、耐瘠薄、抗病虫害等，大大降低植物造景的成本。

（3）突出特色。乡土植物尤其是乡土树种真正体现了一个国家、一个地区植物区系的特色。乡土植物的应用，其代表着当地与其他地区不同的、独有的景观特色，可以突显出地方城市个性和魅力，营造独特的景观氛围。

（4）由于乡土植物的应用大多历史较长或悠久，许多植物被赋予一些民间传说和典故，具有丰富的文化底蕴。此外，乡土植物还具有繁殖材料容易获得、繁殖方法简单、生产快、应用范围广等特点。

现代植物造景充分挖掘乡土植物自身的生物学特性和地域特色，将传统的艺术手法与现代精神相结合，探索在景观设计中利用乡土树种体现城市的地域文化内涵，从而创造出各具特色、丰富多彩、贴近自然、贴近该地区的植物景观环境。

在植物造景中，生物多样性原理与乡土植物原理并不矛盾，是辩证统一的。植物造景的园林植物材料选择，应该遵循植物物种多样性与生物遗传多样性的原则，在以乡土植物为主的前提下，选择应用园林植物自然种类（种、变种），重视选择应用人工选育的优良种类，引种驯化当地的野生植物资源，适当、科学地配置外来树种，丰富当地的园林植物资源，但避免造成生物入侵。

3.2 植物造景的美学原理

植物造景融合科学与美学、艺术与技术于一体，植物造景的一个重要目的是满足人们的审美要求。尽管不同时代及不同的民族传统、宗教信仰、经历、社会地位，以及教育文化水平的游人的审美意识或审美观都会有所不同。但美有一定的共性，人们对美的植物景观总会认同的。美是植物造景追求的目的之一，完美的植物景观设计既要满足植物与环境在生态适应性上的统一，又要通过艺术构图原理、色彩美学、质感构成等体现出植物个体及群体的形式美及人们在欣赏时所产生的意境美。因此，植物造景的实质是园林植物或由其组成的"景"的刺激，从而引起人们主体舒适快乐、愉悦、敬佩、爱慕等情感反应。植物造景是运用艺术的手段而产生的美的组合，它如诗似画，是艺术美的体现。

设计者利用植物造景，可以从视觉角度出发，根据植物的特有观赏性色彩和形状，从色彩美及形式美两方面运用艺术手法来进行景观创造，注重景观细部的色彩与形状的搭配。

3.2.1 形式美的原理

3.2.1.1 变化和统一法则

变化与统一是形式美诸多法则中最基本、也是最重要的一条法则。变化，是指相异的各种要素组合在一起时形成了一种明显的对比和差异的感觉；统一，是指诸元素之间在内部联系上的一致性变化具有多样性和运动感的特征，而差异和变化通过相互关联、呼应、衬托达到整体关系的协调，使相互间的对立从属于有秩序的关系之中，从而形成了统一，并具有同一性和秩序感。变化与统一的关系是相互对立又相互依存的统一体，缺一不可。变化和统一是一种普遍使用的基本法则，与整个宇宙对立统一的规律是一样的。事物本来就是丰富多彩而富于变化的统一整体。在园林环境中，由于多种元素存在，使其形象富有变化，但是这种变化必须要达到高度统一，使其统一于一个中心或主体部分，这样才能构成一种有机整体的形式，变化中带有对比，统一中含有调和。因此，在统一中求变化，在变化中求统一，并保持变化与统一的适度，才能使植物造景日臻完美。例如配置园林植物时，如三树平列，则只统一而少变化，就显呆板；三树乱置，则杂乱无章，无统一可言；只有将二树统一，一树变化，二树聚而一树散，整体上造成既变化又统一的艺术效果。园林景观是多要素组成的空间艺术，植物造景可以通过以下方式处理好变化与统一的问题：局部与整体的统一、形式与内容的统一、风格的多样统一、形体的多样统一（图3.2.1）、材料与质地的多样统一和线型纹理的多样统一等。

3.2.1.2 对比与调和法则

对比是植物造景最常用的手法之一，对比意味着元素的差别，差别越大，对比越强，相反就越弱。对比是应用变化原理，使一些可比成分的对立特征更加明显，更加强烈。植物造景中的对比因素很多，如大小、曲直、方向、黑白、明暗、色调、疏密、虚实及开合等，都可以形成对比。通过对比可突出主题，强化立意，也可使相互对比的两个事物相得益彰，相互衬托，创造出感人至深的景观效果。

（a）塔形与锥形　　　　　　　　（b）半圆与圆形　　　　　　　　（c）垂枝与柱形

图 3.2.1　变化与统一法则在植物造景中的应用之一

（引自胡长龙. 园林规划设计. 第二版. 北京：中国农业出版社，2002）

1. 形象对比

园林中构成园林景物的线、面、体和空间常具有各种不同的形状，在布局中只采用一种或类似的形状时易取得协调和统一的效果即调和，相反则取得对比，如方形与圆形的对比。植物造景中，形象的对比是多方面的（图3.2.2），以短衬长，长者更长，以低衬高，高者更高，这都是形象对比的效果。

2. 体量对比

园林中常采用若干小的物体来衬托一个大的物体，以突出主体，强调重点（图 3.2.3）。体量相同的物体，放在不同的环境中，给人的感觉也不同，放在空旷的广场中，人觉其小，放在小室内，会觉其大，这就是小中见大，大中见小的对比效应。

图 3.2.2　园林植物形象的对比

图 3.2.3　体量对比法则在植物造景中的应用

3. 方向对比

在园林的形体、空间和立面的处理中，常运用垂直和水平方向的对比，以丰富园景。如山水的对比、乔木和绿篱及地被植物的对比等都是运用水平与垂直线条方向上的对比。

4. 色彩对比

色彩对比即利用对比色的园林植物要素形成的对比，如黑与白、红与绿、黄与紫、橙与蓝等。

5. 疏与密对比

中国画在树的画法布局中强调"疏可走马，密不透风"，这一布局原则就很好地反映了疏与密的对比所产生对比效果。园林植物造景要素在布局上要求疏密得当，尤其在自然式园林中，疏与密之间的恰如其分的对比关系是设计成功的关键之一（图 3.2.4）。

6. 明与暗对比

由于光线的强弱，造成景物、环境的明暗，进而引发游人不同的感受。明，给人开朗活泼的感觉；暗，给人以幽静柔和的感觉。在园林中，明暗对比强的景物令人有轻快的、振奋的感受，明暗对比弱的景物则令人有柔和、沉郁的感受。由暗入明，感觉放松；由明入暗，感觉压抑。

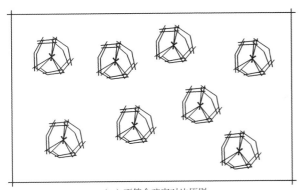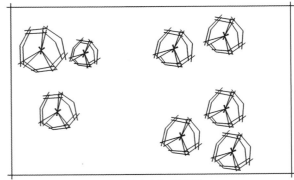

（a）不符合疏密对比原则　　　　　　　　　　　　　　　（b）符合疏密对比原则

图 3.2.4　疏密对比法则在植物配置中的应用

7. 藏与露对比

中国古典园林绝大部分四周皆有墙垣，景物藏之于内，可是园外有些景物还要组合到园内来，使空间推展极远，予人以不尽之意。中国园林向来以含蓄为美，利用障景、框景、漏景及各种划分园林空间的手法，达到园虽小、景愈深的艺术效果，其实质是藏与露的问题。藏与露的强烈对比是为了加强表现的效果，障景并非把景物障去，而是创造景观，慢慢地把景观向游人展现。

8. 动与静对比

园林中线条的平直与弯曲，会使人产生动或静的感觉。平行的线条，会使人联想到平直的地平线，有静止的感觉；而弯曲的线条，会使人联想到蜿蜒的河流，有流动的感觉。充分运用线条的各种造型，已经成为重要的表现手段，也是植物造景重要的空间构成骨格。园林绿地多以给人们创造一片宁静、安然的环境为目的，但这宁静必须加以动的衬托，即所谓"鸟鸣山更幽"也是动与静的对比。

9. 开敞与闭锁对比

园林中开敞空间与闭锁空间的强烈对比，能给游人以强烈的心灵震撼，产生"山重水复疑无路，柳暗花明又一村"的景观效果。在许多江南私家园林中，为了突现小中见大的效果，通常是让人经过一个狭长闭锁的巷道，然后再穿门一步跨入一个相对宽敞的院落，造成开敞空间与闭锁空间的强烈对比，如苏州留园的入口设计。

10. 质感对比

利用不同造景材料的质感关系而形成的对比，如光滑与粗糙、蜡质叶面和绒毛叶面等。

调和就是各元素性质之间的近似，是指把有差别的、对比的以至不协调的元素间关系，经过调配整理、组合、安排，使其中产生整体的和谐、稳定和统一。获得调和的基本方法主要是减弱诸要素的对比强度，使各元素之间关系趋向近似而产生调和效果。调和是各个部分或因素之间相互协调，是指可比因素存在某种共性，也就是同一性、近似性或调和的配比关系。和对比一样，调和的因素也是多方面的。例如公园的铺装，有混凝土铺装、石材铺装、粉末铺装、卵石铺装等，往往是多样的材料同时存在，若忽视了配色之间的调和，将大范围地破坏园林的统一感。

3.2.1.3　比例与尺度法则

古罗马帝国最伟大的神学家圣·奥古斯丁说："美是各部分的适当比例，再加一种悦目的颜色。"艺术作品的形式结构和艺术形象中都包含着一种内在的抽象关系，就是比例和尺度。比例是各要素部分之间、整体与局部之间及整体和周围环境之间的对比关系。在美学中，最经典的比例分配莫过于"黄金分割"，几何学中的黄金分割被认为是最美的比例，被广泛运用到艺术创作中（图3.2.5）。雕塑维纳斯的上下身比例以及古希腊建筑帕特农神

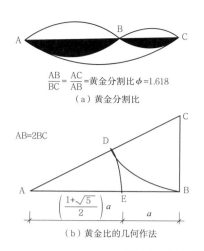

$$\frac{AB}{BC}=\frac{AC}{AB}=黄金分割比\ \phi=1.618$$

（a）黄金分割比

AB=2BC

$$\left(\frac{1+\sqrt{5}}{2}\right)a$$

（b）黄金比的几何作法

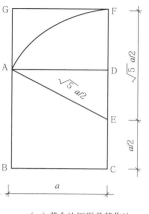

（c）黄金比矩形及其作法

图 3.2.5 黄金比例及黄金比例矩形

（引自王晓俊．风景园林设计．南京：江苏科学技术出版社，2000）

庙的建筑平面与正立面的长、宽之比，都是接近黄金比例。比例法则要求植物造景各要素之间、要素局部与整体之间、要素与环境之间有良好的对比关系。中国古代画论中所谓"丈山尺树，寸马分人"即指山水画中山、树、马、人的大致比例。

尺度是景物与人的身高、使用活动空间的度量关系，这是因为人们习惯用人的身高和使用活动所需要的空间为视觉感知和规划设计的度量标准，如台阶的宽度通常不小于30cm、高度15cm左右，栏杆和窗台的高度约90cm。不同的空间尺度给人的心理感受不同，如宫殿建筑、宗教建筑等往往采用超人的尺度使人感到自己的渺小及皇权和神的伟大（图 3.2.6）。

3.2.1.4　对称与均衡法则

对称是指图形或物体对某个中心点、中心线、对称面，在形状、大小或排列上具有一一对应的关系，它具有稳定与统一的美感，如人体、船、飞机的左右两边，在外观或视觉上都是对称的。对称与均衡是取得良好的视觉平衡的两种形式。自然界中许多植物、动物都具有对称的外形，如螃蟹、蝴蝶、人体等，其中有完全对称，具有很强的整齐感与秩序感；也有并不完全等量、等形的对称，它是一种带有变化成分的对称，使人感到景物形象既稳重端庄，又自然生动。均衡是形态的一种平衡，是指在一个交点上，双方不同量、不同形，但相互保持平衡的状态。其表现为对称式的均衡和非对称性均衡两种形式（图 3.2.7）。对称的均衡为相反的双方的面积、大小及材质在保持相等状态下的平衡，这种平衡关系应用于园林中可表现出一种严谨、端庄、安定的风格，在一些规则式园林设计中常常被加以使用。为了打破对称式均衡的呆板与严肃，追求活泼、自然的情趣，不对称均衡则更多地应用于自然式园林设计中。这种平衡关系是以不失重心为原则的，追求静中有动，以获得不同凡响的艺术效果。均衡是从运动规律中升华出来的美的形式法则。轴线或支点两侧形成不等形而等量的重力上的稳定、平衡就是均衡，其实就是不平衡对称。均衡的法则可使园林构图形式于稳定中更富于变化，因而显得活泼生动。

（a）超人尺度：展览馆、宫殿、教堂等

（b）自然尺度：餐厅、办公室等

（c）亲密尺度：卧室等

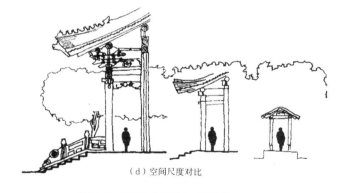

（d）空间尺度对比

图 3.2.6 不同的空间尺度、不同的心理感受

（引自胡长龙．园林规划设计．第二版．北京：中国农业出版社，2002）

对称能给人以庄重、严肃、规整、条理、大方及稳定等美感，富有静态的美，条理的美；但只有对称，在人的心理上会产生单调、呆板的感受。均衡来源于力的平衡原理，它具有"动中有静、静中有动"的秩序，体现出活泼生动的条理美，轻巧、生动、富有变化、富有情趣，可以克服对称的单调、呆板等缺陷。在植物造景中应灵活运用对称与均衡的形式美法则。

3.2.1.5 节奏与韵律法则

诗词中要有韵律，音乐中要求节奏，在希腊文中，韵律和节奏都是同一个概念，其原意是指艺术作品中的可比成分连续不断交替出现而产生的美感，是多样统一原则的引申，除诗和音乐之外，已广泛应用在建筑、雕塑、园林等造型艺术方面。节奏是指元素按照一定的条理、秩序、重复连续地排列，形成一种律动形式。它有等距离的连续，也有渐变、大小、长短、明暗、形状、高低等的排列构成。在节奏中注入美的因素和情感，就有了韵律。韵律就好比是音乐中的旋律，不但有节奏，更有情调，它能增强艺术构图的感染力，开

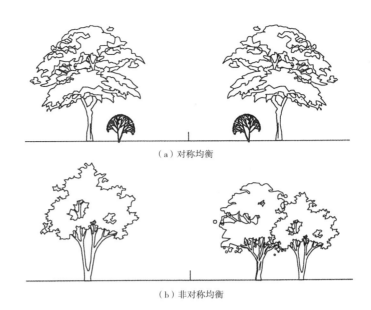

（a）对称均衡

（b）非对称均衡

图 3.2.7 对称与均衡法则在植物造景中的应用之一

阔艺术的表现力。韵律是一种和谐美的格律，"韵"是一种美的音色，"律"是规律，它要求这种美的音韵在严格的旋律中进行。在园林设计中，韵律是指动势或气韵的有秩序的反复，其中包含着近似因素或对比因素的交替、重复，在和谐、统一中包含着更富变化的反复。在园林布局中，常使同样的景物重复出现，这种同样的景物重复出现和布局，就是节奏与韵律在园林中的应用。道路两旁和狭长形地带的植物配置最容易体现出韵律感。因此，植物造景要注意纵向的立体轮廓线和空间变换，做到高低搭配，有起有伏，产生节奏韵律，避免布局呆板。韵律可分为连续韵律、渐变韵律、交错韵律和起伏韵律等。

在植物造景中利用植物单体有规律的重复，有间隙的变化，在序列重复中产生节奏，在节奏变化中产生韵律。如路旁的行道树用一种或两种以上植物的重复出现形成韵律。一种树等距离排列称为"简单韵律"，比较单调而装饰效果不大。两种树木，尤其是一种乔木与一种花灌木相间排列或带状花坛中不同花色分段交替重复等，产生活泼的"交替韵律"（图 3.2.8）。人工修剪的绿篱可以剪成各种形式的变化。如方形起伏的城垛状、弧形起伏的波浪状、平直加上尖塔形、半圆或球形等形式，如同绿色的墙壁，形成"形状韵律"。园林景物中连续重复的部分，作规则性的逐级增减变化还会形成"渐变韵律"。这种变化是逐渐而不是急剧的，如植物群落由密变疏，由高变低，色彩由浓变淡都是取渐变形式，由此获得调和的整体效果。此外，还有拟态韵律等。

图 3.2.8 简单韵律与交替韵律法则在植物造景中的应用方式之一

3.2.2　色彩美学原理

缤纷多彩的景物景观，往往是首先色彩美引人注目，其次是形体美、香味美和听觉美引人入胜。园林中的色彩以绿色为基调，配以其他色彩，如美丽的花、果及变色叶而构成了缤纷的色彩景观。

色彩有色相、明度和饱和度三属性。色相是区分色彩的名称，即物体反射阳光所呈现的各种颜色。其中红、黄、蓝为三原色，三原色两两等量混合即为橙、绿、紫，称为二次色。二次色再相互混合则成为三次色，即橙红、橙黄、黄绿、蓝绿、蓝紫及紫红等。明度是色彩明暗的特质，光照射到物体时会形成阴影，由于光的明暗程度会引起颜色的变化，而明暗的程度即"明度"。白色在所有色彩中明度最高，黑色明度最低，由白到黑明度由高到低顺序排列，构成明暗色阶。饱和度为某种色彩本身的浓淡或深浅程度。

3.2.2.1　色彩心理及色彩情绪效应

颜色之所以能影响人的精神状态和心绪，在于颜色源于大自然的先天的色彩，蓝色的天空、鲜红的血液、金色的太阳等，人们看到这些与大自然先天的色彩一样的颜色，自然就会联想到与这些自然物相关的感觉体验，这是最原始的影响。按人们的主观感觉，彩色可分为：暖色，指刺激性强、能引起大脑皮层兴奋的红、橙、黄色；冷色，指刺激性弱、能引起大脑皮层抑制的绿、蓝、紫色。蓝色和绿色是大自然中最常见的颜色，也是自然赋予人类的最佳心理镇静剂。

色彩对人除了有一定的生理、心理作用，还有一定的保健、康复作用。如红色能刺激和兴奋神经系统，可增加肾上腺素分泌、增强血液循环；橙色能使人产生活力、诱发食欲、有利于钙的吸收，有助于恢复和保持健康；金黄色可刺激神经和消化系统，加强逻辑思维；绿色有助于消化，促进身体平衡，能起到镇静作用，对儿童好动、多动及身心压抑者有益；自然的绿色对昏厥、疲劳和消极情绪均有一定的克服作用；蓝色能降低脉搏，调节体内平衡，蓝色的环境还使人感到优雅宁静。

3.2.2.2　不同色彩的"情感"效应及植物景观表现

红色与火同色，充满刺激，意味着热情、奔放、喜悦和活力，有时也象征恐怖和动乱。红色给人以艳丽、芬芳和成熟青春的感觉，因此极具注目性、诱视性和美感。但过多的红色，刺激性过强，令人倦怠，心理烦躁，故应用时慎重。红色性观花植物有海棠花、蔷薇、石榴等。红色果实植物有小檗类、枸子和山楂等。红色干皮植物有红瑞木等。秋叶呈红色的植物有鸡爪槭、元宝枫、五角枫等，春叶呈红色的植物有石楠、桂花、山麻杆等，正常叶色呈红色植物的如紫叶小檗、三色苋、红枫等。

橙色为红和黄的合成色，兼有火热、光明之特性，象征古老、温暖和欢欣，具有明亮、华丽、健康、温暖及芳香的感觉。橙色系观花植物有美人蕉、萱草、金盏菊等，橙色果实植物有柚、桔、柿等。

黄色明度高，给人以光明、辉煌、灿烂、柔和、纯净之感，象征着希望、快乐和智慧。同时也具有崇高、神秘、华贵、威严、高雅等感觉。黄色系观花植物有连翘、迎春、棣棠等。黄色果实有银杏、梅、杏等。秋色叶呈黄色的植物有银杏、加杨、无患子。正常叶色显黄色的植物有金叶女贞、金叶榕等。黄色干皮的植物有金竹、黄皮刚竹、金镶玉竹等。

绿色是植物及自然界中最普遍的色彩，是生命之色，象征着青春、希望、和平，给人以宁静、休息和安慰的感觉。

蓝色为典型的冷色和沉静色，有寂寞、空旷的感觉。在园林中，蓝色系植物用于安静处或老年人活动区。海州常山、十大功劳的果实为蓝色，瓜叶菊、翠雀、乌头等的花朵为蓝色。

紫色乃高贵、庄重、优雅之色，明亮的紫色令人感到美好和兴奋，高明度紫色象征光明的理解，其优雅之美宜造成舒适的空间环境。低明度紫色与阴影和夜空相联系，富有神秘感。紫色系花植物有紫藤、三色堇、鸢尾等，紫色果实植物有紫珠、葡萄等，紫色叶植物有紫叶小檗、紫叶李、紫叶桃等。

白色象征着纯洁和纯粹，感应于神圣与和平，白色明度最高，给人以明亮干净、清楚、坦率、纯洁、爽朗的感觉，也易给人单调、凄凉和虚无之感。白色花植物有白玉兰、白丁香、白牡丹等，白色干皮植物有白桦、白皮松、银白杨等。

3.2.2.3　植物造景的配色原则

1. 色相调和

（1）单一色相调和，即在同一颜色之中，浓淡明暗相互配合。同一色相的色彩容易取得协调与统一，且意象缓和、平缓。单一色相调和应结合明度和色度的调和，并辅以植物的形状、质感等变化，创造调和而不乏味的景观。例如，在花坛植物造景时，以深红、明红、浅红、淡红顺序排列，产生色彩渐变，创造美观宜人的植物景观。绿色是园林景观的基调色，以绿色的明暗和深浅的单色调和加上蓝天白云等，同样会显得空旷优美。如草坪、灌木、针叶林及阔叶林、地被植物深深浅浅的绿色，辅以蓝天、白云、山石、水体等，给游人富有变化的色彩感受。

（2）近色相调和。近色相的配色，仍然具有相当强的调和关系，然而它们又有比较大的差异，即使在同一色调上，也能够分辨其差别，易于取得调和色；相邻色相，统一中有变化，过渡不会显得生硬，易得到和谐、温和的气势，并加强变化的趣味性；加之以明度、色度的差别运用，更可营造出各种各样的调和状态，配成既有统一又有变化的优美景观。

（3）中差色相调和。红与黄、绿和蓝之间的关系为中差色相，一般认为其间具有不调和性，植物景观设计时，最好改变色相或调节明度，因为明度对比关系，可以掩盖色相的不可调和性。中差色相接近于对比色，两者均以鲜明而诱人，故必须至少要降低一方的色度，方能得到较好的效果；而如果恰好是相对的补色，则效果会太强烈，难以调和。如蓝天、绿地、喷泉即是绿与蓝两种中差色相的配合，但其间的明度差较大，故而色块配置自然变化，给人以清爽、融合之美感；绿色背景中的建筑物及小品等设施，以绿色植物为背景，避免使用中差色相蓝色。

（4）对比色相调和。对比色因其配色给人以活泼、洒脱、明视性高的效果。在植物造景中运用对比色相的植物搭配，能产生对比的艺术效果。在进行对比配色时，要注意明度差与面积大小的比例关系。例如红绿、红蓝是最常用的对比配色，但因其明度都较低，而色度都较高，所以色彩相互影响。对比色相会因为其二者的鲜明印象而互相提高色度，所以至少要降低一方的色度方达到良好的效果。如花坛及花境的植物造景配色，为引起游客的注意，提高其注目性，可以把同一花期的花卉以对比色安排。对比色可以增加颜色的强度，使整个花群的气氛活泼向上。花卉不仅种类繁多，同一种也会有许多不同色彩和高度的品种和变种，色彩丰富，但如果种在同一花坛内会显得混乱，所以应按冷暖之别分开，或按高矮分块种植，可以充分发挥品种的特性，避免造成凌乱的感觉。在进行色彩搭配时，要先取某种色彩的主体色，其他色彩则为副色以对比、衬托主色，切忌喧宾夺主。

2. 色块应用

园林植物景观中缤纷的色彩，是由各种大的色块有机地拼凑在一起而形成的。如广场绿地和道路绿地两侧的景观带，通常用紫叶小檗、金叶女贞、大叶黄杨和草坪配成各种大小不等的包带成色块，以增强城市的快节奏感。色块的面积可以直接影响园林绿地中色彩的对比与调和，对绿地景观的色彩体系具有决定性作用。通常，色块大，色度低；色块小，色度高；明色、弱色色块大；暗色、强色色块小。如大面积的森林公园中，强调不同树种的群体配置，以及水池、水面的大小，建筑物表面色彩的鲜艳与面积及冷暖色的比例等，都是以包块的大小来体现造景原则的方法。至于包块的浓淡，若配大面积包块宜用淡色，小面积包块宜用深色。但要注意面积的相对大小还与视距有关。对比的色块宜近视，有加重景观之效应，但远眺则效应减弱；暖色系的色彩，因其色度、明度较高所以明视性强，其周围若配以冷色系彩色植物则需强调大面积，以寻得视觉平衡。例如植物造景中，经常采用缀花草坪的方式创造怡人的景致，因为草坪属于大面积的淡色块，而所用缀花多色彩艳丽。

3. 背景搭配

园林景观设计中非常注意背景色的搭配，中国古典园林中即有"藉以粉壁为纸，以石为绘也"的例子。色彩植物的运用必须与其背景取得色彩上的协调，例如绿色背景下在前景位置点缀红色或橙红色、紫红色花草树木；

明亮鲜艳的花坛搭配白色的建筑或景观小品设施，给人以清爽之感。园林景观的绿色背景一般采用枝叶繁茂、叶色浓密的绿色植物为背景，如绿色植被茂密的山体、常绿植物修剪而成的绿篱及绿墙、松柏等树形挺拔常绿针叶林、攀援植物的立体绿化等。

植物与植物及其周围环境之间在色相、明度以及色度等方面应注意差异、秩序、联系和主从等艺术原则。任何植物景观设计都是围绕一定的设计主题展开的，色彩的应用或突出主题，或衬托主景。不同的色彩具有不同的感情感受，而不同的主题表达亦要求与其相匹配的色彩设计方案。园林植物最有特色的景观因素之一在于其色彩的季相变化，因此，熟悉和掌握园林植物的季相特征及变化对植物造景的色彩设计方案至关重要。

3.2.2.4　色彩植物季相造景

在配置色彩植物时应考虑季相变化，使园林景观随春、夏、秋、冬四季而变换，力争月月有花，季季有景。要根据不同色彩植物季节物候变化而产生的色、形、姿态等的变化，将不同花期、不同色相及不同形态的植物协调搭配，以延长观赏期，体现植物景观的季相变化。

春季万木复苏，设计时通常以绿色为主调或背景，春色叶树种与早春花木配置春色效果更佳。与春色叶树种展叶时间相近的早春花木主要为落叶花灌木，如黄色系的迎春、棣棠，白色系的白玉兰、二乔玉兰、白碧桃、樱花和绣线菊等，红色系的海棠、红花檵木、红花碧桃，紫色系的紫叶桃、紫玉兰、紫荆等。黄色系的春色叶树种朴树、旱柳，可作为紫荆、红花碧桃、海棠等红花树种的背景或前景，如杭州西湖的苏堤春晓即以垂柳、碧桃成景。而春叶红色的石楠、山麻杆则适合与连翘、迎春、绣线菊、玉兰等花朵黄色或白色的树种配置，也可与灰白色的山石搭配成景。

夏季天气炎热，但造景植物资源异常丰富，植物景观色彩的设计应多用绿色、蓝色、白色等冷色表现清凉、安静的景观视觉效果。因此，植物造景应以绿色植物为背景或基调，点缀包含其他颜色的观花、观叶、观果或者观枝植物，形成色彩的对比，打破绿色的垄断。

秋季是收获的季节，秋色叶树种与秋花、秋果植物配置，不但色彩更加丰富，而且可以进一步表现秋季的绚丽多姿。一般而言，秋色叶树种造景宜表现群体景观，秋色必须有气势。总体颜色设计上以金黄色、橙红色、红色等暖色调颜色为主。如黄栌、红枫、臭椿、元宝枫、槭树、栾树、火棘、枸杞及银杏等体现出秋季收获与成熟的喜悦和光彩。在城市道路和公园中，可将秋色叶树种配置成带状秋色景观，如银杏、无患子、枫香、榉树、元宝枫、鹅掌楸等，也可在游人较多的区域营造疏林秋色。例如，杭州植物园的"槭树杜鹃园"，将槭树与常绿树和其他落叶树混植，以青冈栎、香樟、臭椿、榔榆、马尾松等高大乔木为上层，以三角枫、五角枫、鸡爪槭等各种槭树为中层乔木，以毛杜鹃、锦绣杜鹃、映山红为下层，空间搭配高低错落，色彩搭配红绿相间，是一个极成功的植物配置典范。

冬季是一个万木凋敝的季节，北方大部分植物在这个季节都会落叶，因此冬季的颜色相对就很单调。所以在冬季增添绿色为人们舒缓心中的沉闷感会起到很好的作用。尤其在北方地区，多选择常绿植物如松、柏、樟树等，这些植物的安详笃定、青翠枝叶中所蕴藏的生命力正是人们在冬季需要的精神慰藉。而一些在寒冬绽放花朵的植物，如腊梅、四季秋海棠、梅花等，更能够让人体会到生命的顽强与不息。

3.2.2.5　色彩植物配置要点

对于每一个局部空间中的色彩，都需要确定一个主题或者一种色彩基调，如以绿色为主题或以暖色为基调。预先设计主题或基调可以帮助设计者有序的进行深入设计和创作。局部空间的色彩不宜过于杂乱。心理学研究表明，人在进行数目判断时，7是个临界值。利用植物造景时，植物颜色的运用种类也不宜超过这个临界值，通常为3～4种。所以在利用彩色植物进行景观设计时要注意色彩不能过于繁多，以免出现凌乱无序的感觉。

在园林中，植物的色彩要和建筑、园路、广场等周边环境的色彩相协调统一，与所处功能分区的功能相联系，并符合地域属性。例如，游乐场所、儿童活动区域植物造景常用对比色、或色彩相差较大的颜色，其效果鲜明活泼，具有较强的动感，往往能引起人们的注视；对比色适用于花坛，在出入口用类似的手法来吸引游人驻足观看；

在寒冷地带宜多用暖色系植物，在炎热地带多用冷色或中性色植物，以调剂人们的心理感受，以得到适目适心的场景效果。

3.3　环境心理学原理

3.3.1　环境心理学概述

柏拉图两千年前曾说过："世界上最困难的任务就是了解人类自己。"而环境行为学恰恰就是研究、探讨外界环境与人类自身行为之间的相互作用与互为影响关系的新学科。环境心理学，或环境行为学，是研究环境与人的心理和行为之间关系的一个应用社会心理学领域，最初出现于美国，形成于20世纪70年代，是心理学的一个重要分支，也是近30多年来迅速发展起来的新兴边缘性学科，更是一门应用性学科。英国首相丘吉尔曾说过："人们塑造了环境，环境反过来塑造了人们。"这言简意赅地说明人的行为与周围环境同处在一个相互作用的生态系统中，人是自觉地、有目的的作用于他周围的环境，同时又受到客观环境的影响和制约，在改变世界的同时，也改变了自己。因此，环境心理学的研究范围包括人类行为与人造和自然环境之间的相互联系；物理环境与人类行为及经验之间的相互关系；主体与环境作用的相互性，即一方面强调人们怎样受环境影响，另一方面也关注人类对环境的影响、反应和改造。

风景园林规划设计（含植物造景）的宗旨是要设计出可游、可憩、可行、可居的优美环境和境域，所以身处其中的人对环境的感受是否良好比环境本身更为重要。基于这样的设计理念，风景园林设计师设计的园林景观与人的联系往往比园林景观本身更为重要，这也使得风景园林设计师在进行设计时必须站在使用者的角度感受自己的设计。随着以人为本思想不断深入人心，环境心理学在园林规划设计中的应用显得格外重要，越来越多的风景园林设计师开始关注并应用环境心理学。

3.3.2　环境心理学在植物造景中的体现

3.3.2.1　行为与风景园林规划设计

1. 空气气泡理论

根据人类学家爱德华（Edward T.Hall）的研究成果，我们每个人都被一个看不见的空间气泡所包围，当我们的"气泡"与他人的"气泡"相遇重叠时就会感到不安，从而下意识地调整自己与他人希望保持的间距。关系越亲密，气泡越小，反之亦然。空间气泡理论说明，人们不仅希望与某些人保持亲近，也希望与另外某些人保持疏离（图3.3.1）。

2. "安全点"理论

"安全点"就是既能让人观看他人的活动，又能与他人保持一定距离的地方，从而使观看者感到舒适泰然。如果将观看者置于被观看者之中，观看者一定会感到不自在，被观看者也感到他们的"空间气泡"受到了侵犯。安全点应具有如下特征：有较佳的朝向与视野；有置身场外的距离感；能在一定程度上隐蔽自己，使自身心理安全受到防护，同时又能保证视线不受到过分的干扰，有利于观看。由以上分析可知，安全点空间应该是"可防卫的"。安全点的所有特征表明，安全

（a）不适、紧张、痛

（b）舒适、惬意、温暖

（c）不适、孤独

图 3.3.1　空气气泡理论要求人与人之间应具有合适的距离

点应是开放式空间中理想的停驻位置。

3. 边界效应

心理学家 Derk de Jonge 在一项关于受欢迎的逗留区域的研究中提出了颇具特色的"边界效应"理论。他指出，森林、海滩、树丛、林中空地等的边缘区域都是人们喜爱的逗留区域，而开敞的旷野或滩涂，则无人光顾，除非边界区已人满为患。在城市空间中，同样可以观察到这种现象。边界区域之所以受到青睐显然是因为处于空间的边缘为观察空间提供了最佳的条件，跟安全点理论是联系紧密的。一般来说，边界是众多信息汇聚的地方，它具有异质性，是变化的所在，容易产生特殊的现象，受到人们的关注。在自然界中，优美的风景往往集中在地球板块的边界，如位于印度板块和亚洲板块交界处的四川省，风景资源集中，是我国重要的风景旅游地。又如水与陆地交界的水岸地带，地形层次丰富、动植物类型多样，容易形成不同于其他场所的美丽风景。如果边界不复存在，那么空间就绝不会富有生气，这就是即使在空旷空间的中间部位设置再多的园林座椅等休憩设施，也极少有人光顾的原因。

3.3.2.2 环境认知理论与植物造景

当园林不同空间类型作为某种环境类型被人们感知之后，就会以环境意象的形式留在人们的脑海中并形成回忆。环境意象是指空间环境在意识中形成的可被回忆的形象。凯文林奇在《城市的意象》中把它称作"认知地图"，提出"环境意象""认知地图"概念的目的主要在于强调环境特征的易识别性。凯文林奇在书中将人的意象要素归纳为五种元素：道路、边界、区域、节点和标志物。环境意象总是按照人们易于识别的实际需要在头脑中逐步形成，并带有一定的持久性和稳定性，哪怕客观环境发生了变化，环境意象也不会轻易改变。植物作为园林中的一个重要组成元素与路径、节点、区域、标志、边界等环境意象的形成之间有着密切的联系，植物本身可以作为主景构成标志、节点或区域的一部分，也可以作为这几大要素的配景或辅助部分，帮助形成结构更为清晰、层次更为分明的环境意象（图 3.3.2）。

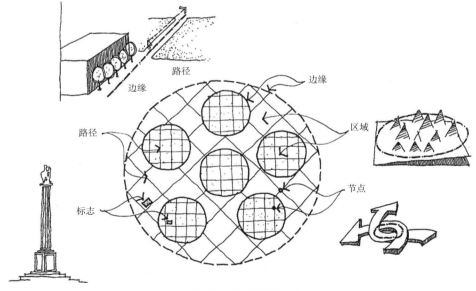

图 3.3.2　城市意象示意图
（引自金广君．图解城市设计．北京：中国建筑工业出版社，1999．重新绘制）

道路，有序的植物景观意象。在规则式构图的园路种植单行或双行树以符合园林规划设计的整体立意与构思，而在自然的道路两侧则用强调型植物强调顶点位置，强化道路的走向效果，达到步移景异的景观要求。园林中的道路可以利用植物逐渐形成统一的空间序列并能够围绕和连接不同的功能场地，游人也可以沿着两侧植物暗示的道路行进，走向目的地，在有序的空间序列中人们才能感到安全。

边界，清晰的植物景观意象。城市的边界构成要素既有自然的界线，如山、沟壑、河湖、森林等，也有人工界线，如高速公路、铁路线、桥梁、港口和约定俗成的人造标志物等。城市边界不仅在某些时候形成"心理界标"，而且有时还会使人形成两种不同的文化心理结构。园林中的边界不仅是指可分隔园林与外部环境的分界线，而且还包括园林内部不同区域之间的分界线，有时区域边界就是道路。园林中利用植物可形成不同的边界意象，边界有虚隔和实隔之分。虚隔如草坪与游路边界，可以用球形灌木有机散植或者矮篱，形成相对模糊的边界，限定游人游览路线而放开游人观赏视线，既起到空间界定作用，又不过分阻隔人与自然的亲近；实隔往往用成排密实整形的绿篱对边界进行围合，创造出两个不能跨越的空间，可以有效地引导人流，实现空间的转换。现代开放式绿地的边界设计更倾向于带状开敞式的公共小广场的边界形式，沿路一侧分别设几个入口，整齐的庭阴树可以构成显著清晰的场所特征和标识。不仅提供人们方便地进出场所，而且还可为等候、驻足、小憩的人提供一个遮阴避阳、可靠安全的场所。

标志物，象征性的植物景观意象。标志物是一种特征显著、易于发现的定向参照物，人们对标志物的环境意象是十分敏感、兴奋的，可作为一种地标。在园林中，标志物可以是一个雕塑、一组小品或者一座保留的具有历史记忆的构筑物，也可以是一棵或几棵历史悠久的大树。植物作为标志性的景观往往表现为以下几种形式。

（1）草坪中的孤植树，构成视觉焦点，此类植物要以形体高大，枝繁叶茂，叶、花、果等具有特殊观赏价值为佳，特别引人入胜。

（2）在建筑物前、桥头等位置的孤植树，具有提示性的标志作用，使游人在心理上产生明确的空间归属意识。

（3）全园的标志，一些具有历史纪念意义的古树名木，构成园林中的特有的精神特征和文化内涵，成为全园的标志。

区域，统一而又多样的植物景观意象。区域的类型很多，与之对应的植物景观意象也就丰富多样。设计不同年龄层次人的活动区域，植物意象特征就应该抓住不同年龄层次人的心理和生理特征，符合不同人的心理需求。儿童活泼好动，好奇心极强，所在活动区域的植物就不宜用一些针叶类的或带刺、含有毒物质的植物。相反，可以选择一些健康有益的，而且是观赏性强的植物，更易被儿童以及少年接受，可以激发他们的好奇心，增强他们的求知欲。而在设计老年人活动场地的植物时，就要考虑老年人在性格上更偏向于沉稳、安静，心灵上更渴望回归安详、宁静的状态，因此要通过植物配置来软化具有较高程度视觉、噪声、运动等特征的周围环境，尤其要选择一些保健类的植物有利于老年人身心健康，而不要用不适宜的植物引起程度较高的激动或兴奋。

节点，引人入胜的植物景观意象。在园林空间中，节点包括绿地出入口、道路起终点、区域与道路的交叉节点、区域与区域的交叉节点等，或者是区域的中心或象征。节点人流汇集，信息丰富，是植物造景的重点区域。植物造景的布局形式上不宜过于分散复杂，宜集中简洁，视野通畅，植物品种上应选择形姿优美、观赏性强的景观树种，给人明朗、兴奋的意象。各景观节点应以植物造景为主要方式，并体现各节点共性的同时，应用不同的植物选择、规划布局、植物配置等方式体现各节点的景观特色，满足各景观节点的功能个性需求，达到景观的统一与多样性。

3.3.2.3 植物造景的环境心理感受

植物造景创造了各种各样的植物景观，同时也营造了多种景观空间，满足了不同的心理感受。所有园林植物景观的创造都以满足游人行为活动、心理需求为目的。从环境心理学角度出发，设计应遵循统一、和谐的原则。例如，疏林草地营造开敞空间，给人舒畅、释怀的心理感受；而浓叶密林的郁闭空间给人幽静、静谧的感受；低矮的植被给人亲近自然的感觉；高过人视线的围合绿篱则给人私密、安全的感受等。而从满足不同年龄阶层人的心理和生理考虑，就以符合他们的心理需求的植物景观设计为目的。儿童活泼好动，好奇心极强，其活动区域的植物就不宜采用带刺、含有毒物质的植物，而应选择一些健康有益且色彩鲜艳、观赏性强的植物，吸引儿童视觉，并激发他们的好奇心，增强他们的求知欲；而在老年人活动场地的植物造景时，就要考虑老年人在性格上更偏向于沉稳、安静，心灵上更渴望回归安详、宁静的心态，应尽量选择保健类的园林植物，有利于老年人身心健康，而不宜过多应用色彩鲜艳的植物，并通过植物配置形成适合聚集活动的环境空间，与其他环境隔离，不受干扰。

植物造景还应考虑不同人群的心理需求，塑造不同的空间类型，如私密空间、半私密空间、公共空间等。私密性可以理解为个人对空间可以接近程度的选择性控制。人对私密空间的选择可以表现为一个人独处，希望按照自己的愿望支配自己的环境，或几个人亲密相处不愿受他人干扰，或者反映个人在人群中不求闻达、隐姓埋名的倾向。私密性空间的需求在私家家庭的庭院、花园里容易得到满足，而在城市开放空间绿地中也可以通过植物造景来达到要求。植物造景是创造私密性空间的最好的自然要素，设计师考虑人对私密性的需要，并不一定就是设计一个完全闭合的空间，但在空间属性上要对空间有较为完整和明确的限定。一些布局合理、高度适宜的绿篱或是分散排列的树阵也可以提供私密空间，在植物营造的静谧空间中，人们可以读书、静坐、交谈或者私语。利用植物材料塑造公共空间既要保证观赏、浏览、科普教育、交流等公共活动的进行，又不要过多侵害个体空间需求，以免因拥挤而产生焦虑。公共空间的植物造景应选用色彩多样、姿态优美的园林植物，综合应用孤植、对植、丛植、散植等多种植物配置手法，塑造多样、美观、宜人的园林空间。同时，植物造景的公共空间塑造应突出安全性，满足游人安全的基本层次心理感受。

3.4　园林植物文化与植物造景

3.4.1　园林植物的文化内涵

植物作为风景园林的重要构成要素，不但起着造景资源的作用，而且担负着文化符号的角色以及传递设计者所寄予的思想和愿望。植物种类的选择、位置和时期的布置以及形式的配置，在很多场合都服从园林文化功能。每个时代所赋予的文化内涵不同，植物景观中的文化现象也随之发生了一系列变化。园林、植物、文化之间有着密不可分的联系，深刻的文化内涵、意境深邃的园林布局和植物配置是我国著称于世的园林特色之一。

利用园林植物进行意境创作是中国传统园林的典型造景风格和宝贵的文化遗产。在古典文人园林中形成了传统的配置模式，表达了园主人的人生理想和追求，带有浓厚民族审美色彩。大大丰富和加深了古典文人园林的审美层次，使园林景观进入了艺术美与理想美相结合的境界，增加了艺术魅力。例如，在北方皇家园林植物配置中松柏体现统治阶级的稳固和经久不衰；而在南方的私家园林中，以白色粉墙为背景，配置几株修竹，数块山石，三两棵芭蕉就构成了江南韵味十足的园林景观。

园林植物的文化内涵主要源于中国传统文化、传统审美思想、传统哲学思想及以诗词歌赋为主的传统文学。中国传统文化赋予植物人格化的属性特征，注重文化内涵，以植物比德，其意境美而深邃，富有诗情画意，以至天人合一的境界。在中国各地传统民族文化中，许多植物有其本身的固有寓意，植物给人各种联想，在欣赏植物时，寓情于景，情景交融。许多植物的形象美概念化或人格化，赋予其丰富的感情及不同的文化内涵和品性。例如松苍劲古雅，不畏霜雪严寒的恶劣环境，能在严寒中挺立于高山之巅，象征着坚贞气节，代表着高尚的品质。竹是中国文人最喜爱的植物之一，"未曾出土先有节，纵凌云处仍虚心""群居不乱独立自峙，扼风发屋不为之倾，大旱干物不为之瘁，坚可以配松柏，劲可以凌霜雪，密可以泊晴烟。疏可以漏霄月，婵娟可玩，劲挺不回"，被视作最有气节的君子，以至于大文学家苏东坡喜竹异常，"宁可食无肉，不可居无竹"。梅更是中国传统文化喜爱的植物，元代杨维桢赞其"万花敢向雪中出，一树独先天下春"。陆游词中，"无意苦争春，一任群芳妒"，赞赏梅花不畏强暴的素质及虚心奉献的精神。陆游词中的"零落成泥碾作尘，只有香如故"表示其自尊自爱，高洁清雅的情操。陈毅诗中"隆冬到来时，百花迹已绝，红梅不屈服，树树立风雪"，象征其坚贞不屈的品格。

体现文化内涵的园林植物的类型主要包括以下几种。

（1）比德赏颂型。如"经隆冬而不凋，蒙霜雪而不变，可谓得其贞"的松柏、"出淤泥而不染，濯清涟而不妖"的荷花，"竹本固，固以树德；竹性直，直以立身；竹心空，空以体道；竹节贞，贞以立志"的竹子等。

（2）吟诵雅趣型。如"万花敢向雪中出，一树独先天下春"的梅，"桃之夭夭，灼灼其华"的桃花，花中隐士菊花等。

（3）形实兼丽型。如"华实并丽"且象征多子多嗣的石榴，"数颗黄金弹"的枇杷等。

（4）谐音寓意类型。如苏州古典园林种植榉树寓意中举之意（榉谐音举），并有"前榉后朴"的传统植物配置方式。除此之外，中国传统文化中通常将几种园林植物形成特定组合，体现特性的文化内涵及象征寓意（表3.4.1）。

表 3.4.1 　　　　　　　　体现和包涵中国传统文化内涵园林植物的特定组合

特定组合	植 物 组 成
岁寒三友	松、竹、梅
花中四君子	梅、兰、竹、菊
玉堂富贵	玉兰、海棠、牡丹、桂花
花草四雅	兰花的淡雅、菊花的高雅、水仙的素雅、菖蒲的清雅
中国十大名花	兰花、梅花、牡丹、荷花、菊花、月季、桂花、杜鹃花、水仙花和茶花
花中十友	兰花芳友、梅花清友、腊梅奇友、瑞香殊友、莲花净友、栀子禅友、菊花佳友、桂花仙友、海棠名友、茶花韵友
花中十二客	梅花清客、茶花雅客、茉莉远客、瑞香佳客、牡丹贵客、荷花静客、兰花幽客、菊花寿客、桂花仙客、丁香素客、蔷薇野客、芍药近客

3.4.2　园林植物文化内涵在植物造景中的体现

（1）植物造景中应用体现地域特色及历史文脉的市花、市树。市花、市树是每个城市居民投票选出并通过审议，受到大众广泛喜爱同时适应当地气候地理条件的植物品种，紧扣城市历史人文内涵，并且是具有契合城市主题的象征意义和极具地域特色的常见植物。城市园林的植物配置和应用过程中应当参考城市的人文内涵，将市花、市树融入植物造景（表3.4.2）。

表 3.4.2 　　　　　　　　　　　城市市花、市树举例

城市	市 花	市 树
上海	白玉兰（象征开路先锋、奋发向上的精神）	玉兰（吉祥、积极向上）
杭州	桂花（芳香高贵，象征胜利夺魁、流芳百世）	香樟（寓意长寿、吉祥如意）
广州	木棉（蓬勃向上、生机勃勃）	木棉（英雄、蓬勃向上、生机勃勃）
福州	茉莉花（优美、忠于祖国、忠于爱情）	榕树（长寿、吉祥）
昆明	云南山茶（传统名花、可爱、谦让）	玉兰（吉祥、积极向上）
成都	木芙蓉（荣华富贵、高洁之士）	银杏（古老文明）
南京	梅花（高洁、坚韧、优雅飘逸）	雪松（勇敢、坚毅、刚强）
济南	荷花（清白、君子、优雅）	柳树（水、离别、柔弱）

（2）以满足特定场景文化内涵需求的园林植物为造景材料，以体现相应历史典故、神话传说、风俗民情等的植物配置方式与空间营造方式，构建植物景观，体现植物造景的文化内涵。例如学校常常栽种碧桃、紫叶李等以表达"桃李满天下"；书香世家、书院等多种植竹、梅、松"岁寒三友"以表示坚贞节操的人品；宅园以玉兰、海棠、牡丹、桂花等寄托玉堂富贵的美好憧憬与意愿，以配置石榴树寓意多子多福等。

（3）以包含园林植物题名的匾额、楹联、诗文、碑刻等点景的方式体现园林植物的文化内涵，使欣赏者通过这些文字产生联想，产生弦外之音、景外之景，升华精神境界，产生别样的游园情趣和想象。例如，苏州四大名园之一的拙政园以荷花、山茶、杜鹃为三大特色园林植物，园中众多以植物为主景的景观。如远香堂、荷风四面

亭的荷（"香远益清""荷风来四面"）；倚玉轩、玲珑馆的竹（"倚楹碧玉万竿长""月光穿竹翠玲珑"）；听雨轩的竹、荷、芭蕉（"听雨入秋竹""蕉叶半黄荷叶碧，两家秋雨一家声"）；玉兰堂的玉兰（"此生当如玉兰洁"）；雪香云蔚亭的梅（"遥知不是雪，为有暗香来"）；听松风处的松（"风入寒松声自古"），以及海棠春坞的海棠，柳荫路曲的柳，枇杷园、嘉实亭的枇杷，得真亭的松、竹、柏等等。再如苏州留园的"闻木樨香轩"，周围遍植桂花，漫步其中，不见其景，先闻其香，利用桂花的香气创造了一种境界，而令其闻名于世的不仅于此，还在于景点的题名及其楹联："奇石尽含千古秀，桂花香动万山秋"，点明此处怪岩奇石、岩桂飘香的迷人景象。松针细长而密，在大风中能够发出犹如波涛汹涌的声响，故皇家园林避暑山庄之中有"万壑松风"的点景建筑群。

（4）植物配置的传统理念。在漫长的中国古典园林史中，形成了园林植物配置自成体系的类型和方法，如《园冶》记载："东种桃柳，西种榆，南种梅枣，北杏梨""栽梅绕屋、堤湾宜柳、槐荫当庭、移竹当窗、悬葛垂""榆柳荫后圃，桃李罗堂前"等，都反映出中国古典园林植物配置的特有风格。但同时也具有园林中忌讳的植物造景方式，如内斋有嘉树，双株分庭隅；忌庭院中心立树木；忌大树遮门窗；忌大树下建小屋；忌在可视视野内种植造型诡异的植物，如痈肿怪树、朽枯空心树、藤缠缢颈树、歪头倾斜树等。

（5）保护和应用古树名木。古树指树龄在百年以上的老树；名木指受历史、文化、科学意义或其他社会影响而闻名的树木，树龄往往也超过百年。古树名木具有不可替代的历史文物价值，古树之"古"作为一种文化品格，它是历史文化的积淀，是园林中的活文物，更是地域历史文化的体现。

另外，古人根据植物的生长习性，再加上丰富的想象，赋予植物以人的品格，这使得植物景观不仅仅停留于表面，而是具有深层次的内涵，为植物配置提供了一个依据，也为游人提供了一个想象的空间。因此，在现代植物造景，除了再现园林植物的文化内涵，创造传神等意境，更应尊重植物的生长习性，符合个体、种群、群落及景观生态学原理，创造优美、持久、科学的文化景观。

思考题

1. 温度、光照、水分、土壤、空气等生态因子对园林植物的影响和意义是什么？如何应用到植物造景之中？

2. 形式美学法则包括哪些？并举例其在植物造景中的应用。

3. 如何根据环境心理学的知识进行植物造景？

4. 你所在城市的市花、市树是什么？有何特色或文化寓意？

第4章 园林植物造景的原则和方法

【本章内容框架】

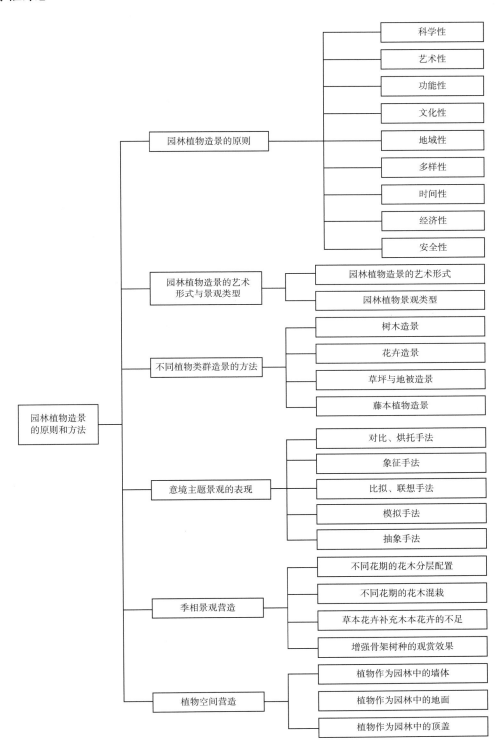

4.1 园林植物造景的原则

当代植物造景不仅仅局限于植物个体美，如形体、姿态、花果及色彩等方面的展示，而是强调植物综合功能的发挥和整体景观效果，追求植物形成的空间尺度，展示反映当地自然条件和地域景观特征的地带性植物群落。因此，现代植物景观设计应遵循以下基本原则。

4.1.1 科学性

植物造景的科学性是指植物的选择和配置要遵循自然科学规律。包括以下几方面。

4.1.1.1 遵循植物的生长发育规律，合理搭配植物

植物是有生命的有机体，有其自身的生长发育规律，在一生中要经历种子—幼苗—大树—衰老死亡的全过程。不同发育阶段，其体量、形态等特征是不一样的。植物在一年中，会随着气候的季节性变化而发生萌芽、抽枝、展叶、开花、结实、落叶及休眠等规律性变化，不同季节的观赏特征是不一样的。设计师只有在很好地了解植物的这种生长发育规律的基础上，方能正确地选择和配置植物，主要应考虑以下几方面的因素

1. 正确选择慢生树种和速生树种

速生树种短期内就可以成形、见绿，甚至开花结果，对于追求高效的现代园林来说无疑是不错的选择，但是速生树种也存在着一些不足的地方，比如寿命短、衰减快等。而与之相反，慢生树种寿命较长，但生长缓慢，短期内不能形成绿化效果。所以在不同的园林绿地中，因地制宜地选择不同类型的树种是非常必要的。比如，我们希望行道树能够快速形成遮阴效果，所以行道树应选择速生、易移植、耐修剪的树种；而在游园、公园、庭院的绿地中，可以适当地选择长寿慢生树种。一些新建城区，为了早日发挥绿地的景观效果，或由于珍贵、慢长树种的苗木缺乏，先利用一些速生树种进行普遍绿化是正确的。

2. 落叶树与常绿树合理搭配

落叶树一年之中有明显的季相变化，可丰富绿地四季景色。此外落叶乔木还兼有绿量大、寿命长、生态效益高等优点。常绿植物四季常绿，可弥补落叶植物冬季景观的不足。为了创造多彩的园林景观，除了落叶乔木之外，还应适量地选择一定数量的常绿乔木和灌木，尤其对于冬季景观，常绿植物的作用更为重要。

3. 有合理的种植密度

要充分发挥植物群落的景观效果，在平面上应有合理的种植密度，以使植物有足够的营养空间和生长空间，从而形成较为稳定的群体结构，一般应根据成年树木的冠幅来确定种植点的距离。但由于种植施工时的苗木往往是未到成年期的小苗，种植后不会在短期内具有成年树的效果，为了能在短期内达到较好的绿化效果，往往适当加大密度，几年之后再逐渐减去一部分植物。

4.1.1.2 满足植物生态习性的要求

各种园林植物在生长发育过程中，对光照、温度、水分，以及空气等环境因子都有不同的要求，在植物造景时，应满足植物的生态要求，使植物正常生长，并保持一定的稳定性，这就是通常所讲的适地适树，即根据立地条件选择合适的植物。或者通过引种驯化或改变立地生长条件，使植物能成活和正常生长。城市的立地条件较差，上有天罗，下有地网，土层瘠薄且有砖瓦、水泥、石灰等杂物，大气污染严重，飘尘大。在这样苛刻的条件下，又要把树种好，适地适树的原则显得更加重要。要做到适地适树，应对当地的立地条件进行深入细致的调查分析，包括当地的温度、湿度、水文、地质、植被和土壤等条件，还应当对植物的生物学、生态学特性进行深入的调查研究，以此确定选择何种植物。如天津市地下水位高，盐碱土多，土质不良，故要着重选择抗涝、耐盐树种。主要有绒毛白蜡、柽柳、紫穗槐、杜梨、雪柳、西府海棠、枸杞、柳树、沙枣、沙棘及玫瑰等。

一般来讲，乡土植物比较容易适应当地的立地条件，而且最能体现地方风格，为群众喜闻乐见，因此植物物

种的选择应以乡土树种为主。外来引种植物在大面积应用之前一定要做引种试验，确保万无一失之后再加以推广。适当选用经过驯化的外来树种对于丰富本地植物景观和多样性非常重要，不少外来树种已证明基本能适应本地生长。如原产印度、伊朗的夹竹桃，15 世纪后引入我国，其性强健，抗烟尘及有毒气体，不择土壤，病虫害少，花期长，目前已成为长江流域以南各城市的主要树种之一；雪松原产印度、巴基斯坦；广玉兰、落羽松、池杉原产北美；大王椰子原产古巴；散尾葵原产马达加斯加；三角梅原产巴西，所有这些树种已在我国大江南北的园林绿化中广泛应用。

根据自然界中每种植物在其原生境中的生态状况，可以基本上推测出每种植物的生态习性，再结合园林绿地实际环境，就可以设计出具有优美外貌和科学内容的植物景观。

4.1.1.3　遵循群落生态学规律

应在了解植物生物学特性和生态习性的基础上，根据植物群落生态学原理合理配置植物，要特别注意其之间的关系，力求不同植物的和谐共存，形成稳定的植物群落，从而发挥出最大的生态效益。在植物景观中，往往是多种植物生长于同一环境中，种间竞争是普遍存在的，必须处理好种间关系。最好的配置是师法自然，模仿自然界的群落结构，将乔木、灌木和草本植物有机结合起来，形成多层次、复合结构的稳定人工植物群落，从而取得长期的效果。这样配置的群落可以有效地增加城市绿量，发挥更好的生态功能。在种间关系处理上，主要应考虑乔木、灌木和草本地被、深根性与浅根性、速生与慢生、喜光与耐阴等几个方面。

植物是活体生物，必然存在个体和群体如何与环境间相互适配而良好生存与生长的问题。生物与环境间的相互关系问题即是生态问题，在植物景观配置中，生态设计问题十分重要，有时它甚至比美学设计还重要。因为植物景观配置美观与否首先必须建立在植物个体与群体是否适应环境而良好生存与生长的基础之上。

4.1.2　艺术性

美的植物景观设计需要既能满足植物的生物学特性和生态习性，还应具有艺术感染力。植物景观不是植物的简单组合，也不是对自然的简单模仿，而是在审美基础上的艺术创作。造景设计时不仅要求植物的选择要美观，而且植物之间的搭配必须符合艺术规律。应因地制宜，合理布局，强调整体的协调一致，考虑平面和立面构图、色彩、季相的变化，以及与水体、建筑、园路等其他园林构成要素的配合，并注意不同配置形式之间的过渡、植物之间的合理密度等。在艺术构图上可借助于中国其他艺术形式的精华（如书法、绘画、京剧、武术、烹调、陶艺及舞台布景等），巧妙地利用植物形体、线条、色彩、质地进行构图，符合多样统一原则、对比与调和原则、均衡与动势的原则、节奏和韵律的原则、比例与尺度原则、主体与从属原则。

4.1.3　功能性

园林植物造景形成的植物群落，要服务于园林设计功能需求。园林植物的功能表现在美化功能、空间构筑功能、生态功能、生产功能和实用功能等几个方面。具体在不同的场地，植物的功能侧重点是不一样的，因此设计师在进行造景设计时，必须先确定以哪些功能为主，同时兼顾其他功能。如城市外围的防护林带以防护功能为主，在植物选择和配置上应首先考虑如何降低风速、防风固沙；行道树以美化和遮阴为主要目的，配置上则应主要考虑其美观和遮阴效果；烈士陵园要注意纪念性意境的创造；节日花坛则应主要考虑其渲染节日气氛的观赏效果。再如，桃花配置在小型庭院中以观赏为主，可以选择各类碧桃品种，而在大型风景区内结合生产营造大面积桃园，则应选择果桃类品种，并适当配置花桃类品种。随着城市化的发展，植物造景要具有针对不同年龄、职业的人群的保健作用，尤其是药用植物、芳香植物、抗衰老保健植物在园林绿地中的配置，可使植物造景吸引更多的游客。

4.1.4　文化性

灿烂悠久的中国文化为园林植物赋予了人格化特征。作为一项优秀、成熟的景观作品，植物文化性的彰显是不可或缺的。在富有文化意境的植物造景环境中欣赏植物文化性所带来的美，感受人文气息，提炼内在精神世界，对于欣赏者无疑是赏心悦目之事。因此，了解植物文化性的内涵，并把它用于植物景观的营造，这对于建造高品位的园林作品无疑具有重要的意义。如被称作"岁寒三友"的松、竹、梅，被人们认为具有苍劲古雅、不畏霜寒的品格，皇家园林中将玉兰、海棠、迎春、牡丹（芍药）、桂花配置在一起，象征"玉堂春富贵"。

某些观赏植物与佛教文化密切相关。据佛经介绍，佛祖释迦牟尼一生的几个关键时刻都与植物连在一起。他降生在外婆家花园里的一株无忧树下，成佛于一株菩提树下，圆寂于两株娑罗双树下。他为了摆脱生老病死轮回之苦，舍去王位继承，到处寻找人生真谛，最后在一株菩提树下静修，战胜了各种邪恶的诱惑，猛然领悟出真谛而成佛，所以佛教的经书都把菩提树当做佛树，才有了"菩提本无树，明镜亦非台；本来无一物，何处惹尘埃"的四句偈。海南南山佛教文化旅游区设计中，就充分考虑了佛教和菩提树及地涌金莲的渊源关系，从福建厦门、广西北海等地引种了菩提树和地涌金莲。菩提树代表了神圣、吉祥和高尚，而地涌金莲则是魅力善良的化身和惩恶的象征。这些植物的配置烘托了南山佛教文化的内涵。云南西双版纳地区的佛寺里也常常用上述植物烘托小乘佛教文化。

在现代园林设计中，也注入了很多的现代文化，例如珠海的滨海地带需要修建一条情侣路，在树种选择上又是另一番情景：乔木可选择海南红豆树、鄂西红豆树，因唐诗中有"红豆生南国，春来发几枝，愿君多采撷，此物最相思"的诗句，所以红豆又称为相思豆；另外，台湾相思、大叶相思都可以用；合欢代表夫妻和好之意，木棉是英雄的象征，凤凰非梧桐不栖，凤凰木、皇后葵、大王椰子、龙柏的寓意也都与情侣有关，都可以用；桃树表示爱情、桃花运，《游园南》中"去年今日此门中，人面桃花相映红，人面不知何处去，桃花依然笑春风"说的就是秀才讨水喝，与农家女惊艳，产生爱恋的故事。灌木中可用玫瑰表示初恋，常用于情人节；茉莉花又叫助情花，古代女子将其置于枕旁，"消瘦香风在凉夜，枕边俱是助情花"；含笑，"花开不张口，含笑不低头，拟似玉人笑，深情暗自流"。

4.1.5 地域性

植物景观设计应与气候、地形、水系等要素相结合，充分展现当地的地域性的自然景观和人文景观特征。所谓"适地适树"，就是要营造适宜的地域景观类型，并选择与其相适应的植物群落类型。植物配置要体现地方特色，应尽量选用乡土植物。乡土植物的应用不但可以节约资金，而且能形成浓郁的地方特色，防止植物景观千篇一律。乡土植物既包括当地原生植物，也包括由外地引进时间较久、已经适应当地风土的外来植物。哈尔滨市以榆树和丁香为基调树种；沈阳市北陵大量应用了当地原产的油松，形成了陵园的特色；杭州的柳浪闻莺，突出柳浪特点，闻莺馆附近，柳树环绕，表现出柳条如浪的效果；海口市则以郁郁葱葱的椰林体现热带风光，这些都是突出了地域特点。

4.1.6 多样性

植物景观设计应充分体现当地植物物种及品种的丰富性和植物群落的多样性特征。植物景观的多样性包括物种及品种的多样性、造景形式的多样性，营造丰富多样的植物景观，首先依赖于丰富多样的植物物种及品种的多样性，只有达到物种及品种的多样性，才能形成稳定的植物群落，实现真正意义上的可持续发展；只有达到造景形式的多样性，才能形成丰富多彩、引人入胜的园林景观。从物种多样性的角度，既要突出重点，以显示基调的特色，又要注重尽量配置较多的种类和品种，以显示人工创造第二自然中蕴藏的植物多样性。从造景形式多样性的角度，除了一般的园林造景以外，城市森林、垂直绿化、屋顶花园、地被植物等多种造景形式都应当重视。

在城市园林绿地中选用多种植物也有利于适应对园林绿地多种功能的要求。各种植物由于生活习性的不同而具有不同的功能。在需要遮挡太阳西晒的地段，可配以高大的乔木；在需要围护、分隔和美化的地段，可以使用一些枝叶繁茂的灌木；在需要遮阴乘凉的地方，可以种上枝叶浓密、树形高大的遮阴树；在需要设置花架的地方可以栽上攀援的藤本植物；在需要开展集体活动的开阔地面上，可以种植耐践踏的草坪；在常年出现大风的地带，应选用深根系树种，而在居住区、街道等有地下管道的地方，又必须选用浅根系的树种。只有选用多种类型的植物，才能满足城市绿地的多种功能。

4.1.7　时间性

植物景观设计应充分遵循植物生长发育和植物群落演替的规律，注重植物景观随时间、季节、年龄逐渐变化的效果，强调人工植物群落能够自然生长和自我演替，反对大树移栽等急功近利的做法。在城市景观中，植物是季相变化的主体，季节性的景观体现在植物上，就是植物的季相变化。景观设计者不仅仅要会欣赏植物的季相变化，更为关键的是要能创造丰富的季相景观群落。设计者应按照美学的原理合理配置，充分利用植物的形体、色泽、质地等外部特征，发挥其枝干、叶色、花色等在各生长时期的最佳观赏效果，尽可能做到一年四季有景可赏，而且充分体现季节的特色。

4.1.8　经济性

植物的经济性包括绿化投资成本和后期养护成本的控制。在满足基本功能的前提下，应尽量选择廉价的植物物种及品种，以控制投资成本。同时更要考虑后期的养护管理成本，物种选择上强调选用抗逆性强、易成活、管理简便的种类，强调植物群落的自然适应性，力求植物景观在养护管理上的经济性和简便性。应尽量避免养护管理费时费工、水分和肥力消耗过高、人工性过强的植物景观设计手法。

4.1.9　安全性

植物的安全性是指植物的选择和配置不能影响交通安全、人身安全和人体健康。如交通干道交叉路口及转弯处不宜种植高大的乔木，要保证驾驶员视线通透；居住区不宜种植有飞毛、有毒、有臭味的植物；儿童活动场地不能种植有刺的植物等。

4.2　园林植物造景的艺术形式与景观类型

4.2.1　园林植物造景的艺术形式

园林的规划设计形式决定了植物造景的艺术形式，从而产生不同的植物景观风格，法国和意大利的古典园林主要采用对称整齐栽植，把常绿乔灌木和花卉修剪成各种几何形状或构成地毯式模纹花坛，从而形成园林的特殊风格。我国古典园林的植物造景力求自然与绘画意趣，在形成我国园林风格中起到了特殊作用，在世界上是独树一帜的。目前，园林植物景观的形式可分为自然式、规则式、混合式和自由式4种，各有其不同的特点。

4.2.1.1　自然式植物景观

1. 自然式植物景观特点

自然式的植物造景方式，多选外形美观、自然的植物种类，它强调变化。植物配置没有固定的株行距，充分发挥树木自由生长的姿态，不强求造型；植物配置以自然界植物生态群落为蓝本，将同种或不同种的树木进行孤植、丛植和群植等自然式布置或分隔空间。花卉以花丛、花群等形式为主，树木整形模拟自然苍老，反映植物的自然美。该风格具有生动活泼的自然风趣，令人感觉轻松、惬意，但如果使用不当会显得杂乱。在世界上以中国自然山水园与英国风景式园林为代表（图4.2.1和图4.2.2）。

2. 自然式植物景观配置方式

以丛植为基本栽植单位，即具个体美的3～5株树木的组合，或多株复合栽植，创造群体美。既有观赏的中心主体乔木，又有衬托主体的添景。为了取得地面上的联系，可在前面加上低矮常绿树为前景，形成一定层次结构的植物群丛景观（图4.2.3）。

图 4.2.1　中国自然山水园中的植物景观

图 4.2.2　英国自然式植物景观（引自中国风景园林网）

自然式植物景观常见的造景方式如表4.2.1所列。

表 4.2.1　　　　　　　　　　　　　　　　　自然式植物景观配置方式

类　型	配置方式	功　能	适用范围	表现的内容
孤植	单株树孤立种植	主景、庇荫	常用于大片草坪中、小庭院的一角，常与山石搭配	植物的个体美
丛植	几株同种或异种树木的不等距离种植在一起形成树丛效果	主景、配景、背景、隔离	常用于大片草坪中、水边、路边	植物的群体美和个体美
群植	一两种乔木为主体，与数种乔木和灌木搭配，组成较大面积的树木群体	配景、背景、隔离、防护	常用于大片草坪中、水边，或者需要防护、遮挡的位置	表现植物群体美，具有"成林"的效果
带植	大量植物沿直线或曲线呈带状栽植	背景、隔离、防护	多用于街道、公路、水系的两侧	表现植物群体美，一般宜密植，形成树屏效果

4.2.1.2　规则式植物景观

规则式栽植方式在西方园林中经常采用，在现代城市绿化中使用也比较广泛。相对于自然式而言，规则式的植物造景强调成行等距离排列或做有规律的简单重复，对植物材料也强调整齐，修剪成各种几何图形。花卉布置以模纹图案为主体的花坛、花境为主。规则式植物栽植方式给人以雄伟、庄严和肃穆的感觉（图4.2.4和图4.2.5）。例如天安门广场上毛主席纪念堂后面的油松林，排列整齐，取得了上述效果。规则式造景方法简单易行，便于群众性养护管理，在北方广为采用。意大利台地园和法国宫廷园林、中国北京天坛公园、南京中山陵都属于规则式风格。

规划式植物景观常见的造景方式如表4.2.2所列。

图 4.2.3　现代自然式植物群落

图 4.2.4 寺观园林中的规则式植物景观

图 4.2.5 规则式植物景观—带植

表 4.2.2   规则式植物景观配置方式

类型	配置方式	适用范围	景观效果
对植	两株或者两丛植物按轴线左右对称栽植	建筑物、公共场所入口处等	庄重、肃穆
行植	植物按照相等的株行距呈单行或多行种植，有正方形、三角形、长方形等不同栽植形式	在规则式道路两侧、广场外围或围墙边沿	整齐划一，形成夹景效果，具有极强的视觉导向性
环植	植物等距成圆环或者曲线栽植植物，可有单环、半环或多环等形式	圆形或者环状的空间，如圆形小广场、水池、水体以及环路等	规律性、韵律感，富于变化，形成连续的曲面
带植	大量植物等距沿直线或者曲线呈带状栽植	公路两侧、海岸线、风口、风沙较大的地段，或者其他需防护地区	整齐划一，形成视觉屏障，防护作用极强

4.2.1.3 混合式植物景观

混合式植物造景方式是介于规则式和自然式之间，即两者的混合使用。这种风格在现代园林中用之甚广。在选择植物景观造景方式时需要综合考虑周围环境、园林风格、设计意向、使用功能等内容，做到与其他构景要素相协调。

混合式植物造景有两种形式，一种是服从混合式规划要求，在纵轴对称的两侧，眼睛所及之处，用规则式造景，在远离中轴线，视力所不及之处用自然式造景，或者在地形平整处用规则式造景，在地形复杂处用自然式造景。在较大的园林建筑周围或构图中心，采用规则式，在远离主要建筑的部分，采用自然式。因为规则式布局易与建筑的几何轮廓线相协调，且较宽广明朗，然后利用地形的变化和植物的配置逐渐向自然式过渡。另一种形式是指绿地用道路的绿篱分隔成规则的几何图形，内部则用自然式造景植物。在规则式绿地内，用灌木和模纹进行自然式造景，图案新颖，构图亲切，风格自由灵活，与周围环境取得较好的联系，实用性较高（图 4.2.6）。

4.2.2 园林植物景观类型

植物景观类型就是植物群体配置在一起显现出来的外在表象类型。比如，密林、线状的行道林、孤立的大树、灌木丛林、绿篱、地被、草坪及花境等。园林植物景观类型丰富多样，目前还未见统一的分类标准。

4.2.2.1 大自然的植物景观类型

大自然是园林植物景观设计创作的源泉，在大自然中具有特色的植物景观类型有珍稀树、奇形树、古树、名木、神木、群落、红树林、草原、田园，以及溪涧、

图 4.2.6 混合式植物造景

图 4.2.7 自然界的崖壁植物景观

崖壁等富有野趣的植物景观类型（图 4.2.7）。

4.2.2.2 根据平面布局分类

植物景观表现形式多种多样、灵活多变，从其平面形态上可将之归纳为以下几种形式。

1. 点状景观

点状景观指独立或组成单元集中布置的植物景观方式。这种景观形式常常用于设计空间的重要位置，除了能加强场地的空间层次感以外，还能成为场地的景观中心，因此，在植物选用上更加强调其观赏性。点状绿化可以是大型植物，也可以是小型花木。大型植物通常放置于较大的空间之中，而小型花木则可置于较小的空间里，点状景观是植物景观表现中运用最普遍、最广泛的一种布置方式。

2. 线状景观

线状景观指植物呈线状排列的形式，有直线式或曲线式之分。其中直线式是指用若干植物种植于带状绿地内，组成带式、折线式，或呈方形、回纹形等绿带（图 4.2.8），直线式景观能起到区分不同功能区域、组织空间、生态防护等作用。而曲线式则是指把植物排成弧线形，如半圆形、圆形、曲线形等多种形式，且多与其他园林要素结合，并借以划定范围，组成较为自由流畅的空间（图 4.2.9）。另外利用高低植物创造有韵律、高低相间的绿带，形成波浪式的林冠线也是垂面曲线的一种表现形态。

图 4.2.8 柳树树列景观

图 4.2.9 花池景观

3. 面状景观

面状景观是指成片布置的植物造景形式。它通常由若干个点组合而成，多数用作背景，这种植物景观的体、形、色等都应以突出其前面的景物为原则。有些面状植物景观可能用于遮挡空间中有碍观瞻的东西，这个时候它就不是背景而是空间内的主要景观点了。植物的面状布局形态有规则式和自由式两种，它常用于大面积空间中，其布局一定要有丰富的层次，并达到衬托主题、美观耐看的艺术效果。如综合公园或风景区中的风景林、花海即是一种常见的面状植物景观。

4. 组合景观

组合景观是指由点、线、面有机结合构成的绿化形式，是植物造景中采用最多的方式。它既有点、线，又有面，且组织形式多样，层次丰富。布置中应注意高低、大小、聚散的关系，并需在统一中有变化，以传达出植物造景丰富的内涵和主题，并能充分发挥植物造景的综合功能。

4.2.2.3 根据园林植物的类型分类

（1）园林树木景观。园林树木景观按景观形态与组合方式又分为孤景树、对植树、树列、树丛、树群、树林、植篱及整形树等景观设计类型（图4.2.8）。

（2）园林花卉景观。园林花卉景观是指对各种草本花卉进行造景设计，着重表现园林草花的群体色彩美、图案装饰美，并具有烘托园林气氛、创造花卉特色景观等作用。具体设计造景类型有花坛、花境、花台、花池、花箱、花丛、花群、花地、模纹花带、花柱、花钵、花球、花伞、吊盆，以及其他装饰花卉景观等（图4.2.9）。

（3）蕨类与苔藓植物景观。利用蕨类植物和苔藓进行园林造景设计，具有朴素、自然和幽深宁静的艺术境界，多用于林下或阴湿环境中。如贯众、凤尾蕨、肾蕨、波士顿蕨、翠云草和铁线蕨等。

4.2.2.4 按植物生境分类

按植物生境不同，可分为陆地植物景观、水体植物景观两大类。

（1）陆地植物景观。园林陆地环境植物种植，内容极其丰富，一般园林中大部分的植物景观属于这一类。陆地生境地形有山地、坡地和平地3种，山地宜用乔木造林，坡地多种植灌木丛、树木地被或作草坡地等，平地宜做花坛、草坪、花境、树丛、树林等各类植物造景。

（2）水体植物景观。水体植物景观是园林中的湖泊、溪流、河沼、池塘，以及人工水池等水体环境植物景观的统称。水生植物虽没有陆生植物种类丰富，但也颇具特色，历来被造园家所重视。水生植物造景可以打破水面的平静和单调，增添水面情趣，丰富园林水体景观内容。

4.3 不同植物类群造景的方法

4.3.1 树木造景

园林绿化中乔灌木是骨干材料，种类多样，既可单独成景，赏其姿态与色彩，又可通过与其他植物配合组成丰富多样的园林景观。根据乔灌木在园林中的应用目的，大体分为以下6种种植形式。

4.3.1.1 孤植

在一个较为空旷的空间，远离其他景物种植一株乔木称为孤植树，也称为园景树、独赏树或标本树（见图4.3.1）。

（1）园林功能与布局形式。在设计中多处于绿地平面的构图中心和园林空间的视觉中心而成为主景，也可起引导视线的作用，并可烘托建筑、假山或活泼水景，有强烈的标志性、导向性和装饰作用。

对孤植树的设计要特别注意的是"孤树不孤"。不论在

图4.3.1 大门入口的孤植树

何处，孤植树都不是孤立存在的，它总和周围的各种景物如建筑、草坪、其他树木等配合，以形成一个统一的整体，因而要求其体量、姿态、色彩及方向等方面与环境其他景物既有对比，又有联系，共同统一于整体构图之中。

（2）孤植树种选择要点。孤植树在古典庭院和自然式园林中应用很多，如我国苏州古典园林，在草坪上孤植树主要突出表现单株树木的个体美，一般为大中型乔木，寿命较长，既可以是常绿树，也可以是落叶树。要求植株姿态优美，或树形挺拔、端庄、高大雄伟，如雪松、南洋杉、樟树、榕树、木棉、柠檬桉；或树冠开展、枝叶优雅、线条宜人，如鸡爪槭、鹅掌楸、洋白蜡；或花果美丽、色彩斑斓，如樱花、玉兰、木瓜。如选择得当，配置得体，孤植树可起到画龙点睛的作用。苏州留园"绿荫轩"旁的鸡爪槭是优美的孤植树，而狮子林"问梅阁"东南的孤植大银杏则具有"一枝气可压千林"的气势。

在选择孤植树时，应以其作用的不同而选择不同的树种，以树群、建筑或水体为背景配置孤植树时，要注意

所选孤植树在色彩上与背景应有反差，在树形上也能协调。从遮阴的角度来选择孤植树时，应选择分枝点高、树冠开展、枝叶茂盛、叶大荫浓、病虫害少、无飞毛飞絮、不污染环境的树种，以圆球形、伞形树冠为好，如银杏、榕树、樟树、核桃。

（3）孤植树布置场所。孤植常用于庭院、草坪、假山、水面附近、桥头、园路尽头或转弯处等，广场和建筑旁也常配置孤植树。

孤植树是园林局部构图的主景，因而要求栽植地点位置较高，四周空旷，便于树木向四周伸展，并有较适宜的观赏视距，一般在4倍树高的范围里要尽量避免被其他景物遮挡视线，如可以设计在宽阔开朗的草坪上，或水边等开阔地带的自然重心上。

必须考虑孤植树与环境间的对比及烘托关系。如曲廊、幽径、墙垣的转折处，池畔、桥头、大片草坪上，花坛中心、道路交叉点、道路转折点、缓坡、平阔的湖池岸边等处，均适合配置孤植树。孤植树配置于山冈上或山脚下，既有良好的观赏效果，又能起到改造地形、丰富天际线的作用。我国地域广阔，不同地区对孤植树的选择也不同（表4.3.1）。

表 4.3.1　　　　　　　　　　　　　　不同地区孤植树树种选择

地　区	可　供　选　择　的　植　物
华北地区	油松、白皮松、桧柏、白桦、银杏、蒙椴、樱花、柿、西府海棠、朴树、皂荚、槲栎树、桑、美国白蜡、槐、花曲柳、白榆等
华中地区	雪松、金钱松、马尾松、柏木、枫杨、七叶树、鹅掌楸、银杏、悬铃木、喜树、枫香、广玉兰、香樟、紫楠、合欢、乌桕等
华南地区	大叶榕、小叶榕、凤凰木、木棉、广玉兰、白兰、芒果、观光木、印度橡皮树、菩提树、南洋楹、大花紫薇、橄榄树、荔枝、铁冬青、柠檬桉等
东北地区	云杉、冷杉、杜松、水曲柳、落叶松、油松、华山松、水杉、白皮松、白蜡、京桃、秋子梨、山杏、五角枫、元宝枫、银杏、栾树、刺槐等

4.3.1.2　对植

对植多用于公园、建筑的出入口两旁或纪念物、蹬道台阶、桥头、园林小品两侧，可以烘托主景，也可以形成配景、夹景（图4.3.2）。对植往往选择树形美观、体量相近的同一树种，以呼应之势种植在构图中轴线的两侧称

为对植，对植强调对应的树木在体量、色彩、姿态等方面的一致性，只有这样，才能体现出庄严、肃穆的整齐美。对植多选用树形整齐优美、生长较慢的树种。以常绿树为主，但很多花色优美的树种也适于对植。例如，公园门口对植两棵体量相当的树木，可以对园门及其周围的景物起到很好的引导作用；桥头两旁的对植则能增强桥梁构图上的稳定感。对植也常用在有纪念意义的建筑物或景点两边，这时选用的对植树种在姿态、体量、色彩上要与景点的思想主题相吻合，既要发挥其衬托作用，又不能喧宾夺主。

两株树的对植一般要用同一树种，姿态可以不同，但动势要向构图的中轴线集中，不能形成背道而驰的局

图 4.3.2　景观小道入口植物的对植

面，影响景观效果。也可以用两个树丛形成对植，这时选择的树种和组成要比较近似，栽植时注意避免呆板的绝对对称，但又必须形成对应，给人以均衡的感觉。

对植可以分为对称对植和拟对称对植。对称对植要求在轴线两侧对应地栽植同种、同规格、同姿态树木，多用于宫殿、寺庙和纪念性建筑前，体现一种肃穆气氛。在平面上要求严格对称，立面上高矮、大小、形状一致（图4.3.3）。

拟对称对植只是要求体量均衡，并不要求树种、树形完全一致，既给人以严整的感觉，又有活泼的效果（图4.3.4）。

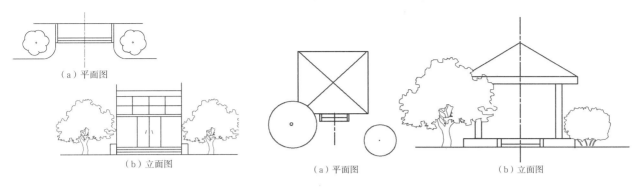

（a）平面图　　（b）立面图
图4.3.3　对称对植

（a）平面图　　（b）立面图
图4.3.4　拟对称对植

4.3.1.3　列植

树木呈带状的行列式种植称为列植，有单列、双列、多列等类型（图4.3.5）。列植主要用于公路、铁路、城市街道、广场、大型建筑周围、防护林带、农田林网及水边种植等。西湖苏堤中央大道两侧以无患子、重阳木和三角枫等分段配置，效果很好。列植应用最多的是道路两旁，道路一般都有中轴线，最适宜采取列植的配置方式，通常为单行或双行，选用一种树木，必要时亦可多行，且用数种树木按一定方式排列。行道树列植宜选用树冠形体比较整齐一致的种类。株距与行距的大小应视树的种类和所需要遮阴的郁闭程度而定。一般大乔木株行距为5～8m，中小乔木为3～5m，大灌木为2～3m，小灌木为1～2m。完全种植乔木，或将乔木与灌木交替种植皆可。常用树种中，大乔木有油松、圆柏、银杏、国槐、白蜡、元宝枫、毛白杨、柳杉、悬铃木、榕树、臭椿、垂柳、合欢等；小乔木和灌木有丁香、红瑞木、小叶黄杨、西府海棠、玫瑰、木槿等。绿篱可单行也可双行种植，株行距一般30～50cm，多选用圆柏、侧柏、大叶黄杨、黄杨、水蜡、小檗、木槿、蔷薇、小叶女贞、黄刺玫等分枝性强、耐修剪的树种，以常绿树为主。

列植树木要保持两侧的对称性，平面上要求株行距相等，立面上树木的冠径、胸径、高矮则要大体一致。当然这种对称并不一定是绝对的对称，如株行距不一定绝对相等，可以有规律地变化。列植树木形成片林，可作背景或起到分割空间的作用，通往景点的园路可用列植的方式引导游人视线。

4.3.1.4　丛植

由2～3株至10～20株同种或异种的树木按照一定的构图方式组合在一起，使其林冠线彼此密接而形成一个整体的外轮廓线，这种配置方式称为丛植（图4.3.6）。

图4.3.5　乔木的列植

图4.3.6　树木的丛植

1. 丛植的功能与布置

丛植多用于自然式园林中，可用于桥、亭、台、榭的点缀和陪衬，也可专设于路旁、水边、庭院、草坪或广场一侧，以丰富景观色彩和景观层次，活跃园林气氛。运用写意手法，几株树木丛植，姿态各异、相互趋承，便可形成一个景点或构成一个特定空间。

　　自然式丛植的植物品种可以相同，也可以不同，植物的规格、大小、高度尽量要有所差异，按照美学构图原则进行植物的组合搭配。一方面，对于树木的大小、姿态、色彩等都要认真选配；另一方面，还应该注意植物的株行距设置，既要尽快达到观赏要求，又要满足植物生长的需要，也就是说，树丛内部的株距以达到郁闭效果但又不致影响植物的生长发育为宜。

　　丛植形成的树丛既可做主景，也可以做配景。做主景时四周要空旷，宜用针阔叶混植的树丛，有较为开阔的观赏空间和通道视线，栽植点位置较高，使树丛主景突出。树丛配置在空旷草坪的视点中心上，具有极好的观赏效果；在水边或湖中小岛上配置，可作为水景的焦点，能使水面和水体活泼而生动；公园进门后配置一丛树丛，既可观赏，又有障景作用。在中国古典山水园中，树丛与山石组合，设置于粉墙前、廊亭侧或房屋角隅，组成特定空间内的主景是常用的手法。除了做主景外，树丛还可以作假山、雕塑、建筑物或其他园林设施的配景，如用作小路分歧的标志或遮蔽小路的前景，峰回路转，形成不同的空间分割。同时，树丛还能作背景，如用樟树、女贞、油松或其他常绿树丛植作为背景，前面配置桃花等早春观花树木或宿根花境，均有很好的景观效果。

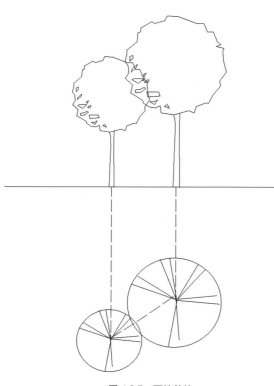

图 4.3.7　两株丛植

2. 树丛造景形式设计

　　（1）两株配合。树木配置构图上必须符合多样统一的原理，既要有调和又要有对比。因此，两株树的组合，首先必须有其通相，同时又有其殊相，才能使两者有变化又有统一（图 4.3.7）。凡是差别太大的两种树木，如棕榈和马尾松就对比太强、不太协调，很难配置在一起。

　　树种大小、姿态及动势等方面要有所变化，才能生动活泼。正如明朝画家龚贤所说："二株一丛，必一俯一仰，一猗一直，一向左一向右，一有根一无根，一平头一锐头，二根一高一下。"栽植距离不大于两树冠半径之和，以使之成为一个整体。如果栽植距离大于成年树的树冠，那就变成二株独树而不是一个树丛。不同种的树木，如果在外观上十分相似，也可以考虑配置在一起，如桂花和女贞为同科不同属的植物，但外观相似，又同为常绿阔叶乔木，配置在一起感到十分调和，不过在配置时应把桂花放在重要位置，女贞作为陪衬，否则就降低了桂花的景观品质。同一个树种下的变种和品种，一般差异很小，可以一起配置，如红梅与绿萼梅相配，就很调和。但是，即便是同一种的不同变种，如果外观上差异太大，仍然不适合配置在一起，如龙爪柳与馒头柳同为旱柳变种，但由于外形相差太大，配在一起就会不调和。

　　（2）三株配合。三株树丛的配合中，可以用同一个树种，也可用两种，但最好同为常绿树或同为落叶树，同为乔木或灌木。三株树木的大小、姿态都应有差异和对比，但应符合多样统一法则（图 4.3.8）。画论指出"三树一丛，第一株为主树，第二为客树，第三为从树。""三株一丛，则两株宜近，一株宜远，以是别也，近者曲而俯，远者宜直而仰。""三株一丛，三树不宜结，也不宜散，散则无情。""乔灌分明，常绿落叶分清，针叶阔叶有异。总体上讲求美，有法无式，不可拘泥。"

　　（3）四株配合。四株树丛的配合，用一个树种或两种不同的树种，不要乔、灌木合用。当树种完全相同时，在体形、姿态、大小、距离、高矮上，应力求不同，栽植点标高也可以变化（图 4.3.9）。

　　四株树组合的树丛，不能种在一条直线上，要分组栽植，但不能两两组合，也不要任何三株成一直线，可分为两组或三组。分为两组，即三株较近一株远离；分为三组，即两株一组，另一株稍远，再一株远离。

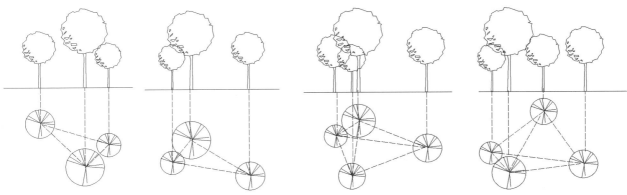

图 4.3.8　三株丛植　　　　　　　　　　　　　　　　　　　　图 4.3.9　四株丛植

　　树种相同时，在树木大小排列上，最大的一株要在集体的一组中，远离的可用大小排列在第二、三位的一株；当树种不同时，其中三株为一种，一株为另一种，这另一株不能最大，也不能最小，这一株不能单独成一个小组，必须与其他种组成一个混交树丛，在这一组中，这一株应与另一株靠拢，并居于中间，不要靠边。

　　（4）五株配合。同一树种时，通常采用三、二分组方式。组合原则分别同三株式和两株式树丛，两小组需各具动势，同时取得均衡。

　　五株树丛由两个树种组成时，一个树种为三株，另一个树种为二株，否则不易协调（图 4.3.10）。

　　五株由两个树种组成的树丛，配置上可分为一株和四株两个单元，也可分为二株和三株的两个单元。当树丛分为 1 : 4 两个单元时，三株的树种应分置两个单元中，两株的一个树种应置一个单元中，不可把两株的那个树种分配为二个单元。或者，如有必要把两株的树种分为两个单元，其中一株应该配置在另一树种的包围之中。当树丛分为 3 : 2 两个单元时，不能三株的树种在同一单元，两株的树种在同一单元。

　　（5）五株以上的树丛。由二株、三株、四株、五株几个基本配合形式相互组合而成（图 4.3.11）。不同功能的树丛，树种造景要求不同。庇荫树丛，最好采用同一树种，用草地覆盖地面，并设天然山石作为坐石或安置石桌、石凳。观赏树丛可用两种以上乔灌木组成。理解了五株配置的道理，则六、七、八、九株同理类推。芥子园画谱中说："五株即熟，则千株万株可以类推，交搭巧妙，在此转关"。其关键仍在调和中要求对比差异，差异中要求调和，所以株数越少，树种越不能多用。在十到十五株以内时，外形相差太大的树种，最好不要超过五种。

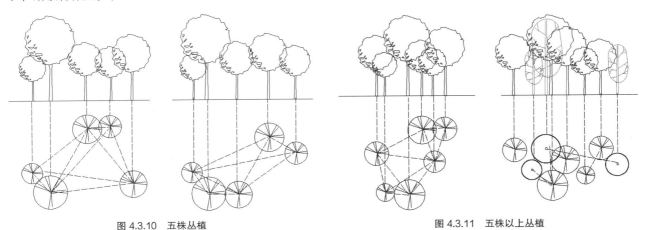

图 4.3.10　五株丛植　　　　　　　　　　　　　　　图 4.3.11　五株以上丛植

4.3.1.5　群植

　　群植指成片种植同种或多种树木，常由二三十株以至数百株的乔灌木组成。可以分为单纯树群和混交树群。单纯树群由一个树种构成（图 4.3.12）；混交树群是树群的主要形式。完整时从结构上可分为乔木层、亚乔木层、大灌木层、小灌木层和草本层，乔木层选用的树种树冠姿态要特别丰富，使整个树群的天际线富于变

图 4.3.12　棕榈科树群景观

化，亚乔木层选用开花繁茂或叶色美丽的树种，灌木一般以花木为主，草本植物则以宿根花卉为主（图 4.3.13 和图 4.3.14）。

树群所表现的主要为群体美，观赏功能与树丛近似，在大型公园中可作为主景，应该布置在有足够距离的开朗场地上，如靠近林缘的大草坪上、宽广的林中空地、水中的小岛上、宽广水面的水滨、小山的山坡，以及土丘上等，尤其配置于滨水效果更佳。树群主要立面的前方，至少在树群高度的 4 倍，宽度的 1.5 倍距离上，要留出空地，以便游人欣赏。树群规模不宜太大，构图上要四面空旷；组成树群的每株树木，在群体的外貌上，都起到一定作用；

树群的组合方式，一般采用郁闭式，成层的结合。树群内部通常不允许游人进入，因而不利于作庇荫休息之用，但是树群的北面，以及树冠开展的林缘部分，仍可供庇荫休息之用。树群也可做背景，两组树群配合还可起到框景的作用。

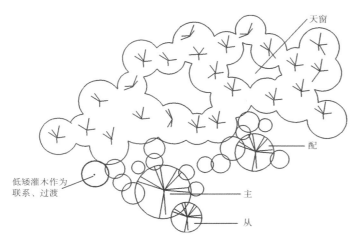

图 4.3.13　复层混交群落植物配置平面示意图

图 4.3.14　群植的垂直分层

群植是为了模拟自然界中的树群景观，根据环境和功能要求，可多达数百株，但应以一两种乔木树种为主体和基调树种，分布于树群各个部位，以取得和谐、统一的整体效果。其他树种不宜过多，一般不超过十种，否则会显得凌乱和繁杂。在选用树种时，应考虑树群外貌的季相变化，使树群景观具有不同的季节景观特征。树群设计应当源于自然而高于自然，把客观的自然树群形象与设计者的感受情思结合起来，抓住自然树群最本质的特征加以表现，求神似而非形似。群植主要表现树木的群体美，要求整个树群疏密自然，林冠线和林缘线变化多端，并适当留出林间小块隙地，配合林下灌木和地被植物的应用，以增添野趣。

同丛植相比，群植更需要考虑树木的群体美、树群中各树种之间的搭配，以及树木与环境的关系，对树种个体美的要求没有树丛严格，因而树种选择的范围更广。由于树群的树木数量多，特别是对较大的树群来说，树木之间的相互影响、相互作用会变得突出，因此在树群的配置和营造中要十分注意各种树木的生态习性，创造满足其生长的生态条件，要注意耐阴种类的选择和应用。从景观角度考虑，树群外貌要有高低起伏变化，注意林冠线、林缘线的优美及色彩季相效果。

树群组合的基本原则为，高度喜光的乔木层应该分布在中央，亚乔木在其四周，大灌木、小灌木在外缘，这样不致相互遮掩，但其各个方向的断面，不能像金字塔那样机械，树群的某些外缘可以配置一两个树丛及几株孤植树。

树群内植物的栽植距离要有疏密的变化，构成不等边三角形，切忌成行、成排、成带的栽植，常绿、落叶、观叶、观花的树木，其混交的组合，不可用带状混交，应该用复层混交及小块混交与点状混交相结合的方式。树群内，树木的组合必须很好地结合生态条件，第一层乔木应该是阳性树；第二层亚乔木可以是半阴性的；种植在乔木庇荫下及北面的灌木应该半阴性或阴性；喜暖的植物应该配置在树群的南方和东南方。

4.3.1.6　林植

林植是大面积、大规模的成带成林状的配置方式，形成林地和森林景观。这是将森林学、造林学的概念和技术措施按照园林的要求引入自然风景区、大面积公园、风景游览区或休闲疗养区及防护林带建设中的配置方式。

林植一般以乔木为主，有林带、密林和疏林等形式，而从植物组成上分，又有纯林和混交林的区别，景观各异。林植时应注意林冠线的变化、疏林与密林的变化、林中树木的选择与搭配、群体内及群体与环境间的关系，以及按照园林休憩游览的要求留有一定大小的林间空地等措施。

1. 林带

一般为狭长带状，多用于周边环境，如路边、河滨、广场周围等。大型的林带如防护林、护岸林等可用于城市周围、河流沿岸等处，宽度随环境而变化。既有规则式的，也有自然式的。

林带多选用 1 ~ 2 种高大乔木，配合林下灌木组成，林带内郁闭度较高，树木成年后树冠应能交接。林带的树种选择根据环境和功能而定，如工厂、城市周围的防护林带，应选择适应性强的种类，如刺槐、杨树、白榆及侧柏等，河流沿岸的林带则应选择喜湿润的种类，如赤杨、落羽杉、桤木等，而广场、路旁的林带，应选择遮阴性好、观赏价值高的种类，如常用的有水杉、白桦、银杏、女贞、柳杉等。

2. 密林

密林一般用于大型公园和风景区，郁闭度常在 0.7 ~ 1.0，阳光很少透入林下，土壤湿度很大，地被植物含水量高、组织柔软脆弱，经不起踩踏，容易弄脏衣物，不便游人活动。林间常布置曲折的小径，可供游人散步，但一般不供游人作大规模活动。不少公园和景区的密林是利用原有的自然植被加以改造形成，如长沙岳麓山、广州越秀山等。为了提高林下景观的艺术效果，密林的水平郁闭度不可太高，最好在 0.7 ~ 0.8，以利林下植被正常生长和增强可见度。为了能使游人深入林地，密林内部可以有自然路通过，但沿路两旁垂直郁闭度不可太大，游人漫步其中犹如回到大自然中，必要时还可以留出大小不同的空旷草坪，利用林间溪流水体，种植水生花卉，再附设一些简单构筑物，以供游人做短暂的休息或躲避风雨之用，更觉意味深长。

密林又有单纯密林和混交密林之分。在艺术效果上各有特点，前者简洁壮阔，后者华丽多彩，两者相互衬托，特点更突出，因此不能偏废。但从生物学特性来看，混交密林比单纯密林好，故在园林中纯林不宜太多。

（1）单纯密林。单纯密林是由一个树种组成的，它没有垂直郁闭景观美和丰富的季相变化。为了弥补这一缺点，可以采用异龄树种造林，结合利用起伏地形的变化，同样可以使林冠得到变化。林区外缘还可以配置同一树种的树群、树丛和孤植树，增强林缘线的曲折变化。林下配置一种或多种开花华丽的耐阴或半耐阴草本花卉，以及低矮、开花繁茂的耐阴灌木。单纯林植一种花灌木也可以取得简洁壮阔之美。从景观角度，单纯密林一般选用观赏价值较高、生长健壮的适生树种，如马尾松、油松、白皮松、水杉、枫香、桂花、黑松以及竹类植物（图 4.3.15）。

（2）混交密林。混交密林是一个具有多层复合结构的植物群落，大乔木、小乔木、大灌木、小灌木、高草及低草各自根据自己的生态要求和彼此相互依存的条件，形成不同的层次，所以季相变化比较丰富。供游人欣赏的林缘部分，其垂直成层构图要十分突出，但也不能全部塞满，以致影响游人欣赏林下特有的幽邃深远之美。为了能使游人深入林地，密林内部可以有自然路通过，但沿路两旁垂直郁闭度不可太大，游人漫步其中犹如回到大自然中。必要时还可以留出大小不同的空旷草坪，利用林间溪流水体，种植水生花卉，再附设一些简单构筑物，以供游人做短暂的休息或躲避风雨之用，更觉意味深长（图 4.3.16）。

混交密林的种植设计，大面积的可采用不同树种的片状、带状或块状混交；小面积的多采用小片状或点状混交，一般不用带状混交，同时要注意常绿与落叶、乔木与灌木的配合比例，以及植物对生态因子的要求。单纯密林和混交密林在艺术效果上各有特点，前者简洁壮阔，后者华丽多彩，两者相互衬托，特点更突出，因此不能偏废。但是从生物学的特性来看，混交密林比单纯密林好，故在园林中纯林不宜太多。

图 4.3.15　单纯密林景观

图 4.3.16　混交密林景观

3. 疏林

疏林的郁闭度一般为 0.4 ～ 0.6，而疏林草地的郁闭度可以更低，通常在 0.3 以下。常由单纯的乔木构成，一般不布置灌木和花卉，但留出小片林间隙地（图 4.3.17）。在景观上具有简洁、淳朴之美，常用于大型公园的休

图 4.3.17　疏林景观

息区，并与大片草坪相结合，形成疏林草地景观。疏林草地是园林中应用最多的一种形式，游人可在林间草地上休息、游戏、看书、摄影、野餐及观景等活动。疏林中的树种应具有以下条件：树冠开展，树荫疏朗，生长强健，花和叶的色彩丰富，树枝线条曲折多变，树干美观。在植物搭配上，常绿树与落叶树搭配要合适，一般以落叶树为多。常用的树种有白桦、水杉、银杏、枫香、金钱松和毛白杨等。疏林中的树木的种植应三、五成群，疏密相间，有断有续，错落有致，构图生动活泼。树木间距一般为 10 ～ 20m。林下草坪应该含水量少、组织坚韧耐践踏、不污染衣服，最好冬季不枯黄。土质条件好的地点可只种植一些多年生花卉以丰富景观效果。

疏林还可以与广场相结合形成疏林广场，多设置于游人活动和休息使用较频繁的环境。树木选择同疏林草地，只是林下作硬地铺装，树木种植于树池中。树种选择时还要考虑具有较高的分枝点，以利人员活动，并能适应因铺地造成的不良通气条件。地面铺装材料可选择混凝土预制块料、花岗岩、拉草砖等，较少使用水泥混凝土整体铺筑。

4.3.2　花卉造景

花卉是园林植物造景的基本素材之一，具有种类繁多、色彩丰富艳丽、生产周期短、布置方便、更换容易、花期易于控制等优点，因此在园林中广泛应用，作观赏和重点装饰、色彩构图之用，在烘托气氛、基础装饰、分隔屏障、组织交通等方面有着独特的景观效果。主要应用形式有花坛、花境、花池、花台，以及花箱、花钵等。

4.3.2.1　花坛

花坛是按照设计意图，在有一定几何形轮廓的植床内，以园林草花为主要材料布置而成的，具有艳丽色彩或图案纹样的植物景观。

1. 花坛的类型

根据形状、组合，以及观赏特性不同，花坛可分为多种类型，在景观空间构图中可用作主景、配景或对景。

（1）按坛面花纹图案分类。可分为盛花花坛、模纹花坛、造型花坛、造景花坛等。

盛花花坛，主要由观花草本花卉组成，表现花盛开时群体的色彩美（图4.3.18）。这种花坛在布置时不要求花卉种类繁多，而要求图案简洁鲜明，对比度强。常用植物材料有一串红、早小菊、鸡冠花、三色堇、美女樱、万寿菊等。

模纹花坛，主要由低矮的观叶植物和观花植物组成，表现植物群体组成的复杂的图案美，包括毛毡花坛、浮雕花坛和时钟花坛等形式。毛毡花坛由

图4.3.18　盛花花坛

各种植物组成一定的装饰图案，表面被修剪的十分平整，整个花坛好像是一块华丽的地毯（图4.3.19）；浮雕花坛的表面是根据图案要求，将植物修剪成凸出和凹陷的式样，整体具有浮雕的效果；时钟花坛的图案是时钟纹样，上面装有可转动的时针（图4.3.20）。模纹花坛常用的植物材料有五色苋、彩叶草、香雪球、四季海棠等。

图4.3.19　模纹花坛
（引自昵图网）

图4.3.20　时钟花坛

造型花坛，又称立体花坛，即用花卉栽植在各种立体造型物上而形成竖向造型景观（图4.3.21）。造型花坛可创造不同的立体形象，如动物（孔雀、龙、凤、熊猫等）、人物（孙悟空、唐僧等）或实物（花篮、花瓶、亭、廊等），通过骨架和各种植物材料组装而成。

造景花坛，自然景观作为花坛的构图中心，通过骨架、植物材料和其他设备组装成山、水、亭、桥等小型山水园或农家小院等景观的花坛。

（2）按空间位置分类，可分为平面花坛、斜面花坛、立体花坛。

平面花坛，花坛表面与地面平行，主要观赏花坛的平面效果，其中包括沉床花坛和稍高出地面的花坛。花丛花坛多为平面花坛。

斜面花坛，花坛设置在斜坡或阶地上，也可搭成架子

图4.3.21　造型花坛

摆放各种花卉，以斜面为主要观赏面，一般模纹花坛、文字花坛、肖像花坛多用斜面形式。

立体花坛，花坛向空间展伸，可以四面观赏，常见的造型花坛、造景花坛是立体花坛。

（3）按花坛的组合分类：单个花坛、带状花坛、花坛群等。另外，按种植形式分类可分为永久花坛、临时花坛。

2. 花坛的应用

花坛主要表现花卉群体的色彩美，以及由花卉群体所构成的图案美，能美化和装饰环境，增加节日的欢乐气氛，同时还有标志宣传和组织交通等作用。

独立的盛花花坛可作主景应用，设立于广场中心、建筑物正前方、公园入口处、公共绿地中等。

带状的花丛花坛通常作为配景，布置于主景花坛周围、宽阔道路的中央或两侧、规则式草坪边缘、建筑广场

图 4.3.22 带状花坛

边缘、墙基、岸边或草坪上，有时也作为连续风景中的独立构图，具有较好的环境装饰美化效果和视觉导向作用（图 4.3.22）。

模纹花坛主要表现和欣赏由观叶或花叶兼美的植物所组成的精制复杂的图案纹样，有长期的稳定性，可供长时间观赏。模纹花坛可作为主景应用于广场、街道、建筑物前、会场、公园及住宅小区的入口处等。

造型花坛一般作为大型花坛的构图中心，或造景花坛的主要景观，也有的独立应用于街头绿地或公园中心，如可以布置在公园出入口、主要路口、广场中心，以及建筑物前等游人视线的焦点上成为对景。

造景花坛最早应用于天安门广场的国庆花坛布置，主要为了突出节日气氛，展现祖国的建设成就和大好河山，目前也被应用于园林中临时造景。

3. 花坛设计

（1）花坛外形设计。花坛外形设计首先应在风格、体量、形状诸方面与周围环境相协调。其次才是花坛自身的特色。花坛的体量、大小也应与花坛设置的广场、出入口及周围的建筑的高度成比例，一般不应超过广场面积的 1/3，不小于 1/5。花坛的外部轮廓应与建筑边线、相邻的路边和广场的形状协调一致。色彩应与所在环境有所区别，既起到醒目和装饰作用，又与环境协调，融于环境之中，形成整体美。如现代建筑的外形趋于多样化、曲线化，在外形多变的建筑物前设置花坛，可用流线或折线构成外轮廓，对称、拟对称或自然式均可，以求与环境协调（图 4.3.23 和图 4.3.24）。

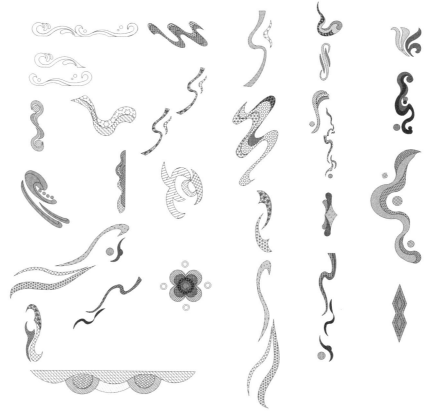

图 4.3.23 模纹花坛样式

（引自 935 景观工作室. 园林细部设计与构造图集 4：园林植物. 北京：化学工业出版社，2011）

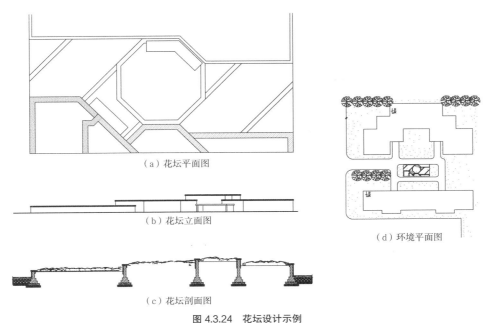

（a）花坛平面图

（b）花坛立面图

（c）花坛剖面图

（d）环境平面图

图 4.3.24　花坛设计示例

（引自 935 景观工作室 . 园林细部设计与构造图集 4：园林植物 . 北京：化学工业出版社，2011）

花坛一般布置于庭园广场中央、道路交叉口、大草坪中央以及其他规则式绿地构图中心，面积不宜太大，常呈轴对称或中心对称，可供多面观赏，呈封闭式，人不能进入其中。花坛的外形轮廓一般为规则几何形，如圆形、半圆形、三角形、正方形、长方形、椭圆形、五角形及六角形等，内部图案应主次分明、简洁美观，忌过于复杂。长短轴之比一般小于 3：1，平面花坛的短轴长度在 8 ~ 10m 以内或圆形的半径在 4.5m 以内。

（2）花坛植床设计。为了突出表现花坛的外形轮廓和避免人员踏入，花坛植床一般设计高出地面 10 ~ 30cm。植床形式多样，围边材料也各异，需因地制宜，因景而用。

1）设计形式。花坛植床设计有平面式、龟背式、阶梯式、斜面式、立体式等。

平面式花坛给人以舒展、平稳和安定的感觉。植床高出地面 10 ~ 30cm，中央稍微凸起，形成 2% 左右的坡度，以利排水。

龟背式花坛具有厚重平稳之感。植床中央高，四周低，似龟背状，中央高度一般不超过花坛半径的 1/4 或 1/5，通常高 1 ~ 1.2m 以下，既方便喷水灌溉，又不致产生水土流失，同时又利于观赏。

阶梯式花坛，利用建筑材料围成几个不同高度的植床床面，中间高，四周低或顺着某一方向逐渐降低，呈阶梯状。此类花坛一般面积较大，具有层次性和一定造型特点。

斜面式花坛，植床呈一边高一边低的斜坡状，一般单面观赏，前低后高，常用于路边坡地、墙边等，且多设计成模纹花坛。斜面式花坛有利于平视观赏，但植床斜面倾斜度不宜过大，否则易造成水土流失，栽植也较困难，以不超过 30° 为宜。但有一种架式钵栽装饰"模纹花坛"，坡度可接近如 90°，此类"花坛"已不属常规花坛。

立体式，又称植物雕塑式花坛、立体模纹花坛，是在平面式、龟背式或阶梯式植床上，利用竹、木及钢筋等材料制作成立体造型骨架，骨架内填充栽培基质进行植物种植，经培养后形成立体花卉造型。

2）植床围边材料。花坛植床边缘通常用一些建筑材料作围边或床壁，如水泥砖、块石、圆木、竹片、钢质护栏、机制砖和废旧电瓷瓶等，设计时可因地制宜，就地取材。一般要求形式简单，色彩朴素，以突出花卉造景。花坛植床围边一般高出周围地面 10cm，大型花坛可高出 30 ~ 40cm，以增强围护效果。厚度因材而异，一般10cm 左右，大型花坛的高围边可以适当增宽至 25 ~ 30cm，兼有坐凳功能的床壁通常较宽些。

3）植床厚度。花坛植床土壤或基质厚度因地因景而异。花坛布置于硬质地面时，种植床基质宜深些，直接设计于土地的花坛，植床栽培基质可浅些，一年生草花种植层厚度不低于 25cm，多年生花卉和灌木则不低于40cm。

图 4.3.25 花境

4.3.2.2 花境

花境又称为花径、花缘，是指栽植在绿地边缘、道路两旁及建筑物墙基处，介于规则式和自然式之间的一种长条状花带，它是根据自然风景中林缘野生花卉自然分散生长的规律，加以艺术提炼，应用于园林景观中的一种栽植方式，主要用来表现植物的群体之美和自然之美（图 4.3.25）。从平面布置来说，花境是规则的，而从植物栽植方式来说则是自然的。花境适合在公共绿地、庭院等多种园林形式中使用，可供选择的植物材料也比较多，如灌木、花卉、地被、藤本等，其中以花卉居多，几乎所有的露地花卉（宿根花卉、球根花卉及一、二年生花卉等）都能作为花境的材料，但以多年生宿根、球根花卉为宜。

（1）花境的分类

以花卉为主的花境称为花卉花境，以灌木为主的花境称为灌木花境。如果按照栽植植物的类型划分，花境可以分为一年生花卉花境、多年生植物花境和混合花境，而混合花境的应用较为广泛。

花境分单面观赏和双面观赏（4～6m 宽）两种。单面观赏花境植物配置由低到高，形成一个面向道路的斜面，宽度一般为 2～4m；双面观赏花境，中间植物最高，两边逐渐降低，其立面应有高低起伏的轮廓变化，平面轮廓与带状花坛相似，植床两边是平行的直线或有规律的平行曲线，并且最少有一边需要用低矮的植物（如麦冬、葱兰、银叶篙、堇菜或瓜子黄杨等）镶边，宽度一般为 4～6m。

（2）花境材料的选择

花境植物要求造型优美，花色鲜艳，花期长，而且要方便管理，能够长期保持良好的观赏效果。因此，花境宜以宿根花卉为主体，适当配植一些一、二年生草花和球根花卉或者经过整形修剪的低矮灌木。以植物的生长习性即形态特征分类，花境中常用的植物见表 4.3.2。

表 4.3.2   以植物的生长习性即形态特征分类，花境中常用的植物

材料	可 供 选 择 的 植 物
灌木	木槿、杜鹃、丁香、山梅花、腊梅、八仙花、珍珠梅、夹竹桃、笑靥花、郁李、棣棠、连翘、迎春、榆叶梅、山茶、绣线菊类、牡丹、海桐、八角金盘、桃叶珊瑚、马缨丹、桂花、火棘、茉莉、木芙蓉、月季等
花卉	飞燕草、波斯菊、荷兰菊、金鸡菊、美人蕉、蜀葵、大丽花、黄葵、金鱼草、福禄考、美女樱、蛇目菊、首草、百合、紫莞、芍药、楼斗菜、鼠尾草、郁金香、风信子、鸢尾、串儿红、玉簪、石竹、虞美人、紫茉莉、矮牵牛等
藤本	紫藤、美国凌霄、铁线莲、金银花、藤本月季、云实等

此外，还应根据观赏的需要选择不同花期的植物见表 4.3.3。

表 4.3.3   不同季节可供选择的花境材料

季节	可 供 选 择 的 花 材
春	金盏菊、飞燕草、桂竹香、紫罗兰、楼斗菜、荷包牡丹、风信子、花毛茛、郁金香、马蔺、芍药、石竹类、鸢尾类
夏	蜀葵、射干、美人蕉、大丽花、天人菊、唐菖蒲、向日葵、矢车菊、玉簪、鸢尾、百合、卷丹、宿根福禄考、晚香玉、葱兰、凤仙花、萱草类等
秋	雁来红、乌头、百日草、桔梗、鸡冠花、万寿菊、醉蝶花、麦秆菊、硫华菊、翠菊、紫茉莉等

4.3.2.3 花池

花池是利用砖、混凝土、石材、木头等材料砌筑池边，高度一般低于 0.5m，有时低于自然地坪，花池内部可以填充土壤直接栽植花木，也可放置盆栽花卉。花池的形状多数比较规则，花卉材料的运用以及图案的组合较为

简单（图 4.3.26）。花池设计应尽量选择株形整齐、低矮，花期较长的植物材料，如矮牵牛、宿根福禄考、鼠尾草、万寿菊、串儿红、羽衣甘蓝、钓钟柳、鸢尾、景天属等。

4.3.2.4 花台

花台是一种明显高出地面的小型花坛，以植物的体形、花色以及花台造型等为观赏对象的植物景观形式。花台用砖、石、木、竹或者混凝土等材料砌筑台座，内部填入土壤，栽植花卉（图 4.3.27）。花台的面积较小，一般为 5m² 左右，高度大于 0.5m，常设置于小型广场、庭院的中央或建筑物的周围以及道路两侧，也可与假山、坐凳、围墙结合。

图 4.3.26 花池

图 4.3.27 花台

花台的选材、设计方法与花坛相似，由于面积较小，一个花台内通常只选用一种花卉，形成某一花卉品种的"展示台"。由于花台高出地面，所以常选用株形低矮、枝繁叶茂并下垂的花卉，如矮牵牛、美女樱、天门冬、书带草等较为相宜，花台植物材料除一年、二年生花卉、宿根及球根花卉外，也常使用木本花卉，如牡丹、月季、杜鹃花、迎春、凤尾竹、菲白竹等。

4.3.2.5 花箱和花钵

花箱是用木、竹、塑料等材料制成的专门用于栽植或摆放花木的小型容器。花箱的形式多种多样，可以是方方正正，也可以是某一特殊的造型，如花车、花桶，在现代园林中就比较普遍。

花钵是指用花岗岩、玻璃钢等制作的半球形碗状栽植容器，有座于地上，也有通过立柱支撑的。花钵同花箱一样一般都是可移动的，使用方便灵活，可以放置在绿地中，也可以摆放在广场或者人行道上（图4.3.28）。

花台、花池、花箱、花钵就是一个小型的花坛，所以材料的选择、色彩的搭配、设计方法等与花坛比较相近，但某些细节稍有差异。

首先，它们的体量都比较小，所以在选择花卉材料时种类不应太多，应该控制在 1 ~ 2 种，并注意不同植物材料之间要有所对比，形成反差，不同花卉材料所占的面积应该有所差异，即应该有主有次。其

图 4.3.28 花钵

次，应该注意栽植容器的选择以及栽植容器与花卉材料组合搭配效果。方方正正的容器可以搭配植株整齐的植物，如串儿红、鼠尾草、鸢尾、郁金香等。如果是球形或者不规则形状的容器则可以选择造型自然随意或者下垂形的植物，如天门冬、矮牵牛等；如果容器的材质粗糙或者古朴最好选择野生的花卉品种，比如狼尾草；如果容器质感细腻、现代时尚，一般宜选择枝叶细小、密集的栽培品种，如串儿红、鸡冠花和天门冬等。当然，以上所述并

不完全绝对，一个方案往往受到许多因素的影响，即使是很小的规模也应该进行综合、全面的分析，在此基础上进行设计。

4.3.3 草坪与地被造景

4.3.3.1 草坪景观

草坪是指有一定设计、建造结构和使用目的的人工建植的多年生草本植物形成的坪状草地。是由草的枝条系统、根系和土壤最上层（约10cm）构成的整体，有独特的生态价值和审美价值。

1. 草坪在园林中的应用特点

（1）用途广，作用大。草坪的园林功能是多方面的，除了保持水土，防止冲刷；覆盖地面，减少飞尘；消毒杀菌，净化空气；降低气温，增加温度；美化环境，有益卫生等功能外，还有两项独特的作用：一是绿茵覆盖大地替代了裸露的土地，给整个城市以整洁清新、绿意盎然、生机勃勃之感；二是柔软的禾草铺装成绿色的地毯，为人们提供了一个理想的户外游憩场地。

（2）见效快。草坪植物生长快速，无论是直播或铺设草坪，均能在较短时间内获得好的绿化效果，见效极快，这是树木难以比及的。

（3）观赏价值高。大片的绿色草坪给人以平和、凉爽、亲切，以及视线开阔、心胸舒畅之感。特别是在拥挤嘈杂的都市，如毯的绿色草坪给人以幽静的感觉，能陶冶人的情操，净化人的心灵，开阔人的心胸，稳定人的情绪，激发人的想象力和创造力。平坦舒适的绿色草坪，更是人们休闲娱乐的理想场所，能引起孩子们的游戏兴趣，给家庭生活带来欢乐。

（4）组景方式多样。

1）草坪作主景。草坪以其平坦、致密的绿色平面，能够创造开朗柔和的视觉空间，具有较高的景观作用，可以作为园林的主景进行造景。如在大型的广场、街心绿地和街道两旁，四周是灰色硬质的建筑和铺装路面，缺乏生机和活力，铺植优质草坪，形成平坦的绿色景观，对广场、街道的美化装饰具有极大的作用。公园中大面积的草坪能够形成开阔的局部空间，丰富了景点内容，并为游人提供了安静的休息场所。机关、医院、学校及工矿企业也常在开阔的空间建植草坪，形成一道亮丽的风景。草坪也可以控制其色差变化，而形成观赏图案，或抽象或现代或写实，更具艺术魅力。

2）草坪作基调。绿色的草坪是城市景观最理想的基调，是园林绿地的重要组成部分。在草坪中设置雕塑、喷泉、纪念碑等建筑小品，以草坪衬托出主景物的雄伟。与其他植物材料、山石、水体、道路造景，可形成独特的园林小景。目前，许多大中城市都辟建面积较大的公园休息绿地、中心广场绿地，借助草坪的宽广，烘托出草坪中心主要景物的雄伟。

但要注意不要过分应用草坪，特别是缺水城市更应适当应用。因为草坪更新快，绿化量值低，生态效益不如乔木、灌木高，草坪还存在容纳量小、实用性不强、维护成本高等不足，这些均是设计时应慎重对待的。

2. 草坪景观的类型

根据草坪的用途，可以作以下形式设计。

（1）游憩性草坪。一般建植于医院、疗养院、机关、学校、住宅区、家庭庭院、公园及其他大型绿地之中，供人们工作、学习之余休息、疗养和开展娱乐活动（图4.3.29）。这类草坪一般采取自然式建植，没有固定的形状，大小不一，允许人们入内活动，管理较粗放。选用的草种适应性要强，耐践踏，质地柔软，叶汁不易流出，以免污染衣服。面积较大的游憩性草坪要考虑造景一些乔木以供遮阴，也可点缀石景、园林小品及花丛、花带。

（2）观赏性草坪。园林绿地中专供观赏用的草坪，也称装饰性草坪（图4.3.30）。如铺设在广场、道路两边或分车带、雕像、喷泉或建筑物前，以及花坛周围，独立构成景观或对其他景物起装饰陪衬作用的草坪。这类草坪栽培管理要求精细，应严格控制杂草丛生、有整齐美观的边缘并多采用精美的栏杆加以保护，仅供观赏，不能入内游乐。草坪要求平整、低矮，绿色期长，质地优良，观赏效果显著。为提高草坪的观赏性，有的观赏性草坪还造景一些草本花卉，形成缀花草坪。

图4.3.29 游憩性草坪景观

图4.3.30 观赏性草坪

（3）运动场草坪。指专供开展体育运动的草坪。如高尔夫球场草坪、足球场草坪、网球场草坪，赛马场草坪、垒球场草坪、滚木球场草坪、橄榄球场草坪和射击场草坪等。此类草坪管理精细，对草种要求韧性强、耐践踏，并能耐频繁的修剪，形成均匀整齐的平面（图4.3.31）。

图4.3.31 运动场草坪

（4）环境保护草坪。这类草坪主要是为了固土护坡，覆盖地面，不让黄土裸露，从而达到保护生态环境的作用。如可以在铁路、公路、水库、堤岸、陡坡处铺植草坪，可以防止冲刷引起水土流失，对路基、护岸和坡体起到良好的防护作用。在城市角隅空地、林地、道旁等土地裸露的地段用草坪覆盖地面，能够固定土壤、防止风沙、减少扬尘、改善城市生态环境。在飞机场、精密仪器厂建植草坪，能够保持良好的环境，减弱噪声，减少灰尘，保护飞机和机器的零部件，延长使用年限，保证运行安全。这类草坪的主要目的是发挥其防护和改善生态环境的功能，要求选样的草种适应性强，根系发达，草层紧密，抗旱、抗寒、抗病虫害能力强，一般面积较大，管理粗放。

（5）其他草坪。这是指一些特殊场所应用的草坪，如停车场草坪、人行道草坪。建植时多用空心砖铺设停车场或路面，在空心砖内填上建植草坪，这类草坪要求草种适应能力强、耐高度践踏和耐干旱。

以上的设计形式不是绝对的，仅是侧重于某一方面的功能来界定的。每种草坪往往具有双重或多重功能，如观赏性草坪同样具有改善环境的生态作用，而环境保护草坪本身就包括美化环境的观赏功能。设计时能实现多种功能结合，将是更理想的。

4.3.3.2 地被景观

地被植物是泛指可将地面覆盖，使泥土不致裸露，具有保护表土及美化功能的低矮植物。一般植株高30～60cm，大部分地被植物的茎叶密布生长，并具有蔓生、匍匐的特性，易将地表遮盖覆满。

地被植物景观可以增加植物层次，丰富园林景色。同时又能增加城市的绿量，具有减少尘土与细菌的传播、净化空气、降低气温、改善空气湿度和减少地面辐射等作用，并能保持水土环境，减少或抑制杂草生长（图4.3.32）。

图 4.3.32　红花酢浆草地被

在地被植物应用中，不但要充分了解各种地被植物的生态习性，还应根据其对环境条件的要求、生长速度及长成后的覆盖效果与乔、灌、草进行合理搭配，才能营造出理想的景观。

地被植物景观设计需注意以下几个方面。

1. 地被植物景观设计原则

（1）适地适树，合理造景。在充分了解种植地环境条件和地被植物本身特性的基础上合理造景。如入口绿地主要是美化环境，可以用低矮整齐的小灌木和时令草花等地被植物进行造景，以亮丽的色彩或图案吸引游人；山林绿地主要是覆盖黄土，美化环境，可选用耐阴类地被植物进行布置；路旁则根据园路的宽窄与周围环境，选择开花地被植物，使游人能不断欣赏到因时序而递换的各色园景。

（2）按照园林绿地的功能、性质不同来造地被植物景观。按照园林绿地不同的性质、功能，不仅乔、灌木造景不同，地被植物的造景也应有所区别。

（3）高度搭配适当。一般说园林地被植物是植物群落的最底层，选择合适的高度是很重要的。在上层乔、灌木分枝高度都比较高时，下层选用的地被植物可适当高一些。反之，上层乔、灌木分枝点低或是球形植株，则应根据实际情况选用较低的种类，如在花坛边，地被植物则应选择一些更矮的匍地种类。

（4）色彩协调、四季有景。园林地被植物与上层乔、灌木同样有着各种不同的叶色、花色和果色。因此，在群落搭配时要使上下层的色彩相互协调，叶期、花期错落，具有丰富的季相变化。

2. 地被植物景观设计形式

（1）缀花地被。在草坪上点缀观花地被植物如鸢尾、石蒜、葱兰、红花酢浆草、马蔺、二月兰、野豌豆等草本和球根地被，这些地被植物可布置成不同的形状，形成类似高山草甸的景观（图 4.3.33）。缀花地被景观设计时应有疏有密、自然错落、有叶有花。自然界的高山草甸是进行缀花地被设计的范本。

（2）林下地被。在乔、灌木下种植一种或多种地被，使其四季有景，层次色彩丰富（图 4.3.34）。林下种植地被宜选用耐阴的种类如八角金盘、鹅掌柴、麦冬等。

图 4.3.33　多种植物形成的缀花地被景观

图 4.3.34　林下地被景观

（3）林缘地被。在林地边缘地带用宿根、球根或一、二年生草本花卉成片点缀其间，形成人工植物群落。如南京情侣园中以冷杉、云杉为背景，前面栽植英国小月季、月月红、月季，将萱草和书带草作地被，形成美丽自然的林缘景观。

（4）湿生地被。在水景边土壤潮湿的地段，可种植一些耐水湿的地被植物如石菖蒲、筋骨草、蝴蝶花、德国鸢尾和石蒜等植物，以营造出具有山野情趣的湿地景观效果（图 4.3.35）。

（5）大面积的花海地被。在主干道和主要景区，可采用一些花朵艳丽、开花整齐、色彩多样的植物，采用大手笔、大色块的手法大面积栽植形成花海景观，着力突出这类低矮植物的群体美，形成美丽的景观，如向日葵、熏衣草、杜鹃、波斯菊、万寿菊、红花酢浆草、葱兰等。

3. 地被植物材料的选择

地被植物为多年生低矮植物，适应性强，包括匍匐型的灌木和藤本植物，其选择标准如下。一是植株低矮；按株高分优良，一般分为 30cm 以下，50cm 左右，70cm 左右几种，一般不超过 100cm。二是绿叶期较长；植丛能覆盖地面，具有一定的防护作用。三是生长迅速；繁殖容易，管理粗放。四是适应性强；抗干旱、抗病虫害、抗瘠薄，有利于粗放管理。根据地被植物不同的生长习性及观赏特点，将其分为如下 6 类（表 4.3.4）。

图 4.3.35　湿生地被景观

表 4.3.4　　　　　　　　　　　常用地被植物分类

类　型	特　点	种　类
常绿类	地被植物四季常青，终年覆盖地表，无明显的枯黄期	土麦冬、石菖蒲、葱兰、常春藤、铺地柏、沙地柏等
观叶类	地被植物有优美的叶形，花小且不太明显，所以主要用以观叶	麦冬、八角金盘、垂盆草、箬竹、红花酢浆草等
观花类	地被植物花色艳丽或花期较长，以观花为主要目的	二月兰、紫花地丁、水仙、石蒜、五彩石竹等
防护类	地被植物用以覆盖地面、固着土壤，有防护和水土保持的功能，较少考虑其观赏性问题	绝大部分地被植物
草本	草本植物中株形低矮、株丛密集自然、适应性强、管理粗放，可以观花、观叶或具有覆盖地面、固土护坡功能的种类	宿根、球根及能够自播繁衍的一、二年生植物。如紫茉莉、马蹄金、白三叶、红三叶、杂三叶、茑萝、紫花苜蓿、百脉根、马蔺、阔叶土麦冬、阔叶沿阶草、二月兰、半支莲、紫花地丁、菊花脑、萱草、玉簪、喇叭水仙、番红花属、忽地笑、红花酢浆草、铃兰、虎耳草、石菖蒲、万年青、蛇莓、多变小冠花、葛藤、鸡眼草、石竹、常夏石竹、吉祥草、细叶麦冬、金毛蕨、荚果蕨、垂盆草、肾蕨、贯众、地肤、月见草等
木本	指一些生长低矮、对地面能起到较好的覆盖作用并且有一定观赏价值的灌木、竹类及藤本植物	迎春、火棘、阔叶十大功劳、五叶地锦、南天竹、八角金盘、铺垫地柏、石岩杜鹃、日本木瓜、砂地柏、金丝桃、栀子花、棣棠、小檗、偃柏、日本绣线菊、平枝枸子、箬竹、凤尾竹、菲黄竹、鹅毛竹、菲白竹、地锦、络石、常春藤、金银花、山葡萄、枸杞、紫穗槐、木地肤、海州常山、结香、中华猕猴桃、金焰绣线菊、紫藤、枸骨、中华常春藤、木通等

4.3.4　藤本植物造景

攀援植物是园林植物中重要的一类，它们的攀援习性和观赏特性各异，在园林造景中有着特殊的用途，是重要的垂直绿化材料，可广泛应用于棚架、花格、篱垣、栏杆、凉廊、墙面、山石、阳台和屋顶等多种造景方式。

充分利用攀援植物进行垂直绿化是增加绿化面积、改善生态环境的重要途径。垂直绿化不仅能够弥补平地绿化之不足，丰富绿化层次，有助于恢复生态平衡，而且可以增加城市及园林建筑的艺术效果，使之与环境更加协调统一、生动活泼。

图 4.3.36 附壁式造景

4.3.4.1 藤本植物景观形式

1. 附壁式造景

吸附类攀援植物不需要任何支架，可通过吸盘或气生根固定在垂直面上。因而，围墙、楼房等的垂直立面上，可以用吸附类攀援植物进行绿化，从而形成绿色或五彩的挂毯（图 4.3.36）。

附壁式造景在植物材料选择上，应注意植物材料与被绿化物的色彩、形态、质感的协调。粗糙表面如砖墙、石头墙、水泥混沙抹面等可选择枝叶较粗大的种类，如爬山虎、薜荔、珍珠莲、常春卫矛及凌霄等，而表面光滑、细密的墙面如马赛克贴面

则宜选用枝叶细小、吸附能力强的种类，如络石、紫花络石、小叶扶芳藤、常春藤等。在华南地区，阴湿环境中还可选用蜈蚣藤、爬树龙、绿萝等。考虑到单一种类观赏特性的缺陷，可利用不同种类间的搭配以延长观赏期，创造四季景观。

墙面的附壁式造景除了应用吸附类攀援植物以外，还可使用其他植物，但一般要对墙体进行简单的加工和改造。如将镀锌铁丝网固定在墙体上，或靠近墙体扎制花篱架，或仅仅在墙体上拉上绳索，即可供葡萄、猕猴桃、蔷薇等大多数攀援植物援墙而上。固定方法的解决，为墙面绿化的品种多样化创造了条件。

2. 篱垣式造景

篱垣式造景主要用于篱架、栏杆、铁丝网、栅栏、矮墙、花格的绿化，这类设施在园林中最基本的用途是防护或分隔，也可单独使用，构成景观（图 4.3.37）。由于这类设施大多高度有限，对植物材料攀援能力的要求不太严格，几乎所有的攀援植物均可用于此类造景方式，但不同的篱垣类型各有适宜材料。

此外，在篱垣式造景中，还应当注意各种篱垣的结构是否适于攀援植物攀附，或根据拟种植的种类采用合理的结构。一般而言，木本缠绕类可攀援直径 20cm 以下的柱子，而卷须类和草本缠绕类大多需要直径 3cm 以下的格栅供其缠绕或卷附，蔓生类则应在生长过程中及时人工引领。

图 4.3.37 篱垣式造景

3. 棚架式造景

选择合适的材料和构件建造棚架，栽植藤本植物，以观花、观果为主要目的，兼具有遮阴功能，这是园林中最常见、结构造型最丰富的藤本植物景观营造方式（图 4.3.38）。应选择生长旺盛、枝叶茂密、观花或观果的植物材料。对大型木本、藤本植物建造的棚架要坚固结实，在现代园林绿地中，多用水泥构件建成棚架。对草本的植物材料可选择轻巧的构件建造棚架。可用于棚架的藤本植物有：猕猴桃、葡萄、三叶木通、紫藤、野蔷薇、木香、炮仗花、丝瓜、观赏南瓜、观赏葫芦及鹤颈瓜等。

卷须类和缠绕类攀援植物均可供棚架造景使用，紫藤、中华猕猴桃、葡萄、木通、五味子、木通马兜铃、常春油麻藤、瓜馥木、炮仗花、鸡血藤、西番莲和蓝花鸡蛋果等都是适宜的材料。部分枝蔓细长的蔓生种类同样也是棚架式造景的适宜材料，如叶子花、木香、蔷薇、荷花蔷薇、软枝黄蝉等，但前期应当注意设立支架、人工绑缚以帮助其攀附。

绿亭、绿门、拱架一类的造景方式也属于棚架式的范畴（图 4.3.39）。不过，在植物材料选择上更应偏重于

花色鲜艳、枝叶细小的种类，如铁线莲、叶子花、蔓长春花等。以金属或木架搭成的拱门，可用木香、蔓长春花、西番莲、夜来香、常春藤、藤本月季等攀附，形成绿色或鲜花盛开的拱门。建筑物的进出口，则可以利用遮雨板、柱子或花墙、栅栏作为攀援植物的支架进行绿化。

图 4.3.38 棚架式造景——绿廊

图 4.3.39 棚架式造景——绿门

4. 立柱式

城市中的各种立柱如电线杆、路灯灯柱、高架路立柱、立交桥立柱不断增加，它们的绿化已经成为垂直绿化的重要内容之一。吸附类的攀援植物最适于立柱式造景，不少缠绕类植物也可应用。但立柱所处的位置大多交通繁忙，汽车废气、粉尘污染严重，土壤条件也差，高架路下的立柱还存在着光照不足的缺点。选择植物材料时应当充分考虑这些因素，选用那些适应性强、抗污染并耐阴的种类。我国南方的高架路立柱主要选用五叶地锦、常春油麻藤、常春藤等。此外，还可用木通、南蛇藤、络石、金银花、爬山虎、蝙蝠葛、小叶扶芳藤等耐阴种类。电线杆及灯柱的绿化可选用凌霄、络石、素方花、西番莲等观赏价值高的种类，并防止植物攀爬到电线上。

园林中一些枯树如能加以绿化，也可给人一种枯木逢春的感觉。在不影响树木生长的前提下，活的树木也可用络石、薜荔、小叶扶芳藤或凌霄等攀援植物攀附，形成一根根"绿柱"，但活的树木一般不宜用缠绕能力强的大型木质藤本植物。

5. 假山置石的绿化

假山置石源于自然，应反映自然山石、植被的状况，以加强自然情趣。关于假山置石的绿化，古人有"山借树而为衣，树借山而为骨，树不可繁要见山之秀丽"的说法。悬崖峭壁倒挂三五株老藤，柔条垂拂、坚柔相衬，使人更感到山的崇高俊美。利用攀援植物点缀假山石，植物不宜太多，应当让山石最优美的部分充分显露出来，并注意植物与山石纹理、色彩的对比和统一（图 4.3.40）。植物种类选择依似假山类型而定，一般以吸附类为主。若欲表现假山植被茂盛的状况，可选择枝叶茂密的种类，如五叶地锦、紫藤、凌霄，并配合其他树木花草。

此外，攀援植物生长迅速，很多种类可形成低矮、浓密的覆盖层，是优良的地被植物。尤其是在地形起伏较大地段如坡岸、石崖以及风景区内，考虑到修剪的不方便，不适于种植草坪。此时，攀援植物是较好的选择。

4.3.4.2 藤本植物的选择

藤本植物的选择如表 4.3.5 所列。

图 4.3.40 假山置石的绿化

表 4.3.5 　　　　　　　　　　　　常用藤本植物

类　型	特　点	常　用　植　物
缠绕类	此类藤本植物不具有特殊的攀援器官，依靠自身的主茎缠绕于其他物体向上生长发育	牵牛花、紫藤、猕猴桃、月光花、金银花、橙黄忍冬、铁线莲、木通、三叶木通、南蛇藤、红花菜豆、常春油麻藤、黎豆、鸡血藤、西番莲、何首乌、崖藤、吊葫芦、藤萝、金钱吊金贵、瓜叶乌头、清风藤、五味子、荷包藤、马兜铃、海金沙、买麻藤、五爪金龙等
卷须类	依靠卷须攀援到其他物体上	葡萄、扁担藤、炮仗花、蓬莱葛、甜果藤、龙须藤、云南羊蹄甲、珊瑚藤、香豌豆、观赏南瓜、山葡萄、小葫芦、丝瓜、苦瓜、罗汉果、绞股蓝、蛇瓜等
吸附类	依靠气生根或吸盘的吸附作用而攀援的种类	地锦、五叶地锦、崖豆藤、常春藤、洋常春藤、扶芳藤、钻地风、冠盖藤、常春卫矛、倒地铃、络石、球兰、凌霄、美国凌霄、花叶地锦、蜈蚣藤、麒麟叶、龟背竹、合果芋、琴叶喜林芋、硬骨凌霄、香果兰、绿萝等
蔓生类	没有特殊的攀援器官，攀援能力较弱	野蔷薇、木香、红腺悬钩子、云实、雀梅藤、软质黄禅、天门冬、叶子花、藤金合欢、黄藤、地瓜藤、垂盆草、蛇莓等

4.4　意境主题景观的表现

植物意境主题塑造实质就是一种为大众服务的文化设计，是把设计者的主题取向、思想、审美与人文关爱用设计符号和语言通过景观形式表达出来。美的意境给人以艺术享受，能引人入胜，耐人寻味，并对人有所启示，具有深刻的感染力，提升景观品质。植物景观意境构成的常用手法主要有以下几个方面。

4.4.1　对比、烘托手法

通过景观要素形象、体量、方向、开合、明暗、虚实、色彩和质感等方面的对比来加强意境。对比是渲染景观环境气氛的重要手法。开合的对比方能产生"庭院深深深几许"的境界，明暗的对比衬出环境之幽静。在空间程序安排上可采用欲扬先抑、欲高先低、欲大先小、以隐求显、以暗求明、以素求艳、以险求夷、以柔衬刚等手法来处理。

根据空间大小、环境主题的不同内容，用植物营造相应的氛围，展现与所在环境主题相协调的意境美，为烘托手法，即通过植物造景来强化环境主题，与其他造景要素共同形成意义深刻和主题突出的环境特征，如劲健、含蓄、洗练或典雅。

4.4.2　象征手法

象征手法是利用艺术手段布局植物景观，通过人们的联想意识来表现比实际整体形象更广泛、更复杂的内容。象征寓意的植物造景，大都伴随着一定的主题目的而成为整个景点空间的核心。在古代，运用了象征手法的植物造景多以寓意历史典故、宗教和神话传说为主。随着时代的发展，运用现代象征寓意的植物造景主要坚持"以人为本"的原则，是一切植物景观的核心"意境"所在。

4.4.2.1　以"有限"表"无限"

"与自然共存"已成为人们的共识，将自然与城市融为一体成为城市发展的目标之一。因此，在日益紧张的城市绿地中，应充分考虑植物造景的尺度问题，采用象征的手法，以"有限"表"无限"。例如，上海延中绿地湿地生态区的植物造景将大量的水杉规则地列植，形成一道宛如蜿蜒起伏的山峦的绿色屏障，以"有限"的水杉背景表现"无限"的自然山峦。

4.4.2.2　以"静"表"动"

植物景观是一种静态的自然美，但是如果巧妙地运用象征的手法进行布局，给人以一种富于韵律的动感美就成为现代园林造景的焦点之一。具有韵律性的植物景观是指单体植物按一定特殊规律组合而成的整体性的植物空间。

4.4.2.3 以"简"表"繁"

利用构成较为简单的植物景观，通过"重复"和"叠加"来形成一个面积较大、形式较为复杂的植物空间，是以"简"表"繁"的象征手法。利用相似或相近原理，将自然界的复杂事物用极为简单的植物景观来象征，利用植物的重复布置所形成的大尺度空间来象征原事物。例如，位于美国亚利桑那州凤凰城商业区内的植物造景，其创作灵感来源于弧状的孔雀羽毛，采用了象征手法，以花草与草坪组成孔雀羽毛的平面构图，并经过重复运用，形成了"孔雀开屏"的图案装饰效果。利用由植物组成的平面构图，是对植物形式美的一种新颖的运用方式，可形成具有装饰效果的构图，以表现美的意境。

4.4.3 比拟、联想手法

意境的欣赏是物我交流的过程，因此景观的构造要做到能使人见景生情，因情联想，进而从有限中见无限，形成景观意境的艺术升华。在设计中通过具有认知、感知的植物空间来创造具有一定情感和主题的植物景观。植物的色、形、叶、香等物理属性在特定的场合经过艺术的种植都能散发出一定的情感语言，激发观赏者的联想，反映出场所的精神内容和性格。如松、竹、梅可代表坚强不屈、高风亮节和不畏风雪的精神。

4.4.4 模拟手法

运用现代的造景方法，仿自然之物、形、象、理和神，对大自然进行重现。利用植物品种本身的自然、生态属性进行配置来创造植物的自然生态美，实现植物造景意境的营造。如上海世纪大道中的中段内 8 个专类园布置：柳园、水杉园、樱桃园、紫薇园、玉兰园、茶花园、紫荆园、栾树园。这些植物景观直接展现不同植物品种的自然特性，给观赏者带来直接的感官美——植物的自然生态美，无需观赏者去联想和进行思维的加工即可读出其韵味。

通过对所要表现对象的实体分析，用植物组合成模纹图案、雕塑及各种平、立面造型图案等模拟实体的外形来反映主题，并以此作为模拟手法。如大连市道路绿地的模纹图案，以模拟海波、浪花、海鸥为模纹母本，充分展现了海滨城市的特点。模拟手法带有一定的间接性，是对实体外在形象的模拟，非本质的挖掘，应用不好，会出现俗气的感觉。因此在模拟时，不应盲目照抄，应去粗取精，提取精华，使之栩栩如生。

4.4.5 抽象手法

抽象手法是对事物特征的精华部分经过提炼、加工，并通过植物景观表达出来的艺术形式。它可以使较为深奥、复杂的事物变得更加形象、生动，易被人们理解。借取哲学上的抽象，从许多具体事物中舍弃个别的非本质的属性，抽取共同的本质的属性，将物体的造型简化概括为简练的形式，成为具有象征意义的符号。如植物造景中运用大块空间、大块色彩的对比，达到简洁明快的抽象造型，引导游者联想，使人们获得意境美的感受。应避免应用一些深奥难测和晦涩的抽象造型符号。

总之，通过对场地精神和地域特色的解读，正确合理地利用植物情感语言和表达手法，创造出符合现代空间环境和现代人们心理需要的高品质绿化景观，营造出符合现代精神文明的植物造景意境美是我们的责任。

4.5 季相景观营造

一年中春夏秋冬的四季气候变化，产生了花开花落、叶展叶落等形态和色彩的变化，使植物出现了周期性的不同相貌，就称为季相。凡是一处经过细致设计的园林，都应考虑到植物的季相，不论是公园、私家园林，甚或一般环境中的园林，也不论其面积的大小，配置植物时，都要具有"季相景观"的意念。或单株，或数株，或成丛、成林，或装饰地面及空间的边缘，这是中国园林植物景观形成的一个特色。

季相景观的形成，一方面在于植物种类的选择（其中包括该种植物的地区生物学特性）；另一方面在于其配置方法，尤其是那些比较丰富多样的优美季相。如何能保持其明显的季相交替，又不至于偏枯偏荣（偏荣主要是指那些虽有季相，但过于单调而言），这是设计中尤其需要注意的。

城郊或大的风景名胜区内一般的植物季相为一季特色景观，如北京香山以观赏秋叶为主；昆明郊野公园的植物景观以春季的桃花为主。而城市公园是游人经常利用的文化休闲场所，总希望在同一个景区或同一个植物空间内都能欣赏到春夏秋冬各季的植物美，以增加不同时间游览的情趣，这对植物造景设计提出了更高要求，需要注意以下几点。

4.5.1 不同花期的花木分层配置

以杭州地区为例。如杜鹃（花期四月中旬至五月初）、紫薇（盛花期六月上旬至六月下旬）、金丝桃（花期六月初至七月初）、菠萝花（花期八月下旬至九月中旬）与红叶李、鸡爪槭等分层配置在一起，可延长花期达半年之久。分层配置时，要注意将花期长的栽得宽些、厚些，或者其中要有 1～2 层为全年连续不断开花形成较为稳定的花期品种（如月季）使花色景观较为持久。也可以采用花色相同而花期不同的花木，连续分层配置的方法，使整个开花季节形成同一花色逐层移动的景观，以延长花期。

如果将花期相同而花色不同的花木分层配置在一起，则可使同一个时间里的色彩变化丰富，但这种配置方法多应用于花的盛季或节假日，以烘托气氛。

4.5.2 不同花期的花木混栽

注意将花期长的、花色美的花木多栽一些，使一片花丛在开花时此起彼伏，以延长花期。如以石榴、紫薇、夹竹桃混栽，花期可延长达 5 个月。

又如梅花的花期很短，盛花期不到两周，需要将其他花期较长或在其他季节开花的花木与之混栽，如春季开花的杜鹃、夏季开花的紫薇等，使之在三季均有花可赏；初冬季节则以草花、宿根花卉（如各色菊花）散植于梅花丛中，均可克服其偏枯现象。

4.5.3 草本花卉补充木本花卉的不足

宿根花卉品种繁多，花色丰富，花期不相同，是克服偏枯现象的好办法。比如樱花，盛花时十分诱人，可惜花期仅一周左右。如果采用草本加木本的植物配置方法，则可基本上克服偏枯现象。

特别是加强宿根花卉和球根花卉的运用。宿根花卉和球根花卉有别于树木，其栽培可在圃地进行，迁地移栽应用，可在短时间内增强季相效果。在南方可选用孔雀草、飞燕草、福禄考、黄蜀葵、龙胆、羽衣甘蓝、百日草、蛇目菊、大花金鸡菊、孔雀草、万寿菊、金盏菊、地肤草、鸡冠花、一串红、万寿菊、鸢尾、金莲花、铃兰、乌头、剪秋罗、美女樱、美人蕉、矮牵牛与三色堇等。其配置设计可考虑以下方案。

第一层：孔雀草，高 0.5m，宽 1m。第二层：万寿菊，高 0.5～1m，宽 1～1.2m。第三层：地肤草，高 0.8～1m，宽 0.3～0.4m。第四层：樱花，高 1.5～2m，宽 5m（与桂花夹种）。第五层：紫楠，高 10m（与银杏、枫香夹种）。以上五种植物分层配置，其长度可根据具体环境确定，此时有一行行的绿色地肤草作背景。作为主景的樱花，数量多，厚度大，并有常绿的桂花和它错落栽植，背景采用常绿的紫楠，其中又夹种银杏、枫香可点缀秋色，从而获得三季有花色和叶色、冬季常青的景观。

4.5.4 增强骨架树种的观赏效果

由于树木在树形、树姿、叶色、花色、花期、果色、果期、枝色和皮色等方面千差万别，决定了它们除了生态功能不同外，其季节感、景观效果也有着相当大的差异，除春花树种、夏花夏果树种外，秋果秋色叶树种、常年色叶植物、冬姿冬枝树种是观赏价值较高，增强季节感最强的种类，可选做局部景观的骨架树种。

早春彩色叶植物：花叶鹅掌楸、红叶臭椿、红叶石楠等。

秋色叶树种：三角枫、鸡爪槭、挪威枫、忍冬属、黄栌、枫香、北美枫香、盐肤木、火炬树、乌桕、重阳木、丝棉木、卫矛、山麻杆、金钱松、无患子、池杉、青杆、黄山栾、连香树、黄连木、四照花、银杏及沼生栎等。

色叶期长的树种：有些植物色叶期长，是组成城市绿化模纹、装点城市的重要材料。如常绿树种；落叶树种中的紫叶小檗、紫叶李、鸡爪槭等。

冬姿优美树种：有的植物其树枝、树干则独具观赏特性，如金叶女贞、红花檵木、红叶小檗、紫叶李、紫叶桃、金叶接骨木、金叶红瑞木、紫叶黄栌、红叶石楠、红枫、金枝槐、金丝柳、棣棠、红瑞木和洒金柏等。

4.6 植物空间营造

植物构成空间的 3 个要素是地面要素、立面要素和顶面要素。在室外环境中，3 个要素以各种变化方式相互组合，形成各种不同的空间类型。空间封闭程度是随围合植物品种、高矮大小、种植密度，以及观赏者与周围植物的相对位置而变化的。

4.6.1 植物作为园林中的墙体

在垂直面上，植物能通过几种方式影响着空间视觉感受。首先，树干如同直立于外部空间的支柱，它们不仅仅是以实体，而且多以暗示的方式来限制着空间。其空间封闭程度随树干的大小、树干的种类、疏密程度以及种植形式的不同而不同，像自然界的森林，其空间围合感就较强。植物的叶丛是影响空间的第二个影响因素。叶丛的疏密度和分枝点的高低影响着空间的闭合感。阔叶和针叶越浓密、体积越大，其围合感越强烈。而落叶植物的封闭程度是动态的，随季节的变化而不同，在夏季，浓密树叶的树丛，能形成一个较封闭的空间，从而给人以内向的隔离感；而在冬季，同是一个空间，因植物落叶后，人们的视线就能延伸到所限定空间以外的地方。在冬天，落叶植物是靠枝条暗示空间范围的，而常绿树在垂直面上却能形成周年相对稳定的空间封闭效果（图 4.6.1）。

墙能够创造边界，给予人们一种方向感，同时它还能连接公园中不同的节点，或起到封闭空间的作用。墙的形式、位置及其使用的材料均是由设计意图决定的。公园的墙既可能是由木材、砖、石、瓦或金属等建筑材料构成的，也可能是由藤本植物、树木或灌木等园林植物组成的（图 4.6.2）。

图 4.6.1 植物围合空间

图 4.6.2 绿墙限定边界

4.6.2 植物作为园林中的地面

在地平面上，植物以不同的高度和不同种类的地被植物或矮灌木来暗示空间的范围。在此情形中，植物虽不是以垂直面上的实体来构成空间，但它确实在较低的水平面上筑起了一道范围。一片草坪和一片地被植物之间的交接处，虽不具有实体的视线屏障，但其领域性则是显现的，它暗示着空间范围的不同。

如果我们把园林空间看成是一栋建筑的话，我们就可以把地平面作为出发点来加以考虑。路面的质地、规格，以及它与其他园林元素的关系形成了重要的视觉信息，植物作为园林地面的形式主要有以下几种。

4.6.2.1 模纹花坛

它是由相同高度的矮生园林植物形成的，在样式上像地毯一样，具有复杂的图案和相近的表面质地。它的设计纹样变化多样，既可以是规则的几何形式，也可能是抽象的图案，甚至是题字。模纹花坛在园林景观中的主要作用是它可以成为这一景区的焦点。

4.6.2.2 草坪

它是指被草覆盖的地面。草坪形成的地平面与其他园林元素之间既可以相互补充，也可以形成鲜明的对比。草坪可以有正方形、矩形、圆形或不规则形等多种形式。草坪还可以形成小路，提供过渡空间或是展示空间地形。草坪为排球、棒球、草坪网球及室外地滚球等活动提供了娱乐场地。

4.6.2.3 地被植物

由低矮的地被植物如藤蔓类、铺地类等单一的植物形成地被表面。地面不具备硬地铺装的功能，但风格正式整洁，形成其他植物或构筑物的中性背景。地被植物、草坪和草原可以一起应用，它们的质感对比和色彩的微妙变化可以为地面增加变化，增加空间的层次。

4.6.3 植物作为园林中的顶盖

植物同样能限制、改变一个空间的顶平面。植物的枝叶犹如室内空间的天花板，并影响着垂直面上的尺度。当然其间也存在着许多可变因素，例如季节、枝叶密度、树种类型以及树木本身的种植方式。当树木树冠相互覆盖、遮蔽阳光时，其顶平面的封闭感最强烈。

单株的或成丛树木创造了一个荫蔽的空间，当凉亭、棚架或绿廊覆盖上藤本植物的时候，就形成了园林中绿色的天棚，为游人创造了有阴凉和避风作用的空间环境。

4.6.3.1 棚架

棚架是指由缠绕在格子或其他建筑构筑物上的树木、灌木和藤本植物形成的可供遮阳纳凉的简易设施。棚架具有多种功能，首先它具有提示入口空间的作用，其次它能够通过提供休息空间的方式，来改变游人的游览速度。最后，它还具有从一个空间向另一个空间过渡的功能。

4.6.3.2 小树林

小树林是指人工种植的或自然生长的树丛，它通常是由同一种类的植物，规则地或不规则地组合在一起。小树林既是相对封闭的围合空间，也是地面和天空之间的连接部分。在古代，小树林经常被认为是神秘或充满智慧的地方。

4.6.3.3 藤架

藤架既可能是房屋延伸出来的建筑部分，也可能是公园中像围栏一样以墙围合，能够为游人提供休息或赏景的建筑部分，它是一种能为展示藤本植物、雕塑或进行露天餐饮提供完美场地的建筑结构。

4.6.3.4 林荫路

林荫路是公园、停车场、街道中由树木、修剪过的绿篱所界定的步行通道。其中树木的种植间距、体量以及植物品种的选择影响了游人的心理感受，通过设计人行通道上的标示、交叉口以及各个空间的连接形式，能够调节整个游览节奏，达到控制游人动态游览过程的目的。人行道所选择的植物材料通常能够形成一种障景，作为这一景区的框架或边界。但要注意的是，人行通道的长度应与大树或灌木的体量相协调。

思考题

1. 园林植物选择的原则有哪些？

2. 城市园林植物景观如何体现地方特色？

3. 正确表述树木的孤植、列植、群植、花境、模纹花坛、盛花花坛、草坪、垂直绿化、意境等术语的含义。

4. 阐述园林树丛配置的原则。

5. 简述花坛的设计要点。

6. 简述草坪和地被植物在景观中的作用。

7. 攀援植物有哪些类型？分别适合于哪些造景形式？

8. 简述意境主题景观设计方法。

第5章　园林植物种植设计的程序及图纸表现

【本章内容框架】

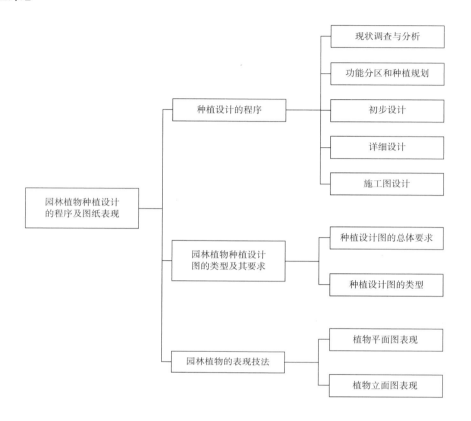

5.1　种植设计的程序

　　植物在满足设计师的设计目的和处理各种环境问题上，与其他要素（地形、水体、建筑等）同等重要。景观设计的进程中，在确定其他设计要素的功能、位置和结构的同时，应尽早考虑植物的选择和布局，以确保它们能从发挥其功能与观赏作用方面适合设计的要求。种植设计要与场地规划同时进行，并且按一定的程序步骤进行。

5.1.1　现状调查与分析

　　明确绿地的性质，确定功能、作用、布局、风格及种植，是整个设计程序的关键。该程序的初级阶段包括对园址的分析，认清问题和发现潜力，以及审阅工程委托人的要求。此后，园林设计师方能确定设计中需要考虑采用何种要素及了解需要解决的困难和明确预想的设计效果，完成现状分析。具体来说可分为以下几个步骤。

　　（1）获取项目信息。所需信息根据具体的设计项目而定，一般最先能够获取的信息取决于委托人对项目的认知程度和具体要求，其次委托方提供的图纸资料又是一个重要的信息来源，一般图纸资料包括：测绘图（规划图）；现状树木分布位置图；地下管线图；气象水文资料；地质土壤情况；地域特色、民风民俗等方面的背景资料。

　　（2）现场踏勘。无论何种项目，设计师都必须认真到现场进行实地踏勘。一方面，可以核对、补充所收集的图纸资料。如现状的建筑（包括建筑风格、大小、色彩、应用功能）、树木的情况、水文、地质、地形等自然条件。另一方面，通过实地观察，把握场地的感觉、场地与周围区域的关系（包括场地土壤、土层、建筑垃圾存留状况及周边建筑物与植被现状的相关联系），全面体会场地状况，完成设计的准备工作。

（3）现状分析。现状分析是设计的基础和依据，是将获得的项目信息进行有效分析、过滤、使用的阶段。目的就是通过有效的分析获得分析内容与结论，从而更好地指导后续设计，使设计方案更加合理及完善（图5.1.1）。

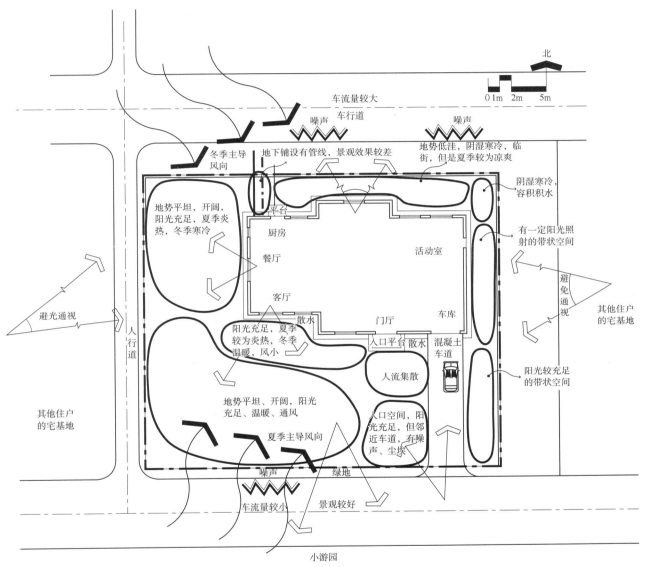

图 5.1.1 某庭园现状分析图

（引自金煜.园林植物景观设计.沈阳：辽宁科学技术出版社，2008）

5.1.2 功能分区和种植规划

在初步构思阶段，设计师通常会借助图、表、符号等表现手段来表示空间（室外空间）、围墙、屏障、景物以及道路等，以抽象的方式描述设计要素。不同环境空间的种植设计应相应地反映出环境的性格并发挥植物的作用：障景、蔽阴、限制空间及建造视觉焦点作为背景等。在这一阶段，一般不考虑需使用何种植物，或各单株植物的具体分布和配置，此时设计师所关心的仅是植物种植区域的位置和相对面积以及植物的功能，也就是说依据构思绘制功能分区图。特殊结构、材料或工程的细节，在此刻均不重要。在许多情形中，为了估价和选择最佳设计方

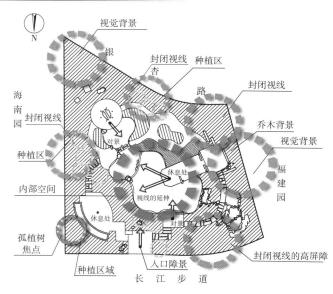

图 5.1.2　植物种植功能分区图

案，往往需要拟出几种不同的，可供选择的功能、景观分区草图（图 5.1.2）。

只有对功能及景观分区图做出优先的考虑和确定，并使分区图更加完善、合理，才能考虑加入更多的细节和细部设计。有时我们将这种深入、更详细的功能图称为"种植规划图"（图 5.1.3）。在这一阶段，应主要考虑种植区域内部的初步布局及植物群落的层次、关系等。此时，设计师应将种植区域划分成更小的、象征着各种植物类型、大小和形态的区域，并考虑乔、灌木的组合方式、空间层次及立面效果等。

在分析一个种植区域内的高度关系时，理想的方法就是做出立面的组合图（图 5.1.4），用概括的方法分析各不同植物区域的相对高度。这种立面组合图或投影分析图，可使设计师看出实际高度，并能判定出它们之间的关系，这比仅在平面图上去推测它们的高度更有效。考虑到不同方向、视线距离和视点关系，我们应尽可能画出更多的立面组合图。这样，综合性、多角度的分析组图能使种植设计更加合理并具有良好的观赏效果。

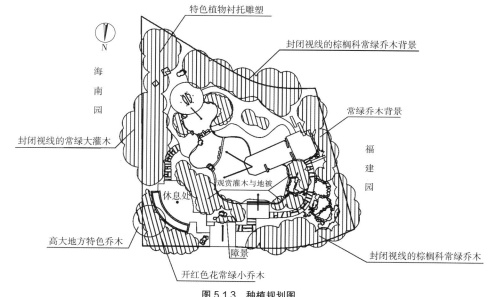

图 5.1.3　种植规划图

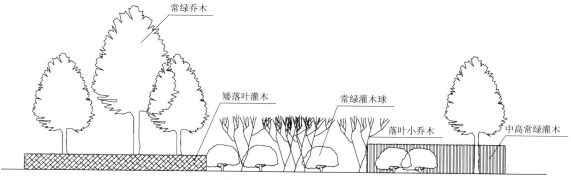

图 5.1.4　植物组合立面图

5.1.3　初步设计

　　确定景观风格和种植规划后，对绿地所需选择的骨干树种、基调树种和主景树种进行考虑。由于不同地域、不同文化背景、不同使用属性均会形成不同的植物景观群落和景观效果。因此，种植设计也应考虑配合场地景观的需求，发挥植栽的功能；塑造场地景观独特的植栽意象；利用植栽塑造场地的空间意象等。骨干树种是针对本地自然条件，从生长条件来看，适合大量运用的树种，在营造林带或群植时选用。基调树种是体现绿化地功能，设计风格及理念的树种，品种的选择根据景观风格和种植规划确定。主景树在种植设计中可以是独立的造景元素，本身应具备独特的观赏特性，如孤植树。但在一个设计项目中，主景植物不宜过多，否则将使注意力分散在众多形态各异的目标上。设计师在完成植物群落的初步组合后，就能确定出种植设计的程序。在这一步骤中，设计师可以开始着手各基本规划部分，并在其间排列单株植物。在布置孤植景观树的时候，应了解苗木的大小，如苗木的成熟度不足 75%，应充分的留出植物的生长空间，或者说应充分考虑到植物最终成熟后的外貌，以便在种植设计中把孤植景观树正确地植于群体中（图 5.1.5）。

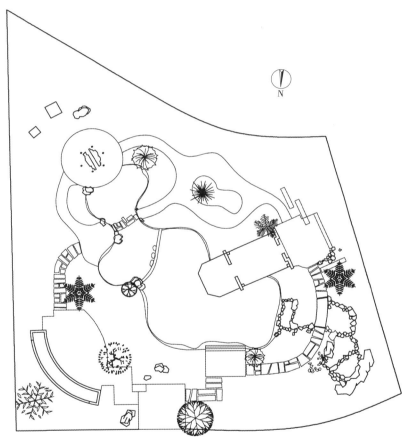

图 5.1.5　布置孤植树

　　当然，此时的植物主要仍以树丛、树群的布置为主，用 3 株、5 株以及更多数量的树成丛、成群、成片地布置来填满基本规划的各个部分（图 5.1.6）。

　　通常，大型标志性建筑物多以草坪、灌木等烘托建筑的雄伟壮观，同时作为建筑与地面的过渡方式；休闲场所、居住小区的环境设计就多用观花、观叶等植物表达活泼、欢快、轻松的感觉。因此，在明确环境性格后，设计师可通过确定基调树种、骨干树种来烘托环境。

5.1.4　详细设计

　　详细设计阶段可以说是对前面各阶段成果进行修改和调整的过程。此阶段应从平面、立面构图的角度分析植物种植方式的合理性，调整树丛、树群的配置构成，确定最终的植物搭配方式，以发挥植物景观的各种功能，同时应选定所有植物种类，画出详细种植设计图（图5.1.7）。

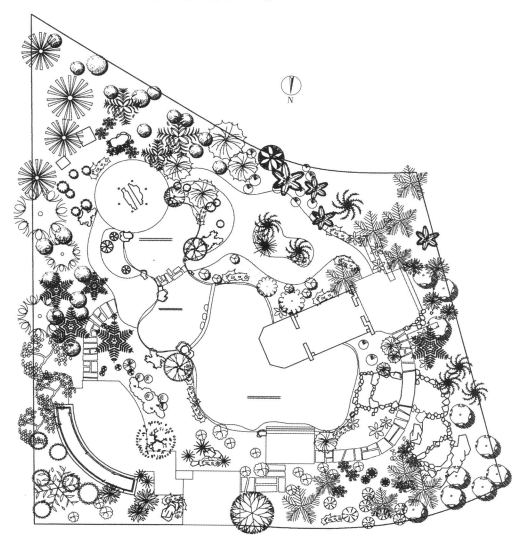

图5.1.6 布置树丛、树群

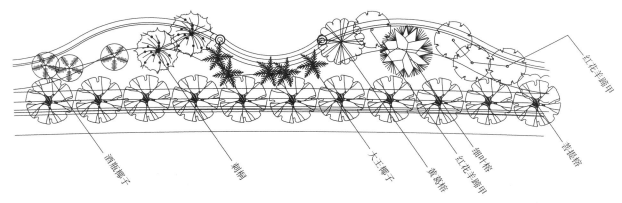

图5.1.7 详细种植设计方案示例

（引自徐峰.园林细部设计与构造图集.化学工业出版社，2011）

在植物物种选择方面，应根据设计思想以及对环境因素的分析，依据前面的种植功能分区图、构思图和总体平面图，对植物不同生长期和季节的形态、质地、色彩、耐寒性、养护要求、需要的维护程度及植物与场地之间的兼容性，考察植物的来源地、获取植物的方法、移植成活度、价格等问题进行综合考虑，圈定适用于该项目的植物范围。在实际工作中，比较有效的方法是根据项目的功能要求、栽培要求及成本投入要求，制定本项目适用的苗木名录，并划分为乔木、灌木、藤本、多年生植物或地被植物，以及苗木高度和冠幅。

另外，还应考虑建成后的养护条件来选择植物。考虑是否一定需要经常修剪才可保持设计要求的植物；植物落果是否会增加清理成本；树种或树种相配置是否容易产生病虫害等。例如高速路的种植设计，因土壤贫瘠，保水保肥能力较差，阳光强烈，水分难以满足，在设计概念阶段，设计者就应该采用抗性较强，耐干旱耐贫瘠的意向树种，以减少日后养护的难度。在这一阶段，进一步缩小植物选择范围，筛除之前不合理的意向植物，选择更合适的植物。最后在图纸上把最终选择的苗木与图中的植物图例吻合。

总的来说，在选择植物时，应综合考虑以下各种因素：①基地自然条件、植物的生态习性（光照、水分、温度、土壤、风等）及种植技术；②设计主题和环境特点；③植物的观赏特性和使用功能；④当地的地域特色、民俗习惯、人文喜好；⑤项目造价；⑥苗源（本地苗圃、外地苗圃、野外移植）和苗木质量；⑦后期养护管理等。值得注意的是：在详细设计中，植物的规格不能按照幼苗规格配置，而应该按照成龄植物（成熟度75%～100%）的规格加以考虑，图纸中的植物图例也要按照成龄苗木的规格绘制，如果栽植规格与图中绘制规格不符时，应在图纸中予以说明。

5.1.5 施工图设计

施工图设计阶段是植物种植设计的最后一个阶段。植物种植设计施工图是植物种植施工、工程预结算、工程施工监理和验收的依据，它应能准确表达出种植设计的内容和意图。植物施工设计图绘制时，应表现树木花草的种植位置、品种、种植类型、种植方式、种植面积等内容。根据图纸内容进行合理排版，如果内容较少可以全部在一张图纸内表现（图5.1.8），否则应分别绘制乔木、灌木、地被等分项种植图。

植物配置图的比例尺，一般采用1：500、1：300、1：200，根据具体情况而定。大样图可用1：100的比例尺，也可根据图纸内容选择合适的比例，以便准确地表示出重点景点的设计内容。

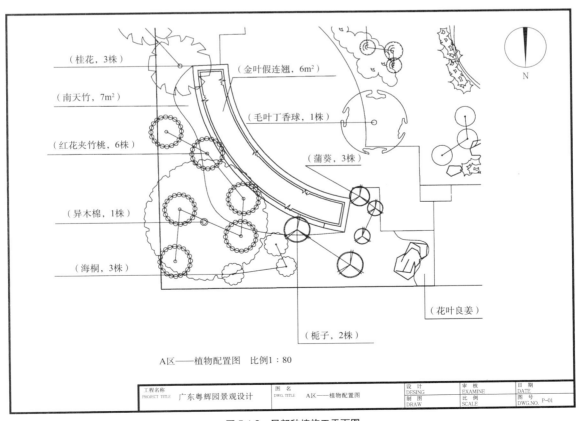

图5.1.8 局部种植施工平面图

5.2 园林植物种植设计图的类型及其要求

植物景观设计图纸作为基本的表达工具，用以保证植物景观设计的实施，也是设计师和甲方、施工方之间重要的沟通工具。图纸应能表现出景观设计的内容、意图及投资金额。

5.2.1 种植设计图的总体要求

图纸规格要符合国家建委的 GB/T 50104—2010《建筑制图标准》的规定。图纸尺寸（表5.2.1）。

表 5.2.1 图 纸 尺 寸

图号	规格/（mm×mm）
0 号	841×1189
1 号	594×841
2 号	420×592
3 号	297×420
4 号	210×297

通常 4 号图不得加长，如果要加长图纸，只允许加长图纸的长边，特殊情况下，允许加长 1 ~ 3 号图纸的长度、宽度，零号图纸只能加长长边，加长部分的尺寸应是边长的 1/8 及其倍数。

图纸上要注明图头、图例、指北针、比例尺、标题栏及简要的图纸设计内容的说明。图纸要求字迹清楚、整齐，不得潦草；图面清晰、整洁，图线要求分清粗实线、中实线、细实线、点划线、折断线等线型，并准确表达对象。各种图例符号应符合国家 CJJ 67—95《风景园林图例图示标准》。

5.2.2 种植设计图的类型

完整的种植设计图应包括种植设计平面图、立面图、局部剖面图、植物名录表及种植设计说明书等内容。

5.2.2.1 种植设计平面图

在种植设计平面图中应标明树木的准确位置、树木的种类、规格和配置方式等，树木的位置可用树木平面的圆心表示，在图面上的空白处用引线和箭头符号表明树木的种类，也可用数字或代号简略标注，但应与植物名录中的编号或代号或图案一致。同一种树木群植或丛植时可用细线将其中心连接起来统一标注。当植物种类及数量较多时，可分别绘出乔木、灌木、草本的种植图。根据植物的种植形式有以下三种标注方式。

1. 点状种植的标注

点状种植有规则式与自由式种植两种。点状种植植物往往对植物的造型形状、规格的要求较严格，应在施工图中表达清楚，可在图例上用文字来加以标注，可根据图形文件的大小，以及施工方便来选择标注方式（图 5.2.1），同时苗木编号应与苗木表相结合，用 DQ、DG 加阿拉伯数字分别表示点状种植的乔木、灌木（DQ1、DQ2、DQ3、……；DG1、DG2、DG3、……）。另外，对同种、不同大小的植物应在编号和植物名录表上表示出来，如，DQ1-1，DQ1-2，DQ1-3…（表 5.2.2）。

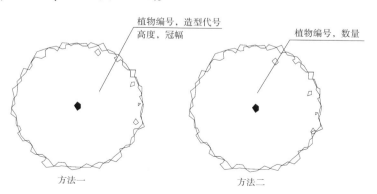

图 5.2.1 点状植物的两种表示方法

植物的种植修剪和造型代号可用罗马数字：Ⅰ、Ⅱ、Ⅲ、Ⅳ、Ⅴ、Ⅵ、…，分别代表自然生长形、圆球形、圆柱形、圆锥形等。

2. 片状种植的标注

片状种植是指在特定的边缘界线范围内成片种植灌木和地被植物（除草皮外）的种植形式。对这种种植形式，施工图应绘出清晰的种植范围边界线，标明植物名称、规格、密度等。文字标注方法（图5.2.2），与苗木表相结合，用PD、PD加阿拉伯数字分别表示片状种植的灌木、地被。

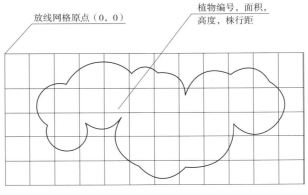

图 5.2.2　片状种植表示方法

3. 草坪或地被植物的标注

草坪或地被植物是在绿化种植区域内成片的种植，草坪图例多是用打点的方法表示，地被可用多种填充图案表示，标注方法可参考片状种植的方法标注，应标明其草坪名（地被植物名）、规格及种植面积。

图中还应附有植物名录。局部细节（如种植坛或植台）应有详图。平面图表达不明确、含混的地方，应画种植设计立面图或剖面图。

如对在同一组群内要求的苗木高度不一，同一种植物在不同位置种植时的苗木规格、整形形式和施工技术要求不同等问题，用大样图图示清楚或在平面图中用文字标注说明。

对原有植物应在施工图中标注出来，而不只是在施工图中用文字说明，这样可以提高施工图的准确性和可操作性，现状植物可以用直线或水平线填充，以便和设计植物相区别（图5.2.3）。

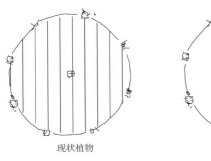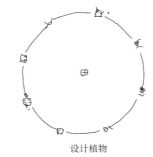

现状植物　　　　　　设计植物

图 5.2.3　现状植物与设计植物在图例上的区别

5.2.2.2　植物种植设计平面放线图

在种植平面图中，应在图上标注出植物的间距和位置尺寸以及植物的品种、数量，标明与周围固定构筑物和地下管线距离的尺寸，作为施工放线的依据。根据基准点放线或参照线作方格网，网格的大小应以能相对准确地表示种植的内容为准。方格网一般用 2m×2m ～ 10m×10m。通常对于大面积的施工图网格放线在施工工作中，量大而不方便，这时最好根据比例尺用基准点或基准线放线定点。

5.2.2.3　植物种植设计立面图

立面图主要在竖向上表明各园林植物之间的关系、园林植物与周围环境及地上、地下管线设施之间的关系等。

5.2.2.4　植物种植详图

种植平面图中的某些细部尺寸、材料和做法等需要用详图表示（图5.2.4）。说明种植某一种植物时挖穴、覆土施肥、支撑等种植施工要求。图的比例尺通常为 1∶20 ～ 1∶50。

5.2.2.5　植物名录表

植物名录表中应包括与图中一致的编号或代号、中文名称、拉丁学名、规格造型要求、种植

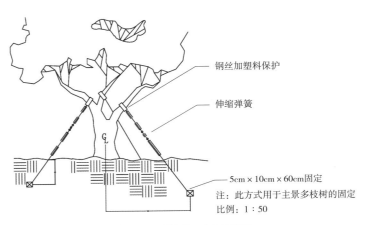

钢丝加塑料保护

伸缩弹簧

5cm×10cm×60cm固定

注：此方式用于主景多枝树的固定
比例：1∶50

图 5.2.4　树木的固定方法详图

面积（密度和数量）以及备注。可按植物的种植形式分为三大类进行列表（表 5.2.2 ~ 表 5.2.4）。

表 5.2.2 点状种植苗木名录表

序号	编号	植物名称	学 名	规格			造型形式	数 量	备 注
				胸径 /cm	树高 /m	冠幅 /（m×m）			
1	DQ1-1								
	DQ1-2								
	DQ1-3								
2	DG2								

表 5.2.3 片状种植苗木名录表

序号	编号	植物名称	学名	规 格			面积 /m²	密度 /（株 /m²）	数量 /株	备 注
				胸径 /cm	树高 /m	冠幅 /（m×m）				
1	PG1									
2	PD1									

表 5.2.4 草坪或地被植物名录表

序 号	编 号	植物名称	学 名	种植形式	出圃规格	面积 /m²	备 注
1	C1						
2	C2						

5.2.2.6 植物种植设计说明书

种植设计说明作为种植设计施工图的重要组成部分，应根据具体项目详细论述植物种植施工的要求。通常，种植设计说明书应包括以下几个方面。

（1）阐述种植设计构思和苗木总体质量要求。

（2）种植土壤条件及地形的要求，包括土壤的 pH 值、土壤的含盐量及各类苗木所需的种植土层厚度。

（3）各类苗木的栽植穴（槽）的规格和要求。

（4）苗木栽植时的相关要求，应按照苗木种类以及植物种植设计特点分类编写，包括苗木土球的规格、观赏面的朝向等。

（5）苗木栽植后的相关要求，包括浇水、施肥以及根部是否喷布生根激素、保水剂和抗蒸腾剂等措施。

（6）苗木后期管理的相关要求，应按照苗木种类结合种植设计构思，通过文字说明植物的后期管理要求，尤其是重要景点处植物的形态要求。合理的苗木后期管理要求是甲方及物业公司后期管理的重要依据。

（7）说明所引用的相关规范和标准，例如 CJJ/T 82—2012《园林绿化施工及验收规范》、CJJ 48—92《公园设计规范》、GB 50420—2007《城市绿地设计规范》、DB11/T 211—2003《城市绿化和园林绿地用植物材料木本苗》、CJJ 75—1997《城市道路绿化规划与设计规范》等，以及有关地方性的规范和规定性文件。

（8）说明园林种植工程同其他相关单项施工的衔接与协调，以及对施工中可能发生的未尽事宜的协商解决办法。

5.3 园林植物的表现技法

园林植物在图纸上的表达是设计师和甲方、施工方之间重要的沟通标识。

5.3.1 植物平面图表现

依据国家现行的 CJJ 67—95《风景园林图例图示标准》，特将植物平面图例画法做以下分类。

单株乔灌木的表示见表 5.3.1。

表 5.3.1 乔灌木的平面表示方法

序号	表现手法	表 现 形 式	说 明
1	轮廓法	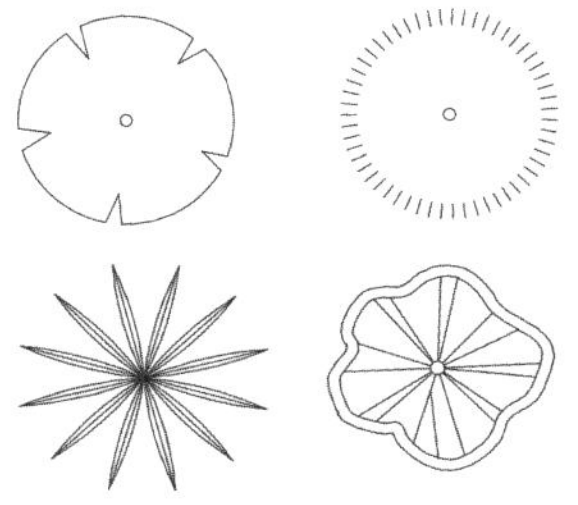	此法只需要用线条表示树木的轮廓。 阔叶树的外围线用弧裂形或圆形线；针叶树的外围线用锯齿形或斜刺形线表示。 通常乔木外形成圆形；灌木外形成不规则形。 此类表现形式可用于施工图，但应注意中心的圆心还可换成"十字形"表示定值点
2	分枝法		根据树木的分枝特点用线条绘制树枝或分叉，常用于表现冬天的树木顶视平面
3	质感法	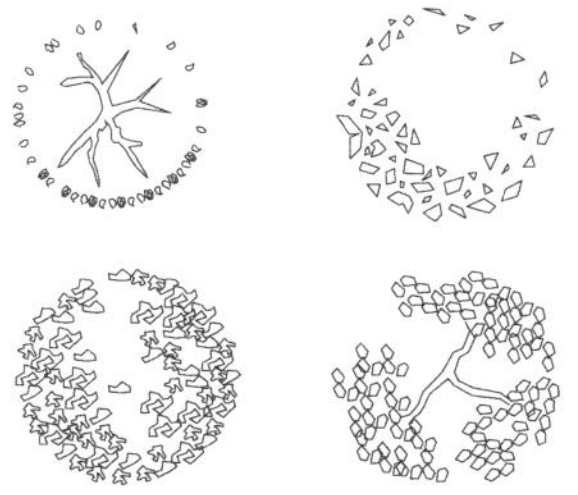	用线条的组合或排列表示树冠的质感，常用于表示树叶繁茂的顶视平面
4	枝叶法		这是分枝法和质感法的综合

对于平面图中的树形图例，树冠的大小应根据植物种类和树龄按比例绘制，成龄树木的树冠取值范围（表 5.3.2 ）。

表 5.3.2 成龄树木的树冠取值范围 单位：m

树种	孤植树或高大乔木	中等乔木	小乔木	锥形树	花灌木
管径	10～15	5～8	3～4	2～3	1～3

乔灌木的群体表示（表 5.3.3 ）。

表 5.3.3 乔灌木的群体表示

序号	名 称	图 例	说 明
1	阔叶乔木疏林		（1）对于数株相连的树木，可以只勾勒出树木的边缘线，省略树木的中心点，以强调树冠的总体平面轮廓。但在施工图中，应准确画出每一株树的轮廓、定位点。 （2）另外，还可以对轮廓内填充不同的图案表示不同的植物。 （3）还可根据图面表达的需要加或不加 45° 细斜线表示常绿或落叶林

续表

序号	名称	图例	说明
2	针叶乔木疏林	 （落叶） 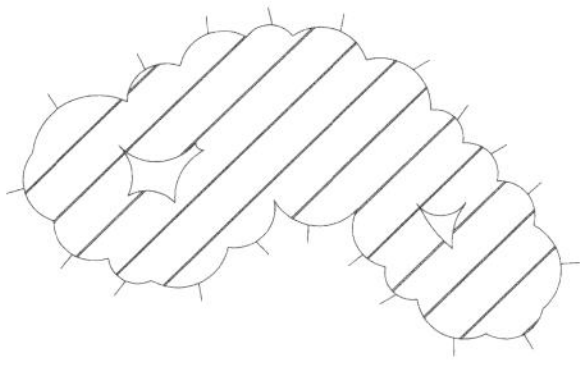 （常绿）	
3	阔叶乔木密林		
4	针叶乔木密林		（1）对于数株相连的树木，可以只勾勒出树木的边缘线，省略树木的中心点，以强调树冠的总体平面轮廓。但在施工图中，应准确画出每一株树的轮廓、定位点。 （2）另外，还可以对轮廓内填充不同的图案表示不同的植物。 （3）还可根据图面表达的需要加或不加 45° 细斜线表示常绿或落叶林
5	灌木疏林	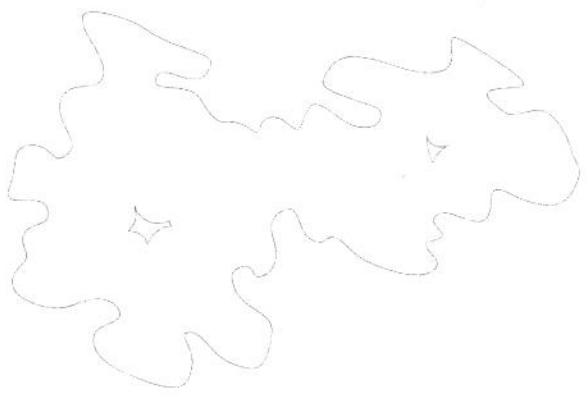	
6	花灌木疏林	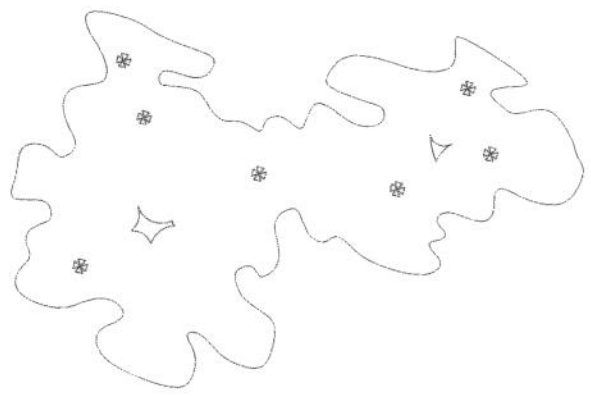	
7	灌木密林	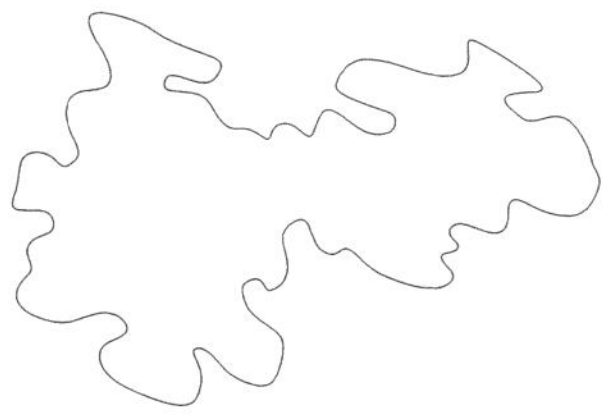	
8	花灌木密林	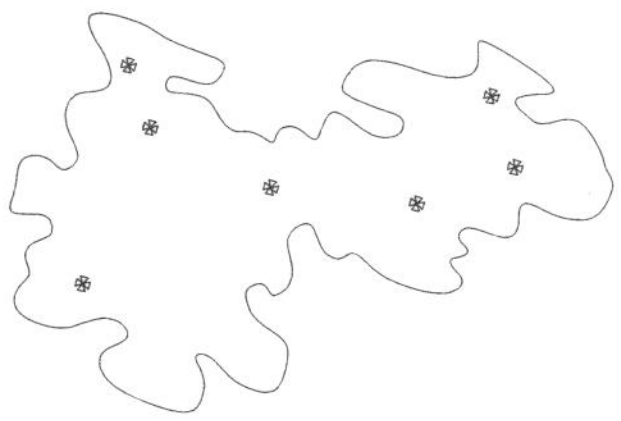	

绿篱的平面表示方法如表 5.3.4 所列。

表 5.3.4　　　　　　　　　　　　　　　　　绿篱的平面表示方法

序号	名　称	图　例	说　明
1	自然式绿篱		绿篱植物一般采用较随意的曲线勾勒出外形的几何形状，并在几何形状内添加装饰线，以示区别针叶绿篱、阔叶绿篱等植物种类。 此类绿篱外形较为自然
2	整形绿篱		在外形轮廓内可填充不同的图案表示不同的植物种类
3	镶边植物		

花卉色块的平面表示方法是指花卉色块用连续曲线或自然曲线画出花卉的种植范围，中间可用各种图案填充表示不同植物的花带（图 5.3.1）。

蔓生类植物的平面表示方法指蔓生类植物图例的绘制，是以自由曲线绘制在所依附的设施上（图 5.3.2）。

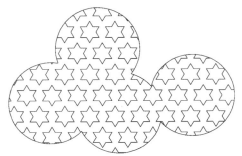

图 5.3.1　花卉色块的平面表示

图 5.3.2　蔓生类植物的平面表示

草坪及地被植物的平面表示方法指草坪及地被植物可用小圆点、线点、小圆圈表示。凡在草地的边缘、树冠线边缘、建筑边缘处这些小点要密一些，然后逐渐变稀，自然过渡（图 5.3.3）。

5.3.2　植物立面图表现

植物的立面图例是以植物的正立面进行投影，以表现植物的立面轮廓特征为主。

乔木立面图例的绘制取决于植物的树干和树冠的形态特征，不同的植物类型，其树冠、树干均有不同。归纳起来可概括为圆锥形、圆柱形、伞形、圆球形及垂枝形等几种基本的几何形式，在表现方式上可综合运用轮廓法、分枝法、质感法等表示。同一植物在平面图、立面图中，应尽量做到风格与形式上的统一及位置关系的一致性（图 5.3.4）。

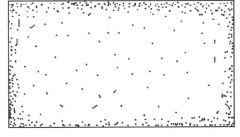

图 5.3.3　草地的表示方法

图 5.3.4　乔木立面图的表示

103

在表示灌木立面图的时候应注意分枝多且分枝点低的特点，通常多以丛植和群植为主（图 5.3.5）。

图 5.3.5　灌木立面图的表示

在表示树丛、树群时，应注意植物前后的虚实、大小、开合对比，这样才能表现出群体感和距离感，群体中的地被植物多用点、圈等方式勾勒出外轮廓（图 5.3.6）。

图 5.3.6　丛植、树群组合表示

思考题

1. 简述植物造景设计的基本程序。

2. 不同类型植物的平面图、立面图表现技法？

3. 选取校园内或者周边绿地的某一植物群落，按比例完成其平面图的绘制。

第6章 园林植物与其他景观要素的搭配

【本章内容框架】

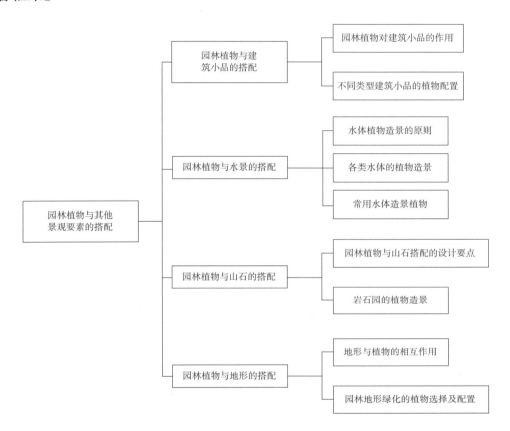

6.1 园林植物与建筑小品的搭配

建筑及小品、山石等属于以人工艺术美取胜的硬质景观，是景观功能和实用功能的结合体。园林植物是有生命的有机体，其生长发育规律和丰富的季相变化，具有自然之美，是园林构景中的主体。园林植物与园林建筑等硬质景观的合理搭配是自然美与人工美的结合，处理得当，二者关系可求得和谐一致、相得益彰的效果。

6.1.1 园林植物对建筑小品的作用

1. 衬托硬质景观，使硬质景观主体更加突出

首先是色彩的衬托，用植物绿色的中性色调衬托以红、白、黄为主的建筑色调，可突出建筑和小品色彩。其次是以植物的自然形态和质感衬托用人工硬质材料构成的规则建筑形体。另外由于建筑的光影反差比绿色植物的光影反差强烈，所以在明暗对比中还有以暗衬明的作用。

2. 烘托建筑小品的主题和意境

植物配置可使园林建筑小品的主题和意境更加突出，依据建筑小品的主题、意境、特色进行植物配置，使植物配置对园林建筑主题起到突出和强调的作用。在园林作品中，尤其是在古典园林作品中，常以植物命题，以建筑为标志，烘托建筑主题，如苏州园林"海棠春坞"的小庭园中，种植海棠果及垂丝海棠，烘托出海棠春坞的主题，以欣赏海棠报春的景色。此类例子还有"梨花伴月""曲苑风荷""闻木樨香轩"及"写秋轩"等。

在现代园林绿地中，许多建筑小品都是具备特定文化和精神内涵的功能实体，如装饰性小品中的雕塑物、景墙、铺地，在不同的环境背景下表达了特殊的作用和意义。此处的植物配置，应该要通过选择合适的物种和配置方式来突出、衬托或者烘托小品本身的主旨和精神内涵。例如，冰裂纹铺地象征冬天的到来，在铺装周围的绿地区域中选择冬季季相特征的植物种植能够呼应小品的象征意义，如冬季开花的蜡梅、梅花、挂红果的南天竹、常青的松柏类、竹类植物，与冰裂纹铺地一起可以起到彼此呼应、相互融合体现景观所要表现的主题。又如纪念革命烈士为主题的雕塑物以色叶树丛作为背景，一到秋天，色叶树的金色和红色把庄严凝重的纪念氛围渲染得淋漓尽致。

3. 丰富建筑小品的艺术构图

一般来说，建筑小品特别是体量较大的功能建筑、休息亭、长方形的坐凳、景墙等的轮廓线都比较单调、平直、呆板及生硬，而植物以其优美的姿态、柔和的枝叶、丰富的自然颜色、多变的季相景观可以软化建筑小品的硬质线条及边界，丰富艺术构图，打破建筑的生硬感觉，增添建筑小品的自然美，从而使整体环境显得和谐有序、动静皆宜。特别是建筑小品的角隅，通过植物配置进行缓和柔化最为有效。

圆洞门旁种一丛竹、一株梅花，植物的树枝微微地向圆洞门倾斜，这样直线条就与圆门形成对比，且竹影婆娑，更增添圆洞的自然美。

景墙、栏杆、挡墙等主要起到分隔、装饰等作用，在进行植物配置时常种植爬藤类、低矮地被植物使其自然攀援，这样不仅柔化、覆盖、遮挡了建筑小品硬质的棱角线条，而且也美化了环境，为游人增添了亲近自然之趣。在道路台阶边缘可用蔓长春花、扶芳藤等地被植物；在栏杆、景墙、围墙边上可以种植像金银花、常春藤、油麻藤、紫藤等垂挂类的爬藤植物。

另外，建筑小品一般以淡色、灰色系列居多，而绿色的、色叶类的、带有各种花色和季相变化的植物和建筑小品的结合，可以弥补它们单调的色彩，为建筑小品的功能和内涵表现增添另一种语言的表达。

4. 调和建筑小品与周围环境的关系

建筑小品常因造型、尺度、色彩及质感等原因与周围环境不相协调，而植物的形态、体量、质感、色彩等丰富多变，可用来缓和或消除建筑小品因造型、尺度、色彩、质感等原因与周围园林环境这种不相称的矛盾。如以照明功能为主的灯饰，在园林中是一项不可或缺的基础设施，但是由于它分布较广、数量较多，在选择位置上如果不考虑与其他园林要素结合，那将会影响绿地的整体景观效果，所以利用植物配置和灯饰的结合设计可以解决这个矛盾。将草坪灯、景观灯、庭院灯、射灯等设计在低矮的灌木植物丛中、高大的乔木下或者植物群落的边缘位置，既起到了隐蔽作用又不影响灯光的夜间照明。园林中某些服务性建筑，如厕所、修理房、垃圾桶等，如果位置不恰当会破坏景观整体，所以通常借助植物配置来改善弥补这种情况。

此外，植物配置也可以配合建筑小品使园林中的景观和环境显得更为和谐、优美。如休息亭以浓郁、成片的树林为背景或以常绿树丛隐亭其中，比单独放在一片草坪或者硬地上，在景观上要显得更加自然、不突兀，对于游人来说这样的休息亭也更易靠近、更具有安全感。

5. 对园林建筑小品的隐露作用

中国园林讲求含蓄美，往往对建筑小品等硬质景观进行"隐藏"。恰当的植物配置对园林建筑有着自然的隐露作用（图6.1.1）。"露则浅，隐则深"，园林建筑在园林植物的遮掩下若隐若现，可以形成"竹里登楼人不见，花间觅路鸟先知"的绿色景深，前瞻下的树干、树叶又可以成为"前景"和"添景"。

6. 完善建筑小品的功能

恰当的植物配置不仅起到美化建筑小品的作用，而且还可以通过配置使建筑小品本身的功能更加完善。如指示小品（导游图、指路标牌）旁的几棵特别的树可以起到指示导游的作用；在廊架上以攀援类植物栽植，更加完善了廊架庇荫的效果和功能。

　　座椅是园林中分布最广、数量最多的小品，其主要功能是为游人休息、赏景提供停歇处。从功能完善的角度来设计，座椅边的植物配置应该做到夏可庇荫、冬不蔽日。所以座椅设在落叶大乔木下不仅可以带来阴凉，植物高大的树冠也可以作为赏景的"遮光罩"，使透视远景更加明快清晰，使休息者感到空间更加开阔。

6.1.2　不同类型建筑小品的植物配置

　　园林建筑小品的形式、风格、功能多样灵活，建筑旁的植物配置应和建筑的外观、风格协调统一，不同类型、功能的建筑以及建筑的不同部位要求选择不同的植物、采取不同的配置方式，以衬托建筑、协调和丰富建筑物景观效果。同时，亦应考虑植物的生态习性、生长发育规律、文化内涵，以及植物和建筑与环境的协调性。

图 6.1.1　竹子的遮挡使建筑若隐若现
（由曹永琼提供）

6.1.2.1　不同风格建筑小品的植物配置

1. 中国古典皇家园林建筑的植物配置

　　中国古典皇家园林风格的建筑（如颐和园、圆明园、天坛、故宫、承德避暑山庄等），为了反映帝王的至高无上、威严无比的权利，具有体量宏大、金碧辉煌、布局严整、等级分明的特点，宜选择姿态苍劲、具有寓意的中国传统树种，如白皮松、油松、圆柏、青檀、海棠、玉兰、银杏、国槐、牡丹和芍药等作基调树种，且一般多行规则式种植。

2. 江南古典私家园林建筑的植物配置

　　江南的古典私家园林中的建筑体量轻巧，色彩淡雅，植物配置重视主题和意境，常在墙基、角隅处植"松、竹、梅"等象征古代君子的植物，体现文人具有像竹子一样的高风亮节，像梅一样孤傲不惧，和"宁可食无肉，不可居无竹"的思想境界。

3. 岭南园林风格建筑的植物配置

　　岭南地区的园林建筑自成流派，具有浓郁的地方风格，轻巧、通透、淡雅，这和当地气候有关。建筑旁大多采用翠竹、芭蕉、棕榈科植物配置，偕以水、石，组成一派南国风光。

4. 寺观、陵园建筑的植物配置

　　寺观、陵园建筑主要体现其庄严肃穆的氛围，多用松柏类、国槐、银杏等长寿树种，且多列植或对植于建筑前（图 6.1.2）。

图 6.1.2　寺庙建筑群轴线的植物配置

5. 欧式建筑的植物配置

　　欧式建筑多选用整形的树木、大面积的草坪和草本花卉进行规则式配置。树木常选用欧洲紫衫、圆柏、侧柏、冬青、枸骨等耐修剪树种，进行规则式布置（行列植或模纹状种植）并进行修剪整形，修剪造型时应和整个建筑的造型相协调。草本花卉常做成模纹花坛或花境的形式。

6. 现代建筑的植物配置

　　现代建筑造型较灵活，形式多样。因此，树种选择范围较宽，应根据具体环境条件、功能和景观要求选择适当树种。

6.1.2.2 不同功能建筑单体的植物配置

1. 亭的植物配置

园林中的亭通常小巧玲珑、四面敞开、通风透气，主要供游人纳凉、登临眺望和赏景，而亭的本身往往也自成一景，是园林景观中的点景建筑。以亭为重点，植物不能破坏亭的主体性，大乔木作为陪衬，配以低矮的观赏性强的木本或草本花卉，这样，人在亭中即可欣赏花木的美观，又可纳凉休息。园林中亭的类型多样，植物配置应和其造型、功能及主题协调和统一。如亭的攒尖较尖、挺拔、俊秀，应选择圆锥形、圆柱形植物，如枫香、毛竹、圆柏、侧柏等竖线条村为主。从亭的主题上考虑，应选择能充分体现其主题的植物。古典园林中亭，植物应少而精，枝干优美，树木在亭四周常形成一种不对称的均衡，三株以上应注意错落层次，使乔木、灌木、花草与亭构成一幅生动美丽的风景画。

亭的植物配置要考虑亭周边的环境和亭的自身特征。亭如果置于池岸边，有丰富而直接的水源，则可配置水生植物，如苏州拙政园的"荷风四面亭"。路亭、碑亭多是游人聚散之地，因此要考虑其遮阴效果以及艺术构图，而花亭则应选择与其题名相符的花木，如牡丹亭周围要以牡丹为主要基调。亭在林中，有幽深感，人在亭中有回归自然的纯净感。亭的服务对象也影响亭的植物配置，中国古代皇家园林多展示大气、雍容，以显示皇权在上，北京颐和园的"知春亭"小岛上，栽植桃树和柳树，桃柳报春，点出知春之意；而江南的私家园林则是文人墨客谈歌论典、以诗会友的地方，植物配置大多展示优雅、别致，以示淡泊致远之意。"嘉实亭"四周遍植枇杷，亭柱上的对联为"春秋多佳日，山水有清音"，充满诗情画意。

2. 茶室周围植物配置

应选择有香味的花灌木，如南方茶室前多植桂花、白兰花、栀子花、茉莉花等，可创造香气宜人的氛围。

3. 水榭旁植物配置

多选择水生、耐水湿植物，水生植物如荷、睡莲，耐水湿植物如水杉、池杉、水松、旱柳、垂柳、白蜡、柽柳、丝棉木及花叶芦竹等。

4. 公园管理用房、厕所等建筑的植物配置

公园管理、厕所等观赏价值不大的建筑，不宜选择香花植物，而选择竹、珊瑚树、藤木等较合适。且观赏价值不大的服务性建筑应具有一定的指示物，如厕所的通气窗、路边的指示牌等。

6.1.2.3 建筑不同部位的植物配置

1. 建筑不同方位的植物配置

建筑不同方位的光照条件是不一样的，阳面光照充足，阴面往往只有散射光，光强较弱。因此不同方位对植物的选择是不同的，阳面可选择大多数植物（阳性植物和中性植物），而阴面应选择耐阴植物并根据植物耐阴力的大小决定距离建筑的远近。耐阴植物有桂花、罗汉松、花柏、云杉、冷杉、建柏、红豆杉、紫杉、山茶、栀子花、南天竹、珍珠梅、大叶黄杨、蚊母树、迎春、八角金盘、十大功劳、常春藤、玉簪、八仙花及沿阶草等。

2. 建筑入口处的植物配置

建筑入口处的植物配置可说是"画龙点睛"之笔。在入口处进行植物造景时，首先要满足功能要求，不要影响人流与车流的正常通行及阻挡行进的视线。另外建筑入口处要能反映建筑的功能特点。如宾馆酒店门前绿化可用花坛及散植的树木来表达轻松和愉快感，要有宾至如归之感；而纪念性建筑入口处常植规整的松柏来表现庄严、肃穆的气氛。

建筑入口处植物造景的方法一般有诱导法、引导法和对比法。诱导法是在入口处种植具有鲜明特征的绿化植物，植物配置也常采用对植或列植等对称的种植方式，让人在远处就能判断出此处为入口。如种植可观赏的高大乔木或设置鲜艳的花坛等。引导法是在道路两旁对植乔灌木或花卉，使人在行进过程中视觉被强化与引导。植物选择应考虑树形、树高和建筑相协调，应和建筑有一定的距离，并应和窗间错种植，以免影响通风采光。

3. 建筑的基础种植

主要考虑建筑的采光通风问题，植物种植不能离窗户太近，一般适合用一些较低矮的灌木、草本植物和冠幅小的小乔木，如大叶黄杨、紫叶李、麦冬等（图6.1.3）。对于建筑立面很美的建筑，植物种植不能太多地遮挡建筑的立面。基础栽植宜采用规则式，与墙面平直的线条取得一致。但应充分了解植物的生长速度，掌握其体量和比例，以免影响室内采光。在一些花格墙或虎皮墙前，宜选用草坪和低矮的花灌木及宿根、球根花卉。高大的花灌木会遮挡墙面的美观，变得喧宾夺主。

图6.1.3 建筑墙角的基础种植

4. 建筑墙面的植物配置

墙面绿化是指在与水平面垂直或接近垂直的各种建筑物外表面上进行的绿化。对于夏季炎热的城市，在建筑的西墙多用攀援植物进行垂直绿化，或种植乔木对阳光进行遮挡，以减少日晒，降低室内温度。垂直绿化植物材料的选择，要求生命力强、耐旱、耐寒、耐湿和抗虫害。同时植物要具有吸附、缠绕、卷须或刺钩等攀援特性，能够在比较简单的介质上向上生长，从而减少载体的施工难度。适用于墙面绿化的植物一般是茎节有气生根或吸盘的攀援植物，如爬山虎、五叶地锦、扶芳藤和凌霄等。目前墙面绿化的主要形式有用攀援植物进行墙面绿化、墙面贴植、种植槽种植和种植毯种植等（图6.1.4）。

中式园林中的白粉墙如同画纸一般，通过配植绿色、红色的观赏植物，以形成美丽的立体画卷。常用的植物有红枫、芭蕉、紫竹、南天竹、牡丹等（图6.1.5）。

图6.1.4 攀援植物美化建筑墙面

图6.1.5 白粉墙前的植物配置

在红墙前，宜配植开白花的植物，如木绣球、木香、蜘蛛兰等。

挡土墙可用薜荔、蔓长春花、蔷薇等植物覆盖遮挡，极具自然之趣。

5. 角隅的植物配置

建筑角隅处往往是生硬的死角，可用植物自然的姿态与色彩对其进行软化和美化。常用的植物有红枫、山茶、木香、杜鹃花、构骨、石榴、南天竹、芭蕉、孝顺竹及紫竹等，常常与假山、置石结合造景（图6.1.6）。

6. 屋顶花园的植物造景

屋顶花园是指在建筑物、构筑物的顶部、天台、露台之上所进行的绿化装饰及造园活动的总称。它是根据屋顶的结构特点及屋顶上的生境条件，选择生态习性与之相适应的植物材料，通过一定的配置设计，从而达到丰富园林景观的一种形式。屋顶花园的出现使得植物和建筑更加紧密的融为一体，丰富了建筑的美感（图6.1.7）。

图 6.1.6　庭院角落的芭蕉与山石

图 6.1.7　屋顶花园的植物景观
（由曹永琼提供）

（1）屋顶花园植物的选择。屋顶的生态因子与地面不同，日照、温度、湿度、风力等都随着楼层的增加而变化。屋顶上的风力大、土层薄，选用根系太浅的植物容易被风吹倒；若加厚土层，便会增加重量。而且，乔木或深根系植物发达的根系还会影响防水层而造成渗漏。因此，屋顶花园在选择植物时，应选用阳性、比较低矮健壮、耐干燥气候、浅根性、能抗风、耐寒、耐旱、耐移植、生长缓慢的植物种类和品种。

屋顶花园常用植物如下。

1）灌木和小乔木。常用的灌木和小乔木有：鸡爪槭、红枫、南天竹、紫薇、木槿、贴梗海棠、蜡梅、月季、玫瑰、海棠、红瑞木、山茶、茶梅、桂花、牡丹、结香、八角金盘、金钟花、连翘、迎春、栀子、金丝桃、紫叶李、绣球、棣棠、枸杞、石榴、六月雪、福建茶、变叶木、石楠、黄金榕、一品红、龙爪槐、龙舌兰、假连翘、桃花、樱花、小叶女贞、合欢、夹竹桃、无花果、番石榴、珍珠梅、黄杨、雀舌黄杨，以及紫竹、箬竹、孝顺竹等多种竹类植物。

2）草本花卉和草坪草、地被植物。草本花卉有天竺葵、球根秋海棠、菊花、石竹、金盏菊、一串红、风信子、郁金香、凤仙花、鸡冠花、大丽花、金鱼草、雏菊、羽衣甘蓝、翠菊、美女樱、马缨丹、太阳花、千日红、虞美人、美人蕉、萱草、鸢尾、芍药、葱莲等。草坪草与地被植物常用的有天鹅绒草、早熟禾、酢浆草、土麦冬、蟛蜞菊、吊竹梅、吉祥草等。水生花卉有荷花、睡莲、菱角、凤眼莲等。此外，仙人掌科等多浆植物也常用于屋顶花园。

3）攀援植物。爬山虎、紫藤、常春藤、常春油麻藤，炮仗花、凌霄、扶芳藤、葡萄、薜荔、木香、蔷薇、金银花、西番莲、木通、牵牛花、茑萝、丝瓜及佛手瓜。

（2）种植方式。主要有地栽、盆栽、桶栽、种植池栽和立体种植（棚架、垂吊、绿篱、花廊、攀援种植）等。选择种植方式时不仅要考虑功能及美观需要，而且要尽量减轻非植物重量（如花盆、种植池少种）；垂直绿化可以充分利用空间，增加绿量。绿篱和棚架不宜过高，且其每行的延伸方向应与常年风向平行。如果当地风力常大于20m/s，则应设防风篱架，以免遭风害。

（3）植物配置形式。根据植物造景的方式，屋顶花园配置形式见表6.1.1。

表 6.1.1　　　　　　　　　　　　　　屋顶花园配置形式

分　类	配　置　形　式	备　　注
地毯式	在承载力较小的屋顶上，以草坪、地被植物或其他低矮花卉、花灌木为主进行造园的一种形式	种植层厚度小于30cm
群落式	植物配置时考虑乔、灌、草的生态习性，按自然群落的形式营造成复层人工群落	屋顶荷载不小于400kg/m²，种植层厚度大于70cm
中国古典园林式	把我国传统的写意山水园林加以取舍，建造屋顶花园，常见于一些宾馆的顶层之上	配置从意境着手，小中见大

地毯式植物配置形式是指在承载力较小的屋顶上，以草坪、地被植物或其他低矮花卉、花灌木为主进行造园的一种形式。一般种植层厚度在 30cm 以下。除了草坪草、仙人掌类植物、迎春等低矮灌木以外，若采用五叶地锦、凌霄等攀援植物作地被，不但可以迅速覆盖屋顶，而且茎蔓延伸到屋檐下可以形成悬垂的植物景观。

群落式植物配置形式指对屋顶荷载要求较高，一般不低于 400kg/m²，种植层应厚达 70cm 以上。植物配置时考虑乔、灌、草的生态习性，按自然群落的形式营造成复层人工群落。由于乔灌木的遮阴作用，草本花卉和地被植物可以选择喜阴或耐阴的种类，如麦冬、葱莲、八角金盘、杜鹃花等。

6.2　园林植物与水景的搭配

水景是古今中外园林设计中重要的元素，尤其是在中国传统园林中，几乎是"无水不成园"。水景设计已成为园林景观设计中的重要环节，越来越受到人们的关注。植物是水景的重要依托，利用植物变化多姿、色彩丰富的观赏特性，可使水体的美得以充分的体现和发挥。水中、水旁园林植物以其姿态、色彩所形成的倒影装点水景，微风吹过，波光粼粼。正如"一陂春水绕花身，身影妖娆各占春"；水边园林植物的花叶飘落在水面上也是别有一番韵味，正如白居易所说的"春来遍是桃花水，不辨仙源何处寻"。同时，简洁的水面是各种园林景物的底色，可衬托出植物绚丽的色彩，二者相映成趣。平面的水通过配植各种树形及线条的植物，形成具有丰富线条感的构图，给人留下深刻的印象。而利用水边植物可以增加水的层次；利用蔓生植物可以掩盖生硬的石岸线，增添野趣；植物的树干还可以用作框架，以近处的水面为底色，以远处的景色为画，组成一幅自然优美的图画（图 6.2.1）。

图 6.2.1　水边的植物配置增加水景空间层次并形成框景

6.2.1　水体植物造景的原则

园林水体植物的造景要遵循以下原则。

1. 生态性原则

种植在水边或是水中的植物在生态习性上有其特殊性，植物应耐水湿，或是各类水生植物，自然驳岸更应注意。

2. 艺术性原则

水给人以亲切、温婉的感觉，水边配置植物则避免选择枝干过于硬挺的植物，宜选择树冠圆浑、枝条柔软下垂或水平开展的植物，如垂枝形、伞形等。平静、幽静环境的水体周围，宜以浅绿色为主，色彩不宜过于丰富或太过喧闹；对于动态水体或是开展水上运动的水体周围，则可以选用色彩绚丽的植物用来提高氛围，但也不要过于繁多。

3. 多样性原则

根据水体面积大小，选择不同种类、不同形体和色彩的植物，形成景观的多样化和物种的多样化。避免单一的植物配置。

6.2.2　各类水体的植物造景

水体的形式是多种多样的。不同的水体，植物配植的形式也不尽相同。规则式的水体，往往采用规则式的植物配植，多等距离的种植绿篱或乔木，也常选用一些经过人工修剪的植物造型树种，如一些欧式的水景花园。自然式的水体，植物配植的形式则多种多样，利用植物使用水面或开或掩；用栽有植物的岛来分割水面；用水体旁植物配植的不同形式组成不同的园林意境等。但最基本的方法仍是根据设计的主题思想确定水体植物配植的形式。

6.2.2.1　水面的植物造景

园林中的水面包括湖面、水池的水面、河流以及小溪的水面，大小不同，形状各异，既有自然式的，也有规

图6.2.2　水面的植物配置

则式的。水面的景观低于人的视线，与水边景观呼应，最适宜游人观赏。水面具有开敞的空间效果，特别是面积较大的水面常给人以空旷的感觉。用水生植物点缀水面，可以增加水面的色彩，丰富水面的层次，使寂静的水面得到装饰和衬托，显得生机勃勃，而植物产生的倒影更使水面富有情趣（图6.2.2）。

适宜布置水面的植物材料有荷花、睡莲、王莲、凤眼莲、萍蓬莲、两栖蓼、香菱、雨久花、再力花、旱伞草和荇菜等。不同的植物材料和不同的水面形成不同的景观。

水面的植物造景要充分考虑水面的景观效果和水体周围的环境状况，对清澈明净的水面或在岸边有亭、台、楼、榭等园林建筑，或植有树姿优美、色彩艳丽的观赏树木时，一定要注意水面的植物不能过分拥塞，一般不要超过水面面积的1/3。要留出足够空旷的水面来展示美丽的倒影。对选用植物材料要严格控制其蔓延，具体方法可以设置隔离带，为方便管理也可盆栽放入水中。对污染严重、具有臭味或观赏价值不高的水面或小溪，则宜使水生植物布满水面，形成一片绿色植物景观。

园林中不同水面的水深、面积及形状不一样，植物造景时要符合水体生态环境的要求，选择相应的绿化方式来美化。

（1）湖。湖是园林中最常见的水体景观。沿湖景点要突出季节景观，注意色叶树种的应用，以丰富水景。湖边植物宜选用耐水喜湿、姿态优美、色泽鲜明的乔木和灌木，或构成主景，同湖石结合装饰驳岸。

（2）池。在较小的园林中，水体的形式常以池为主。为了获得小中见大的效果，植物造景讲究突出个体姿态或利用植物来分割水面空间，以增加层次，同时也可创造活泼和宁静的景观。

（3）溪涧与峡谷。溪涧与峡谷最能体现山林野趣。溪涧中流水淙淙，山石高低形成不同落差，并冲出深浅、大小各异的池或潭，造成各种动听的水声效果。植物造景应因形就势。塑造丰富多变的林下水边景观，并增强溪流的曲折多变及山涧的幽深感觉。

6.2.2.2　水体边缘的植物造景

水体边缘是水面和堤岸的分界线，水体边缘的植物造景既能对水面起到装饰作用，又能实现从水面到堤岸的自然过渡，尤其是在自然水体景观中应用较多。一般选用适宜在浅水生长的挺水植物，如荷花、菖蒲、千屈菜、水葱、风车草、芦苇、水蓼、水生鸢尾等。这些植物本身具有很高的观赏价值，对驳岸也有很好的装饰作用。在开阔的湖边，几株乔木构成框景效果，可形成优美的湖边景观（图6.2.3）。

6.2.2.3　岸边的植物造景

园林中的水体驳岸处理方式多种多样，有石岸、混凝土岸和土岸等。规则式的石岸和混凝土岸在我国应用较多，线条生硬、枯燥，所以植物配置原则是有

图6.2.3　水体边缘的挺水植物

遮有露，一般配置岸边垂柳和迎春等植物，让细长柔和的枝条下垂至水面，遮挡石岸。同时，配以花灌木和藤本植物如地锦等进行局部遮挡，有疏有密，有断有续，有曲有弯，给人以朴实、亲切的感觉。在构图上，应注意使用探向水面的枝、干，尤其是似倒未倒的水边乔木，同时可以在水边种植落羽松、池松、水杉及具有下垂气根的小叶榕等植物，起到勾勒线条和构图，增加水面层次和富有野趣的作用。

面积较大的远水之水岸边植物造景时要结合地形、道路，疏密有致、高低错落地配置树群，并使之倒映水中形成如画风景（图6.2.4）；或乔灌间植、大乔木与小乔木间植，如一行垂柳、一行碧桃，将湖水点缀得更富生气。近水的植物配置，可采用孤植形式，观赏树木的个体姿韵，如水边植垂柳，嫩绿轻柔的柳丝低垂水面，拂水依依；也可采用丛植形式，如色彩丰富的乔灌木丛植，花红水绿，相映成趣。忌讳呆板的、等距的绕岸栽植一圈的造景形式。

适于岸边种植的植物种类很多，如水松、落羽松、水杉、迎春、垂柳、水石榕、蒲桃、串钱柳、杜鹃、枫杨、竹类、黄菖蒲、玉蝉花、马蔺、萱草、玉簪、落新妇、地锦及凌霄等。草本植物及小灌木多用于装饰点缀或遮掩驳岸，大乔木用于衬托水景并形成优美的水中倒影。自然水体或小溪的土岸边多种植大量耐水湿的草本花卉或野生水草，富有自然情调（图6.2.5）。

图6.2.4 驳岸边的树丛在水中形成美丽倒影

图6.2.5 驳岸边的花卉景观丰富了水体色彩

以垂柳和花灌木及耐湿植物进行搭配，层次丰富且具有典型的水边景观特色，是驳岸植物造景传统方式。

6.2.2.4 堤、岛的植物造景

堤、岛上的植物造景，无论是对水体，还是对整个园林景观，都起到强烈的烘托作用，尤其是倒影，往往成为观赏的焦点。堤、岛上的植物往往临水栽植，在进行植物造景时要考虑到植物的生态习性，满足其生态要求，在此基础上考虑树体的姿态、色彩及其在水中所产生的倒影。如果是一条较长的堤，还要注意植物景观的变化与统一、韵律与节奏等，不至于产生单调感觉。

半岛在植物造景时要考虑游览路线，不能妨碍交通，植物选择上要和岛上的亭、廊、水榭等相呼应和谐统一，共同构筑岛上美景。而湖心岛在植物景观设计时不用考虑游人的交通，植物造景密度可以较大，要求四面皆有景可赏，但要协调好植物与植物之间的各种关系，如速生与慢长，常绿与落叶，乔木与灌木、地被，观叶与观花，针叶与阔叶等，形成相对稳定的植物景观。

6.2.3 常用水体造景植物

水中植物的配置主要是指水生观赏植物的配置。水生观赏植物种类繁多，是园林水景和水体生态系统的重要组成部分。它们在水体环境美化和生态环境保护中所起的作用是其他植物无法替代的，而且便于种植和管理，可以充分利用它们来美化环境和创建独具特色的园林水景。水中园林植物的姿态、色彩及清香，加强了水体的空间感和美感。

在水景园中，栽植在水中的植物见表6.2.1。

表 6.2.1 　　　　　　　　　　　　　　常见水中栽植植物

植物类型	植 物 种 类 列 举
挺水型植物	荷花、石菖蒲、花叶菖蒲、鸢尾、玉蝉花、芦苇、千屈菜、香蒲、慈姑、泽苔草、红廖、水蓼、泽泻、水芹、再力花、水葱、纸莎草、芋、雨久花、黑三棱、木贼、驴蹄草、风车草等
飘浮植物	睡莲、王莲、红菱、荇苗、焚荣、凤眼莲、芡实、甜叶苣、茶陵、田干草、萍蓬、水罂粟等
沉水植物	红柳、牛顿草、红蝴蝶、羽毛草、地毯草、红椒草、青荷根、香蕉草、皇冠草、九冠草、鹿角苔等

　　水边绿化植物的种类应具有的最重要的特征就是能够耐一定的水湿，还要符合设计意图中的美化效果。水边可选择的树木种类主要包括水松、小叶榕、水蒲桃、黄槐、凤凰木、垂柳、紫薇、黄蝉、迎春花、水冬瓜、旱柳、悬铃木、桑、柽柳、海棠、杜鹃属、欧石楠、花楸属、八仙花、圆锥八仙花等。花卉类主要包括落新妇、报春属、蓼科、天南星科、鸢尾属及毛茛属等。

　　此外，不同季节游人的观赏需求不同，在水景园植物的选择上，要充分考虑不同季节植物的变化，因此应当尽可能地选择多种植物种类，达到季季有景的效果（表 6.2.2）。

表 6.2.2 　　　　　　　　　　　　　常见不同季节水生观赏植物

适合的季节	植 物 种 类 列 举
适合春季及初夏观赏	水杨梅、水堇、驴蹄草、栎木银莲花、德国鸢尾、绿金钱草、观音莲、睡莲、箭叶芋、伞沙草、水毛茛、金梅、喜马拉雅报春等
适合夏季观赏	水菖蒲、水山楂、小对叶草、开花灯心草、水马齿、金鱼藻、黄铜纽扣、伞草、水池草、黄花菜、玉簪、燕子花、黄菖蒲、珍珠菜、水薄荷、勿忘草、睡莲、眼子菜、慈姑、马蹄莲等
适合秋季观赏	鸡爪槭、红瑞木、金缕梅、鱼腥草、千屈菜、海寿草、芦荟、王紫萁、狐尾藻、沼泽海芋、欧洲榛等

6.3　园林植物与山石的搭配

6.3.1　园林植物与山石搭配的设计要点

　　在园林中，当植物与山石组合创造景观时，不管要表现的景观主体是山石还是植物，都需要根据山石本身的特征和周边的具体环境，精心选择植物的种类、形态、高低大小及不同植物之间的搭配形式，使山石与植物组合达到最自然、最美的景观效果。柔美丰富的植物配置可以衬托山石之硬朗和气势；而山石之辅助点缀又可以让植物显得更加富有神韵，植物与山石相得益彰地配置更能营造出丰富多彩、充满灵韵的景观。

图 6.3.1　山石点缀植物景观

6.3.1.1　植物为主、山石为辅的配置

　　以植物为主、山石为辅的配置充分展示的是自然植物群落形成的景观。通常是自然植物群落将多种花卉植物栽植在绿篱、树丛、栏杆、道路两旁、绿地边缘、建筑物前以及转角处，以自然式混合栽种，再配以石头用来点缀使景观更为协调稳定和亲切自然（图 6.3.1）。现在一些城市的许多绿地中都有花境的做法。

6.3.1.2　山石为主、植物为辅的配置

　　在古典园林及现代园林中，经常可以在入口、中心等视线集中的地方、公园某一个主景区、草坪的一角、看到特置的大块独立山石，在山石的周边常缀以植物，或作为前置衬托，或作为背景烘托，形成了一

处层次分明的园林景观（图6.3.2）。这样以山石为主、植物为辅的配置方式因其主体突出，常作为园林中的障景、对景、框景，用来划分空间，具有多重观赏价值。

6.3.1.3　山石、植物相辅相成

古典园林中的植物、山石配置作为中国古典园林的重要组成部分，以其独特的风格和高度的艺术水平而在世界上独树一帜。一株姿态别致的树木栽植在山石旁，二者相得益彰，精巧而耐人寻味（图6.3.3）。

图6.3.2　植物衬托假山

图6.3.3　植物与山石相得益彰

此外，关于假山置石的绿化，古人有"山借树而为衣，树借山而为骨，树不可繁，要见山之秀丽"的说法。假山置石源于自然，应反映自然山石、植被的状况，以加强自然情趣。悬崖峭壁倒挂三五株老藤，柔条垂拂、坚柔相衬，使人更感到山的崇高俊美。

利用攀援植物点缀假山石，一般情况下，植物不宜太多，应当让山石最优美的部分充分显露出来，并注意植物与山石纹理、色彩的对比和统一。植物种类选择依假山类型而定，一般以吸附类为主。若欲表现假山植被茂盛的状况，可选择枝叶茂密的种类，如五叶地锦、紫藤、凌霄，并配合其他树木花草。

6.3.2　岩石园的植物造景

岩石园（rock garden）是以岩石和岩生植物为主体，结合地形选择适宜的植物，展示高山、岩崖、碎石陡坡等自然景观和植物群落的一种专类植物园（图6.3.4）。

由于岩生植物生长在千米以上的高山上，大都喜欢紫外线强烈、阳光充足和冷凉的环境条件，这类植物大多不适应平原地区的自然环境，在盛夏酷暑季节常常死亡。从目前已建岩石园岩生植物的选择来看，主要是从宿根草花或亚灌木中进行选择，选择的原则包括以下3方面。

（1）植株矮小，结构紧密。一般直立不超过45cm为宜，且以垫状、丛生状或蔓生型草本或矮灌为主。对乔木也应考虑具矮小及生长缓慢等特点。一般来讲，木本植物的选择主要取决于高度；多年生花卉应尽量选用小球茎和小型宿根花卉；低矮的一年生草本花卉常用作临时性材料，是填充被遗漏的石隙最理想的材料。日常养护中要控制生长茁壮的种类。

（2）适应性强，特别是具有较强的抗旱、耐瘠能力，生长健壮。

（3）具有一定的观赏特性，要求株美、花艳、叶

图6.3.4　岩石园植物景观

秀，花朵大或小而繁密，适宜于与岩石搭配配植。

常见岩生植物的种类如表 6.3.1 所列。

表 6.3.1　　　　　　　　　　　　　　　　岩 生 植 物 种 类

植物类型	植 物 种 类 列 举
苔藓植物	齿萼苔科的裂萼苔属、异萼苔属、齿萼苔属、羽苔科的羽苔属、细鳞苔科的瓦鳞苔属、地钱科的地钱属、毛地钱属等
蕨类植物	石松科的石松属、卷柏科的卷柏属、紫萁科的紫萁属、铁线蕨科的铁线蕨属、水龙骨科的石苇属、岩姜属、抱石莲属、凤尾蕨科的凤尾蕨属等
裸子植物	矮生松柏类植物，如铺地柏、匍匐龙柏、球柏、圆球柳杉等
被子植物	石蒜科、百合科、鸢尾科、天南星科、酢浆草科、凤仙花科、秋海棠科、野牡丹科、马兜铃科的细辛属、兰科、虎耳草科、堇菜科、石竹科、花葱科、桔梗科、十字花科的屈曲花属、菊科部分属、龙胆科的龙胆属、报春花科的报春花属、毛茛科、景天科、苦苣苔科、小檗科、黄杨科、忍冬科的六道木属、荚蒾属、杜鹃花科、紫金牛科的紫金牛属、金丝挑科中的金丝桃属、蔷薇科的栒子属、火棘属、蔷薇属、绣线菊属等

苔藓植物中很多种类能附生在岩石表面，点缀岩石，还能使岩石表面含蓄水分和养分，使岩石富有生机，非常美丽，而且大多是典型的高山岩生植物，不少种类的观赏价值很高。

6.4　园林植物与地形的搭配

园林地形是指园林绿地中地表面各种起伏形状的地貌。利用园林地形分隔和塑造园林景观，园林植物的造景也是必不可少的。

6.4.1　地形与植物的相互作用

6.4.1.1　地形在园林绿化中的作用

1. 地形可以改善种植条件

利用地形起伏，改善小气候，有利于植物生长，同时增加绿地面积。例如地面标高过低，地下水位高，雨后容易积水，会影响植物正常生长，在这种情况下，对其加以改造，将低洼处填高堆成微地形后种植植物，就可以使植物生存条件得以改善。在垂直投影面积相同的情况下，在微地形上铺草要比在平地上加大绿化面积，满足人们对绿地的需求。

2. 利用地形丰富园林植物的多样性

园林中各种类型的地形、水体等组合在一起，形成生态条件各异的地段，为种植丰富多样的植物创造了环境基础。如在水中，可种植荷花、睡莲、绿萍、水生鸢尾、芦苇等水生植物；在山顶高处地带，可种植雪松、白皮松、柏类、玉兰、旱柳、木槿等旱生树种；在低洼处，可以种植紫牵牛、紫萼、玉簪、蕨类等耐阴植物。如此一来，各种不同生活习性的植物生长在同一个环境中，不但能更好地美化和丰富园林景观，而且还有利于形成结构合理、稳定的植物群落，实现良好的景观生态格局，从而提高了园林绿地内改善小气候、净化空气、保护环境、维持生态平衡等综合效益。

3. 增加园林景观层次

利用地形的起伏变化使园林景观层次更加丰富、立体。如果在坡面的高处种植大乔木，使整个园林景观的范围增大，使人们的观赏视线得以延长。利用地形的高低变化，可以创造更为丰富的植物种植层次。如只有乔、灌、草三层的植物种植，可以在坡面上再种植一层小乔木构成四层植物群落结构，使得群落结构更加丰富，景观效果更为立体。

6.4.1.2　植物对地形的作用

1．防止水土流失

在斜坡和山体上的植物群落，可以很好的缓和雨水对地表的冲击作用，降低雨水的流动速度，减少雨水对土壤的侵蚀，防止坡面水土流失。另外，植物根系的间隙内充满了有机质，有贮水功能。在冬季，植物覆盖在地表可以保持地表温度，防止冬季冰冻。

2．减少尘土

裸露的地面，尤其是地势较高的坡面，在多风的季节里，很容易导致尘土漫天飞，严重污染城市环境，威胁人类的健康。而植物不仅可以阻挡尘土、粉尘，还具有过滤和吸附的作用。此外，植物的根系也有固定土壤的作用。

3．减少地面反光产生的眩目现象

在强光的照射下，大面积裸露的斜坡和山体如果使用硬质材料容易产生眩目现象，使人产生视觉疲劳。用大量植物种植在斜坡和山体上，形成绿色屏障，绿色是最柔和的颜色，有利于缓解视觉疲劳，并柔化山体、斜坡等轮廓线。

4．调整地形

如想要地形看上去平缓，可以在凹地种植株型较高大的植物，使地形趋于平缓；如果想是突出地势的起伏，可以在地形顶端种植高大植物，使景观层次更加突出。利用植物种植调整地形可以大大减少土方工程量，是一种既经济又环保的做法。

5．美化园林环境

用植物覆盖的坡体可以形成美丽的立体景观。在斜坡上铺设大面积的草坪或种植花卉，既有利于保护地表，又形成了既开阔又优美的景观。

6.4.2　园林地形绿化的植物选择及配置

6.4.2.1　绿化形式

可以用藤蔓植物或是花灌木种植在斜坡成山体顶部，使其枝叶下垂。这种绿化的形式即可保护坡面，又可美化坡面。但是由于植物生长需要一定的时间，绿化覆盖时间较慢，但是这种景观最富自然野趣。也可以用藤蔓植物或是草坪等地被植物来覆盖地表，这种种植方式要求植物材料有良好的覆盖性，就像给地表披上一层厚厚的绿毯。对于一些不方便进行植物栽植养护的地方可以用这种方式栽植，效果很好。还有一种绿化就是模拟自然群落的方法。在斜坡山体上合理种植乔木、灌木、地被植物等。

6.4.2.2　植物选择原则

可用于斜坡与山体绿化的植物材料很多，但由于其特殊立地条件的限制，在选择绿化植物材料时，最好考虑以下几个方面。

（1）选择生长快、病虫害少、适应性强、四季常绿的植物。

（2）选择耐修剪、耐贫瘠土壤、深根系的植物。

（3）选择繁殖容易、管理粗放、抗风、抗污染、最好有一定经济价值的植物。

（4）选择造型优美、枝叶柔软、花芳香、有一定观赏价值的植物。

在实际应用时，要根据具体情况具体分析，选择最适合当地条件的植物，以达到令人满意的绿化效果。

6.4.2.3　植物配置设计要点

在进行植物配置时，首先要考虑植物的生态习性，满足植物生长的生态要求。如山体的向阳面和背阴两面的植物选择，要注意阳性和阴性树种的应用，由于山顶风强较大，就应该选择深根性植物。在靠近水体地形的地方，要选择耐湿的植物。其次植物的配置要符合美学特征，和周围环境相结合，起到美化的作用。注意植物的高度、色彩、线条、物候期等，使斜坡、山体，或是低洼处的绿化富有季相变化。

思考题

　　1. 园林植物对建筑小品有何作用？不同风格的建筑如何配置植物？

　　2. 简述园林植物与水体搭配的设计原则。

　　3. 简述植物与山石如何搭配？

　　4. 园林中的微地形如何配置植物？

第7章　各类型绿地的植物造景

【本章内容框架】

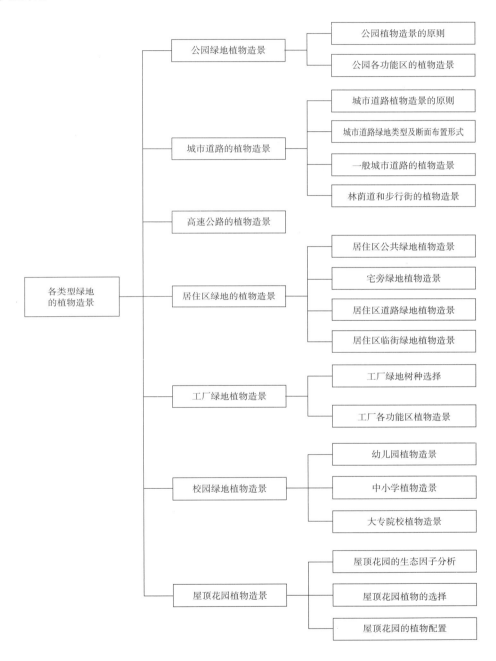

7.1　公园绿地植物造景

公园绿地是城市园林绿地系统的重要组成部分，对城市面貌、环境保护、社会生活起着重要的作用。在发展生态园林的今天，公园绿地的植物造景显得尤为重要。

7.1.1 公园植物造景的原则

（1）全面规划，重点突出，远期和近期相结合。

（2）突出公园的植物特色，注重植物种类搭配。

（3）公园植物规划应注意植物基调及各景区的主配调的规划。

（4）植物规划充分满足使用功能要求。

（5）四季景观和专类园的设计是植物造景的重点。

（6）注意植物的生态条件，创造适宜的植物生长环境。

7.1.2 公园各功能区的植物造景

1.出入口

公园主入口和大门大都面向城镇主干道，也是出入公园的第一通道，多安排一些服务性设施，如售票处、小卖部、供游客等候的亭及廊等。植物配置起着软化入口和大门的几何线条、增加景深、扩大视野、延伸空间的作用。入口和大门的形式多样，因此，植物配置应随着不同性质、形式的入口和大门而异，要求和入口、大门的功能氛围相协调。同时还应注意丰富街景并突出公园的特色。

2.园路

园路的面积在公园中占有很大的比例，又遍及各处，因此，园路的植物景观的优劣直接影响全园的景观效果。根据公园的整体规划，园路往往是富于变化的，时而是整齐对称的规则式道路，时而又是曲径通幽的小径，游人在园路的引导下游览各个景区，起到步移景异的作用，而这种作用往往是通过植物的不同配置来完成的（图7.1.1）。设计师应根据园路的

图7.1.1 规则式园路的植物造景

功能，植物或对植或丛植，并与周围的其他要素（山、水、建筑、地形等）综合考虑，用不同的艺术手法，配置不同的树种，创造出丰富的道路景观。可通过植物种类的不同选择，设计出不同景观主题的园路景观，如"竹林路""赏花大道""林间小径"等。

（1）园林道路植物造景要求。园林道路植物造景需遵循如下设计原则。

1）均衡与对比。均衡分对称式均衡与非对称式均衡，在纪念性园林景观、公园入口的景观大道上，常采用对植、列植等配置方式营造严肃、整齐的氛围（图7.1.1）。在其他情况下，多数园路采用非对称式，这就需要注意两旁植物造景的均衡，以免产生歪曲、失重或是孤立的空间感觉。

无论是艺术构图，还是植物本身的色彩、线条、质感，在兼顾整体的统一协调外，也要形成对比，突出景观特色，增加游人的观赏乐趣，避免视觉疲劳。

2）节奏与韵律。园路植物景观讲求连续动态构图。在比较长的园路两旁，宜采用某一组景重复交替，富于韵律的栽植方式，避免单调（图7.1.2）。重复的频率及相隔距离要视园路的长度、宽度及主要用途而定，如面积较长且主要为车行的园路，由于车速较快，植物重复栽植的频率应小些，配

图7.1.2 植物配置的韵律变化

置的方式应以整齐、大方为主，以保证车内的游人可以较舒适的欣赏路边风景。

3）主次分明。在园路组景时，应与道路环境相结合，考虑路旁植物的种类与树木的多少，避免喧宾夺主，（图7.1.3）。如要营造热带风情的椰风大道，则在道路两侧靠近路边最靠近人们视线的地方栽植一定数量的椰树，其他草本或灌木要退居次要位置，在色彩和造型上要注意不要过于花哨，使景观整体协调统一。

4）层次背景。路旁植物层次设计，主要是为了丰富道路的色彩，使道路景观层次更加立体、饱满；从生态学角度看，较为丰富的植物群落层次更容易形成小气候，有利于调节环境气候，也有利于植物本身的生长发育（图7.1.4）。在未来的园林绿化中，生态园林的建设将会越来越得到人们的重视。

5）季相变化。植物不同于其他造景要素的就是植物是生命体，随着时间空间的变换，本身的形态、颜色发生着变化（图7.1.5）。比如秋季就是枫香大道的主要观赏季节，一到秋天，红色的枫香等秋色叶树种就成为主要的观赏植物，而欣赏浪漫樱花

图7.1.3 富有热带风情的园路植物景观

又是春季踏青观赏的好景色。植物丰富的季相变化，增强自然美感，带给人们回归自然、最原始的纯真感觉。

图7.1.4 路旁植物层次

图7.1.5 春季的海棠花

（2）各级园路的植物造景。园林道路是公园的重要组成部分之一，它承担着引导游人、连接各区等方面的功能。按其作用及性质的不同，可分为主路、次路和小路等。

图7.1.6 园林主路的植物配置

1）主路。园林主路是沟通各功能区的主要道路，往往设计成环路，一般宽4~6m，游人量大、平坦笔直的主路两旁常采用规则式配置（图7.1.6）。多选用树干通直、枝叶浓密的白蜡、高山含笑、黄金槐等，或植以观花类乔木或秋色叶植物，如玉兰、合欢、蓝花楹、木棉、栾树、银杏、槭树、枫香、凤凰木及五角枫等，并以花灌木、宿根花卉等作为下层植物，以丰富植物层次。但要注意上层植物的郁闭度是否会超过下层植物，所以在下层植物选择时，应尽量选择耐阴品种。热带地区还常选用大王椰子、蒲葵、假槟榔、加拿利海枣等棕榈科植物，并在下

121

层配置棕竹、短穗鱼尾葵等以取得协调。主路前方有漂亮的建筑作对景时，两旁的植物可以密植、对植形成夹景，使道路成为甬道，以突出建筑主景。园林主路的入口处，也常常以规则式配置。

在自然的园路旁不宜成排、成行种植，而应该以自然式配置为宜，避免给人一种机械、呆板的感觉（图7.1.7）。植物配置多以乔灌木自然散植于路边或乔灌木群植于路旁，或置草坪、花地、灌木丛树丛及孤立树，以求变化形成更自然的植物群落。游人沿路漫游可经过大草坪，亦可在林下小憩或穿行于花丛中；中国园林中常以水面为中心，故主路多沿水面曲折延伸，依地势布置成自然式；若在路旁微地形隆起处配置复层混交的人工群落，最得自然之趣。如西南地区可选用小叶榕、黄果树、天竺桂、银杏、柳树、香樟树、刺桐等作上层乔木；用龙爪槐、红叶李、紫薇、红枫等作小乔木；春鹃、夏鹃、西洋鹃、十大功劳、丁香、桂花作为灌木；下置八角金盘、大吴风草、麦冬、沿阶草、玉簪等喜阴植物。主路两边如要设置供游人休息的座椅，则座椅附近应种植高大的落叶、阔叶、庭荫树以利于遮阴。

2）次要道路。次要道路是主路的一级分支，连接主路，且是各区内的主要道路，宽度一般在2～4m。次要道路的布置既要利于便捷地联系各区，沿路又要有一定的景色可观。

在进行次要道路景观设计时，沿路在视觉上应有疏有密、有高有低、有遮有敞，可以沿路布置树丛、灌丛、花境去美化道路，可选用多树种组合配置，但要切记主次分明，以防杂乱（图7.1.8）。如在青翠欲滴、三五成群的塔柏路边，点缀儿棵紫叶李或合欢，在配以石块和不同造型的地被酢浆草，会使自然的园路顿然升色。也可以利用各区的景色去丰富道路景观。有些地段可以尽量选一种树种组织植物景观，与周围环境相结合，突出一路一景特色景观，形成富有特色的园路，如昆明圆通公园的西府海棠路。

图7.1.7　自然式园路的植物配置

图7.1.8　次干道植物配置

3）游步小道。游步小道分布于全园各处，是全园风景变化最细腻、最能体现公园游憩功能的园路，尤以安静休息区为最多，一般宽度在1～2m，有些公园为增添游览乐趣还不足1m。游步小道两旁的植物应最接近自然状态，时常路边会设置一些小巧的园林建筑、石桌、坐凳等雅致的园林小品（图7.1.9）。路面质地更加灵活多样，可以是河卵石、石英石、自然石汀步，也可以是漏孔草砖等。由于小路路面窄，有时只需在观赏面（即路的一侧）种植乔灌木，就可以达到遮阴与观赏的目的。

图7.1.9　游步小道植物配置

游步小道可沿湖布置，也可蜿蜒伸入密林，或穿过广阔的疏林草坪，如山径、林径、花径、草径、竹径等。路旁栽竹常可以形成不同的情趣与意境。杭州云栖、三潭印月、西泠印社、植物园内均有各种竹类植物形成的竹径。

云栖竹径长达 800m，两旁毛竹高达 20m，可谓"一径万竿绿参天"，穿行在这曲折的竹径中，很自然地产生一种幽深感。而三潭印月的"曲径通幽"长 53.3m，宽约 1.5m，两端均与建筑相连，径旁临湖，竹高 2m 左右，竹林中夹种乌桕树。人行径内，只能从竹竿缝隙中隐约看到径外的水面，通过弯曲的竹径后，又出现了一片明亮的小草坪，充分体现了"柳暗花明又一村"的意境。

在现代城市园林中，草坪是人们十分喜欢的一种景观。草径指突出地面的低矮草本植物的径路。在大片草坪中，可以设步石开辟小径，与"草中嵌石"的路面设计方式相似；也可用低矮观花植物做路缘，规划出一条草路，在游人不多的地区可以表现野趣。在地形略有起伏的草坪中开径，采用白色路面，在低处的绿色坪中，仿若流水一般地缓曲流动，可造成一种动态景观（图 7.1.10）。

（3）园路局部的植物景观处理。园路局部包括园路的边缘、路口与路面，其植物配置要求细腻精致，有时可起到画龙点睛的作用。

1）路缘。路缘是园路范围的标志，其植物配置的主要作用是使园路边缘更醒目，加强装饰和引导效果。常见路缘配置方式有草缘、花缘、植篱。

草缘：以沿阶草配植于路缘是中国传统园林的一个特色，特别在长江流域一带的私家园林中更为常见。沿阶草终年翠绿，生长茂盛，常作为园路边饰，可以保持水土。如果在路缘铺以草本地被，在地被之外再栽种乔灌木，不仅扩大了道路的空间感，也加强了道路空间的生态气氛（图 7.1.11）。

图 7.1.10　草径

图 7.1.11　草缘

花缘：以各色一年生或多年生草花做路缘，大大丰富了园路的色彩，好像一条条绚丽的彩带在园林中随着路径的曲直而飘逸（图 7.1.12）。

植篱：植篱是园路饰边最常见的形式之一。植篱高度由 0.5 ~ 3.0m 不等，一般在 1.2m 左右，其高度与园路的宽度并无固定比例，视道路植物景观的需要而定。常见于规则式园林或是国外古典园林，如法国凡尔赛宫苑和一些纪念性园林。许多观花、观叶灌木甚至藤木类均可用作为路缘植篱，如珊瑚树、凤尾竹、月季、火棘、山茶、金叶女贞、大叶黄杨、连翘、麻叶绣球、红花檵木和杜鹃花等。如采用植篱可使游人的视线更为集中，采用乔灌木或高篱，可使园路空间更显封闭、冗长，甚至起着分隔空间的作用（图 7.1.13）。

2）路面。园林路面的植物景观是指在园林环境中与植物有关的路面处理，一般采用"石中嵌草"或"草中嵌石"的方式，形成砖砌形、人字形、梅花形、

图 7.1.12　花缘

冰裂形等各种形式，兼可作为区别不同道路的标志。这种路面除有装饰、标志作用外，还具有降低温度的生态作用。据测定，嵌草的水泥或石块路面，在距地面10cm处，比水泥路的温度低1～2℃。停车场路面常采用这种铺装形式。

3）路口及道路转弯处的植物配置。路口的植物景观一般是指园路的十字交叉口的中心或边缘，三岔路口或道路终点的对景，或进入另一空间的标志植物景观。要求起到对景、导游和标志作用，一般安排观赏树丛。配置混合树丛时，多以常绿树做背景，前景配以浅色灌木或色叶树及地被等。至于转弯处的导游树种配置，除了要富有一定的美感，还要注意安全问

图7.1.13　植篱

题，植株不宜过高，影响视线，以免发生危险。

主要干道绿化可选用高大、荫浓的乔木和耐阴的花卉植物在两旁布置花境，但在配植上要有利于交通，还要根据地形、建筑、风景的需要而起伏、蜿蜒。小路深入到公园的各个角落，其绿化更要丰富多彩，达到步移景异的目的。山水园的园路多依山面水，绿化应点缀风景而不碍视线。平地处的园路可用乔灌木树丛、绿篱、绿带来分隔空间，使园路高低起伏，时隐时现。山地则要根据其地形的起伏形成环路，绿化有疏有密；在有风景可观的山路外侧，宜种矮小的花灌木及草花，才不影响景观。

3. 广场绿化

广场绿化既不能影响交通，又要形成景观。如休息广场，四周可植乔木、灌木，中间布置草坪、花坛，形成宁静的气氛。如果与地形相结合种植花草、灌木、草坪，还可设计成山地、林间、临水之类的活动草坪广场。停车铺装广场，应留有树穴，种植落叶大乔木，利于夏季遮阳。停车场种植树木间距应满足车位、通道、转弯、回车半径的要求。庇荫乔木枝下净空的标准为：大、中型汽车停车场大于4.0m；小汽车停车场大于2.5m；自行车停车场大于2.2m。场内种植池宽度应大于1.5m，并应设置保护设施。

4. 园林建筑小品

公园建筑小品附近可设置花坛、花台、花境。展览室、游览室内可设置耐阴花木，门前可种植冠大荫浓的落叶大乔木或布置花台等。沿墙可利用各种花卉以花境形式种植，成丛布置花灌木。所有树木花草的布置都要和小品建筑协调统一，与周围环境相呼应，四季色彩变化要丰富，给游人以愉快之感。

5. 科学普及文化娱乐区

地势要求平坦开阔，绿化要求以花坛、花境、草坪为主，便于游人集散。该区内，可适当点缀几株常绿大乔木，不宜多种灌木，以免妨碍游人视线，影响交通。室外铺装场地上应留出树穴，供栽种大乔木。各种参观游览的室内，可布置一些耐阴植物或盆栽花木。

6. 体育运动区

应选择生长较快，高大挺拔、冠大而整齐树种，以利夏季遮阳，但不宜用那些易落花、落果、种毛散落的树种。球场类场地四周的绿化要离场地5～6m，树种的色调要求单纯，以便形成绿色的背景。不要选用树叶反光发亮的树种，以免刺激运动员的眼睛。在游泳池附近可设置花廊、花架，不可种带刺或夏季落花落果的花木。日光浴场周围应铺设草坪。

7. 儿童活动区

可选用生长健壮、冠大荫浓的乔木来绿化，忌用有刺、有毒或有刺激性反应的植物。该区四周应栽植浓密的乔、灌木，与其他区域相隔离。

在树种选择和配置上应注意以下四方面的问题。

（1）忌用下列植物，忌用有毒植物，凡花、叶、果有毒或散发难闻气味的植物；忌用凌霄、夹竹桃、苦楝、漆树等；忌用有刺植物，易刺伤儿童皮肤和刺破儿童衣服的植物，如枸骨、刺槐、蔷薇等；忌用有过多飞絮的植物，此类植物易引起儿童患呼吸道疾病，如杨、柳、悬铃木等；忌用易招致病虫害及浆果植物，如乌桕、柿树等。

（2）应选用叶、花、果形状奇特、色彩新鲜、能引起儿童兴趣的树木，如马褂木、扶桑、白玉兰、竹类等。

（3）乔木宜选用高大荫浓的树种，分枝点不宜低于 1.8m。灌木宜选用萌发力强、直立生长的中、高型树种，这些树种生存能力强、占地面积小，不会影响儿童的游戏活动。

（4）在植物的配置上要有完整的主调和基调，以造成全园既有变化但又完整统一的绿色环境。

8. 游览休息区

该区域主要为游人提供休闲和亲近自然的环境，植物配置应突出自然、生态的特点，并要体现地域特色。在植物种类选择上，应以观赏效果好、具有地方特色的乡土树种为主调植物；在搭配方式上多用丛植、群植和片植的方式，适当点缀孤植树（图 7.1.14）。在林间空地中可设置草坪、亭、廊、花架等，在路边或转弯处可设专类园。游人集中场所的植物选用应注意在游人活动范围内宜选用大规格苗木；严禁选用危及游人生命安全的有毒植物；集散场地种植设计的布置方式，应考虑交通安全视距和人流通行，场地的树木净空应大于 2.2m。成人活动场的种植宜选用高大乔木，树下净空不低于 2.2m，夏季乔木庇荫面积宜大于活动范围的 50%。

9. 园务管理区

园务管理区要根据各项活动的功能不同，因地制宜进行绿化，但要与全园的景观协调。

10. 特殊功能区—纪念性园区

某些公园为纪念当地的历史人物、革命伟人及有重大历史意义的事件而设置纪念性园区，其任务就是供后人瞻仰、怀念、学习等。为突出庄严肃穆的氛围，纪念性园区在布局上，以中轴对称的规则式布置为主，纪念碑一般位于纪念性广场的几何中心或轴线尽端。在绿化种植上，为突出纪念碑或雕像，可在其后面布置高大的常绿树丛作为背景。在其前面用绿色植物按规则式种植，以达到突出纪念性主题的目的。为使主体建筑具有高大雄伟之感，其前面宜种植整齐、低矮的植物，并加以修剪整形（图 7.1.15）。

图 7.1.14　公园中的孤植树

图 7.1.15　西双版纳热带花卉园中的周恩来纪念园

7.2　城市道路的植物造景

城市道路的植物造景指街道两侧、中心环岛和立交桥四周、人行道、分车带、街头绿地等形式的植物种植设计。其主要作用是创造出优美的街道景观，同时为城市居民提供日常休息的场地，在夏季为街道提供遮阴。搞好道路植物造景，是整个城市绿地系统建设的重要环节。

7.2.1 城市道路植物造景的原则

城市道路景观设计中植物的生长环境是一个复杂而综合的整体，道路植物造景应统筹考虑道路的功能、性质、人行和车行要求、景观空间构成、立地条件，以及与市政公用及其他设施的关系。在城市中，植物的生长环境与野外的自然环境不同，其中人为因素的影响、建筑环境、小环境等特点突出。在选择道路绿化植物时，既要考虑植物本身对环境的要求，如光照、温度、空气、风、土壤及水分等因子，又要考虑城市的特殊环境，如建筑物、地上地下管线、人流、交通等人为因素，而人为与自然条件互相影响而又相互联系。

7.2.1.1 保障行车、行人安全

道路植物造景，首先要遵循安全的原则，保证行车与行人的安全。注意行车视线要求、行车净空要求及行车防眩要求等。

（1）行车视线要求。道路中的交叉口、弯道、分车带等的植物造景对行车的安全影响最大，这些路段的园林植物景观要符合行车视线的要求。如在交叉口设计植物景观时应留出足够的透视线，以免相向往来的车辆碰撞；弯道处要种植提示性植物，起到引导作用。

机动车辆行驶时，驾驶人员必须能望见道路上相当的距离，以便有充足的时间或距离采取适当措施，防止交通事故发生，这一保证交通安全的最短距离称为行车视距。

停车视距是行车视距的一种，指机动车辆在行进过程中，突然遇到前方路上行人或坑洞等障碍物，不能绕越且需要及时在障碍物前停车时所需要的最短距离（表 7.2.1）。

表 7.2.1　　　　　　　　　　　　　　平 面 交 叉 视 距 表

计算行车速度 /（km/h）		100	80	60	40	30	20
停车视距 /m	一般值	160	110	75	40	30	20
	低限值	120	70	55	30	25	15

当有人行横道从分车带穿过时，在车辆行驶方向到人行横道间要留出足够大的停车视距的安全距离。此段分车绿带的植物种植高度应低于 0.75m。

当纵横两条道路呈平面交叉时，两个方向的停车视距构成一个三角形，称视距三角形。进行植物景观设计时，视距三角形内的植物高度也应低于 7.5m，以保证视线通透（图 7.2.1）。

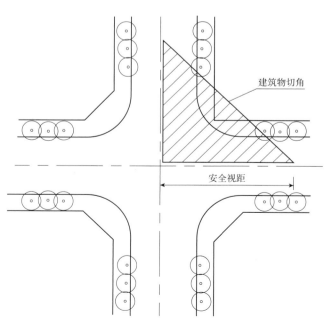

道路转弯处内侧的树木或其他障碍物可能会遮挡司机的视线，影响行车安全。因此，为保证行车视距要求，道路植物景观必须配合视距要求进行设计。

（2）行车净空要求。各种道路设计已根据车辆行驶宽度和高度的要求，规定了车辆运行的空间，各种植物的枝干、树冠和根系都不能侵入该空间内，以保证行车净空的要求。

（3）行车防眩要求。在中央分车带上种植绿篱或灌木球，可防止相向行驶车辆的灯光照到对方驾驶员的眼睛而引起其目眩，从而避免或减少交通意外。

如果种植绿篱，参照司机的眼与汽车前照灯高度，绿篱高度应比司机眼睛与车灯高度的平均值高，故一般采用 1.5 ~ 2.0m。如果种植灌木球，种植株距应不大于冠幅的 5 倍。

图 7.2.1　道路安全三角区域示意图

7.2.1.2 妥善处理植物景观与道路设施的关系

现代化城市中，各种架空线路和地下管网越来越多。这些管线一般沿城市道路铺设，因而与道路植物景观产生矛盾。一方面，在城市总体规划中应系统考虑工程管线与植物景观的关系。另一方面，在进行植物景观设计时，应再详细规划、合理安排。

一般而言，在分车绿带和行道树上方不宜设置架空线，以免影响植物生长，从而影响植物景观效果。必须设置时，应保证架空线下有不小于9m的树木生长空间。架空线下配置的乔木应选择开放型树冠或耐修剪的树种。树木与架空电力线路的最小垂直距离应符合规定（表7.2.2）。

新建道路或经改建后达到规划红线宽度的道路，其绿化树木与地下管线外缘的最小水平距离宜符合有关规定（表7.2.3）。当遇到特殊情况不能达到规定的标准时，树木根茎中心至地下管线外缘的最小距离可采用表7.2.4中的规定。最小距离是指以树木根茎为中心，以表中规定的最小距离为半径，包括水平和垂直距离。通过管线合理深埋，充分利用地下空间来解决两者的矛盾。

此外，进行道路植物造景还要充分考虑其他要素，如路灯灯柱、消防栓等公共设施（表7.2.5）。

表7.2.2　　　　　　　　　　　　　　　树木与架空电力线路导线的最小垂直距离

电压/V	1～10	35～110	154～220	330
最小垂直距离/m	1.5	3.0	3.5	4.5

表7.2.3　　　　　　　　　　　　　　　树木与地下管线外缘最小水平距离　　　　　　　　　　　　　单位：m

管线名称	距乔木中心距离	距灌木中心距离	管线名称	距乔木中心距离	距灌木中心距离
电力电缆	1.0	1.0	污水管道	1.5	—
电信电缆（管道）	1.5	1.0	燃气管道	1.5	1.2
给水管道	1.5	—	热力管道	1.5	1.5
雨水管道	1.5	—	排水管道	1.0	—

表7.2.4　　　　　　　　　　　　　　　各类管线常用的最小覆土深度

管线类型		最小覆土深度/m	备　注
电力电缆		0.7	
		1.0	
电车电缆		0.7	
电讯锌装电缆		0.8	埋在人行道中可减少0.3m
电讯管道		0.7	
热管道	直接埋在土中	1.0	大于500mm的管径
	在地道中铺设	0.8	小于500mm的管径
给水管		1.0	
		0.7	
煤气管	干煤气	0.9	
	湿煤气	1.0	
雨水管		0.7	
污水管		0.7	

表 7.2.5 　　　　　　　　　　　　　　　　树木与其他设施最小水平距离　　　　　　　　　　　　　　　　单位：m

设施名称	距乔木中心距离	距灌木中心距离	设施名称	距乔木中心距离	距灌木中心距离
低于 2m 的围墙	1.0	—	电力、电线杆柱	1.5	—
挡土墙	1.0	—	消防栓	1.5	2.0
路灯灯柱	2.0	—	测量水准点	2.0	2.0

7.2.1.3 　树种选择要适应街道环境

城市街道的环境条件一般比较差，如土壤干燥板结、地面的强烈辐射、建筑物的遮阴、空中电线电缆的障碍、地下管线的影响等。因此行道树首先应当能够适应城市街道这个特殊的环境，对不良因子有较强的抗性。要选择那些耐干旱贫瘠、抗污染、耐损伤、抗病虫害、根系较深、干皮不怕阳光曝晒、对各种灾害性气候有较强抵御能力的耐粗放管理的树种。一般选择乡土树种，也可用已经长期适应当地气候和环境的外来树种。

7.2.1.4 　不影响人体健康和日常出行

植物选择要求花果无毒、无臭味、落果少、无飞毛；不妨碍行人和车辆行驶。如杨树、柳树、悬铃木等属易产生飞毛，要慎用。

7.2.1.5 　方便管养

道路绿化管养比较麻烦，植物选择是应本着不污染环境、耐修剪、基部不易发生萌蘖、落叶期短而集中、大苗移植易于成活、病虫害少等原则。

7.2.1.6 　实用性

行道树不仅要求对行人、车辆起到遮阴作用，而且对临街建筑防止强烈的西晒也很重要。全年内要求遮阴时期的长短与城市纬度和气候条件有关。我国一般为 4 ～ 9 月，约半年时间内都要求有良好的遮阴效果，低纬度的城市更长些。因此一般选择冠大荫浓的大乔木作为行道树。

7.2.1.7 　近期与远期相结合

道路植物景观从建设开始到形成较好的景观效果往往需要十几年时间。因此要有长远的观点，近期、远期规划相结合，近期内可以使用生长较快的树种，或者适当密植，以后适时更换、移栽，充分发挥道路绿化的功能。

我国现行城市规划有关标准规定，园林景观路（林荫道）绿地率不得小于 60%；红线宽度大于 50m 的道路绿地率不得小于 30%；红线宽度在 40 ～ 50m 的道路绿地率不得小于 25%；红线宽度小于 40m 的道路绿地率不得小于 20%。但在旧城区要求植物景观宽度大是比较困难的。上海市旧城区由于路窄人多，交通量大，给植物景观营造造成很大困难；而在新建区如闵行、张庙、金山卫、彭浦新区的道路，根据城市规划的要求，有较宽的绿带，形式也丰富多彩，既达到其功能要求，又美化了城市面貌。

7.2.2 　城市道路绿地类型及断面布置形式

7.2.2.1 　城市道路绿地类型

城市道路绿地指红线之间的绿化用地，包括人行道绿带、分车绿带、交通岛绿带等（图 7.2.2）。城市道路绿地表现了城市设计的定位。主干道的行道树和分车带的布置是城市道路植物景观的主要部分。进行城市道路植物造景设计前，首先要了解道的等级、性质、位置及苗木来源，施工养护技术水平等情况，设计出切实可行的方案。

7.2.2.2 　道路绿地断面布置形式

城市道路绿地断面布置形式与道路性质和功能密切相关。一般城市中道路由机动车道、非机动车道及人行道等组成。道路的断面形式多种多样，植物景观形式也有所不同。我国现有道路多采用一块板、两块板、三块板式等，相应道路绿地断面也出现一板二带、二板三带、三板四带以及四板五带式（图 7.2.3）。

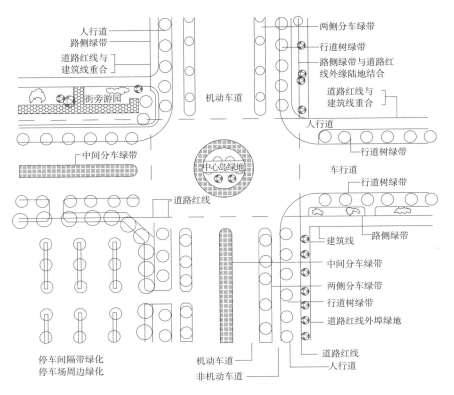

图 7.2.2　道路绿地名称示意图

1. 一板二带式绿地

一板二带式是最常见的道路绿地形式。中间是车行道（机动车与非机动车不分），两侧是人行道，在人行道上种植一行或多行行道树。特点是简单整齐、管理方便，用地比较经济，但当车行道过宽时行道树的遮阴效果较差，而且景观效果比较单调。有时可在两株乔木之间夹种灌木。如果道路两旁明显不对称，例如，一侧临河或建筑等不宜栽树，也可以只栽一行树。

2. 二板三带式绿地

二板三带式绿地除了在车行道两侧的人行道上种植行道树外，还用一条有一定宽度的分车绿带把车行道分成双向行驶的两条车道。分车绿带宽度不宜小于2.5m，以5m以上景观效果为佳，可种植1～2行乔木，也可只种植草坪、宿根花卉或花灌木。

这种形式主要用于城市区干道和高速公路，如工业区、风景区的干道，适于机动车交通量较大而非机动车流量较少的地段，可减少车辆相向行驶时相互干扰。

3. 三板四带式绿地

利用两条分车绿带把车行道分成3条，中间为机动车道，两侧为非机动车道，加上车道两侧的行道树共4条绿带。分车绿带宽1.5～2.5m的，以种植花灌木或绿篱造型植物为主，在2.5m以上时可以种植乔木。

该类型常用于主干道，宽度可达40m以上，车速一般不超过60km/h。这种造景形式景观效果和夏季庇荫效果较好，并且解决了机动车和非机动车混行、互相干扰的矛盾，交通方便、

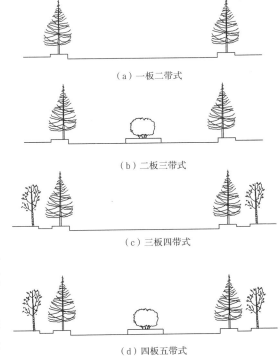

（a）一板二带式

（b）二板三带式

（c）三板四带式

（d）四板五带式

图 7.2.3　城市道路断面绿化形式

安全，尤其在非机动车多的情况下是较适合的。

4.四板五带式绿地

利用 3 条分隔带将行车道分成 4 条，2 条机动车道、2 条非机动车道，使机动车和非机动车都分成上、下行而各行其道、互不干扰，保证了行车速度和安全。该类型适于车速较高的城市主干道或城市环路系统，用地面积较大，但其中的绿带可考虑用栏杆代替，以节约城市用地。

此外，由于城市所处的地理位置、环境条件不同，有特殊的山坡地、湖岸边等，所以考虑道路植物景观形式时要因地制宜。

7.2.3 一般城市道路的植物造景

7.2.3.1 人行道绿带的植物造景

人行道绿带是指从车行道边缘至建筑红线之间的绿地，包括人行道和车行道之间的隔离绿地（行道树绿带）及人行道与建筑之间的缓冲绿地（路侧绿带或基础绿地）。人行道绿带既起到与嘈杂的车行道的分隔作用，也为行人提供安静、优美、遮阴的环境。由于绿带宽度不一，因此，植物配置各异。

1.行道树绿带的植物造景

行道树绿带布设在人行道和车行道之间，主要功能是为行人和非机动车庇荫。以种植行道树为主，是城市道路植物景观的基本形式，也是迄今为止最为普遍的一种植物造景形式。其宽度应根据道路性质、类别和对绿地的功能要求以及立地条件等综合考虑而决定，一般不宜小于 1.5m。绿带较宽时，可采用乔木、灌木、地被植物相结合的配置方式，提高防护功能，加强景观效果。

（1）行道树种植方式。行道树的种植方式主要有树池式和树带式两种（图 7.2.4）。

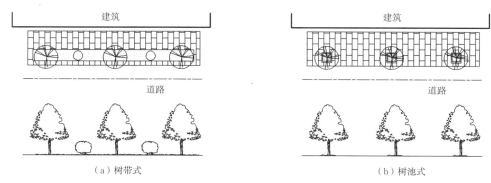

（a）树带式　　　　　　　　　　　（b）树池式

图 7.2.4　行道树的种植方式

1）树带式。在人行道和车行道之间留出一条不加铺装的种植带，为树带式种植形式，可起到分隔护栏的作用。种植带宽度一般不小于 1.5m，可植一行乔木和绿篱，或视不同宽度可种植多行乔木，并与花灌木、宿根花卉、地被结合。

一般在交通、人流不大的情况下采用这种方式，有利于树木生长。可在种植带树下铺设草皮，以免裸露的土地影响路面的清洁。同时在适当的距离要留出铺装过道，以便人流通行或汽车停站。

2）树池式。在交通量比较大，行人多而人行道又狭窄的道路上，宜采用树池式。树池以正方形为好，边长不宜小于 1.5m；若为长方形，边长以（1.2～1.5m）×（2.0～2.2m）为宜；若为圆形，其直径不宜小于 1.5m。行道树宜栽植于树池的几何中心。为了防止树池被行人踏实，可使树池边缘高出人行道 8～10cm。

如果树池稍低于路面，应在上面加有透空的池盖，与路面同高，这样可使树木在人行道上占很小的面积，实际上增加了人行道的宽度，又避免了践踏，同时还可以使雨水渗入树池内。池盖可用木条、金属或钢筋混凝土制造，由两扇合成，以便在松土和清除杂物时取出。

（2）行道树绿带植物造景要点。断面布置形式多采用对称式，两侧的绿带宽度相同，植物配置和树种、株距等均相同，如每侧 1 行乔木，或 1 行绿篱、1 行乔木等（图 7.2.5）。

道路横断面为不规则形式时，或道路两侧行道树绿带宽度不等时，宜采用不对称布置形式。如山地城市或老城旧道路较窄，采用道路一侧种植行道树，而另一侧布设照明等杆线和地下管线。当采用不对称形式时，根据行道树绿带的宽度，可以一侧 1 行乔木，而另一侧是灌木，或者一侧 1 行乔木，另一侧 2 行乔木等，或因道路一侧有架空线而采取道路两侧行道树树种不同的非对称栽植。

在弯道上或道路交叉口，行道树绿带上种植的树木，其树冠不得进入视距三角形范围内，以免遮挡驾驶员视线，影响行车安全。在一板二带

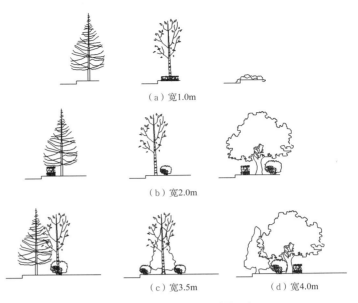

图 7.2.5　行道树绿带植物造景形式

式道路上，路面较窄时，注意两侧行道树树冠不要在车行道上衔接，也不宜配置较高的常绿灌木或小乔木，以便使汽车尾气、飘尘等悬浮污染物及时扩散稀释。

在行道树的树种配置方式上，常采用的有单一乔木、不同树种间植、乔灌木搭配等。其中单一乔木的配置是一种较为传统的形式，多用树池种植的方法。树池之间为地面硬质铺装。在同一街道采用同一树种、同一株距的对称方式，沿车行道及人行道整齐排列，既可起到遮阴、减噪等防护功能，又可使街景整齐雄伟而有秩序性。体现整体美，尤其是在比较庄重、严肃的地段，如通往纪念堂、政府机关的道路上。若要变换树种，一般应从道路交叉口或桥梁等处变更。

行道树要有一定的枝下高（根据分枝角度不同，枝下高一般应在 2.5 ~ 3.5m 以上），以保证车辆、行人安全通行。

行道树株距大小要考虑交通与两侧沟通的需要、树种特性（尤其是成年树的冠幅）、苗木规格等因素，同时不妨碍两侧建筑内的采光。一般不宜小于 4m，如采用高大乔木，则株距应在 6 ~ 8m 间，以保证必要的营养面积，使其正常生长，同时也便于消防、急救、抢险等车辆在必要时穿行。树干中心至路缘石外侧不得小于 0.75m，以利于行道树的栽植和养护，也是为了树木根系的均衡分布、防止倒伏。

我国城市多数处于北回归线以北，在盛夏季节南北向街道的东边及东西向街道的北边受到日晒时间较长，因此行道树应着重考虑路东和路北的种植；在两侧有高大建筑物的街道上，要根据道路方向和日照时数选择耐阴性强的树种。北方地区的行道树一般选用落叶树种，冬季不遮阳光，并有利于积雪融化，热带和南亚热带地区则以常绿树为主。市区道路人行道上尽量铺设能透气、透水的各色毛面砖，减少全封闭混凝土地面。以利于行道树的生长。

2. 路侧绿带的植物造景

路侧绿带是街道绿地的重要组成部分，在街道绿地中一般占有较大比例。路侧绿带常见有 3 种情况。

（1）建筑物与道路红线重合，路侧绿带毗邻建筑布设，即形成建筑物的基础绿带。

（2）建筑退让红线后留出人行道，路侧绿带位于两条人行道之间。

（3）建筑退让红线后在道路红线外侧留出绿地，路侧绿带与道路红线外侧绿地结合。

路侧绿带与沿路的用地性质或建筑物关系密切，有的建筑物要求有植物景观衬托，有的建筑要求绿化防护，因此路侧绿带应采用乔木、灌木、花卉及草坪等，结合建筑群的平面、立面组合关系，造型，色彩等因素，根据相邻用地性质、防护和景观要求进行设计，并在整体上保持绿带连续、完整和景观效果的统一（图 7.2.6）。

图 7.2.6　路侧绿带植物配置

人行道通常对称布置在道路两侧，但因地形、地物或其他特殊情况也可两侧不等宽或不在一个平面上，或仅布置在道路一侧。

（1）道路红线与建筑线重合的路侧绿带种植设计。在建筑物或围墙的前面种植草皮、花卉、绿篱及灌木丛等，主要起美化装饰和隔离作用，行人一般不能入内。设计时注意建筑物做散水坡，以利排水。植物种植不要影响建筑物通风和采光。如在建筑两窗间可采用丛状种植。树种选择时注意与建筑物的形式、颜色和墙面的质地等相协调。如建筑立面颜色较深时，可适当布置花坛，取得鲜明对比。在建筑物拐角处，选择枝条柔软、自然生长的树种来缓冲建筑物生硬的线条。绿带比较窄或朝北高层建筑物前局部小气候条件恶劣、地下管线多、绿化困难的地带，可考虑用攀援植物来装饰。

（2）建筑退让红线后留出人行道。路侧绿带位于两条人行道之间。一般商业街或其他文化服务场所较多的道路旁设有两条人行道：一条靠近建筑物附近，供进出建筑物的人们使用。另一条靠近车行道，为穿越街道和过街行人使用。路侧绿带位于两条人行道之间。植物造景设计视绿带宽度和沿街的建筑物性质而定。一般街道或遮阴要求高的道路，可种植两行乔木；商业街要突出建筑物立面或橱窗时，绿带设计宜以观赏效果为主，应种植矮小的常绿树、开花灌木、绿篱、花卉、草坪或设计成花坛群、花境等。

（3）建筑退让红线后，在道路红线外侧留出绿地，路侧绿带与道路红线外侧绿地结合。由于绿带的宽度增加，所以造景形式也更为丰富。一般宽达 8m 就可设为开放式绿地，如街头小游园、花园林荫道等。内部可铺设游步道和供短暂休憩的设施，方便行人进入游憩，以提高绿地的功能和街景的艺术效果，但绿化用地面积不得小于该段绿地总面积的 70%。

此外，路侧绿带也可与毗邻的其他绿地一起辟为街旁游园，或者与靠街建筑的宅旁绿地、公共建筑前的绿地等相连接，统一造景。

7.2.3.2　分车带的植物造景

分车带是车行道之间的隔离带，包括快慢车道隔离带（两侧分车绿带）和中央分车带，起着疏导交通和安全隔离的作用，目的是将人流与车流分开，机动车辆与非机动车辆分开，保证不同速度的车辆能全速前进、安全行驶。城市道路中常说的两块板、三块板的干道形式就是用分车带来划分的。

（1）分车带植物造景的原则。分车带的宽度差别很大，窄的仅有 1m，宽的可达 10m 以上。目前我国各城市道路中的两侧分车带最小宽度一般不能低于 1.5m，通常都在 2.5～8m，但在不同的地区及地段均有所变化。在有些情况下，分车绿带会作为道路拓宽的备用地，同时是铺设地下管线、营建路灯照明设施、公共交通停靠站以及竖立各种交通标志的主要地带。

常见的分车绿带宽为 2.5～8m，大于 8m 宽的分车绿带可作为林荫路设计。加宽分车带的宽度，可使道路分隔更为明确，街景更加壮观。同时，为今后拓宽道路留有余地，但也会使行人过街不方便。

为了便于行人过街，分车带应进行适当分段，一般以 75～100m 为宜，并尽可能与人行横道、停车站、大型商店和人流集中的公共建筑出入口相结合。被人行道或道路出入口断开的分车绿带，其端部应采取通透式栽植。通透式栽植是指绿地上配置的树木，在距相邻机动车道路面高度 0.9～3m 的范围内，其树冠不遮挡驾驶员视线的配置方式。采用通透式栽植是为了穿越道路的行人容易看到过往车辆，以利行人、车辆安全。当人行横道线通过分车带时，分车带上不宜种植绿篱或花灌木，但可种植草坪或低矮花卉，以免影响行人和驾驶员的视线。公共汽车或无轨电车等车辆的停靠站设在分车绿带上时，大型公共汽车每一路大约要留 30m 长的停靠站，在停靠站上需留出 1 ~ 2m 宽的地面铺装为乘客候车时使用，绿带尽量种植为乘客提供遮阴的乔木。

分车绿带的植物配置应形式简洁、树形整齐、排列一致。分车绿带形式简洁有序，驾驶员容易辨别穿过行道树的行人，也可以减少驾驶员视线的疲劳，有利于行车安全。为了交通安全和树木的种植养护，分车绿带上种植乔木时，其树干中心至机动车道路缘石外侧距离不能小于 0.75m。

（2）中央分车带的植物造景。中央分车绿带应阻挡相向行使车辆的眩光。在距相邻机动车道路面高度 0.6 ~ 1.5m 的范围内种植灌木、灌木球、绿篱等枝叶茂密的常绿树能有效阻挡夜间相向行驶车辆前照灯的眩光，其株距应小于冠幅的 5 倍。中央分车带的种植形式见表 7.2.6。

表 7.2.6　　　　　　　　　　　　　　　　中央分车带的种植形式

种植形式	配 置 方 式	特　　点
绿篱式	带内密植常绿树，整形修剪，保持一定高度和形状	宽度大，杂草少，管理容易，适于车速不高的非主要交通干道上
整形式	树木按固定间隔排列，单株等距或片状种植	整齐划一
图案式	将树木或绿篱修剪成几何图案	整齐美观，养护要求高，在园林景观路、风景区游览路使用

实际上，目前我国在中央分车绿带中种植乔木的很多，原因是我国大部分地区夏季炎热，需考虑遮阴，而且目前我国城市中机动车车速不高，树木对驾驶员的视觉影响较小。

（3）两侧分车带的植物造景。两侧分车绿带距交通污染源最近，其绿化所起的滤减烟尘、减弱噪声的效果最佳，并能对非机动车有庇护作用。因此，应尽量采取复层混交配置，扩大绿量，提高保护功能。两侧分车绿带的乔木树冠不要在机动车道上面搭接，形成绿色隧道，这样会影响汽车尾气及时向上扩散，污染道路环境。两侧分车绿带常用的植物配置方式见表 7.2.7。

表 7.2.7　　　　　　　　　　　　　两侧分车绿带常用植物配置方式

分车绿带宽度 /m	绿带植物配置
<1.5	灌木、地被植物或草坪
1.5 ~ 2.5	乔木
>2.5	乔木、灌木、常绿树、绿篱、草坪和花卉相互搭配

7.2.3.3　交通岛绿地的植物造景

交通岛在城市道路中主要起疏导与指挥交通的作用，是为了回车、控制车流行驶路线，约束车道，限制车速和装饰街道而设置在道路交叉口范围内的岛屿状构造物。

交通岛绿地分为中心岛绿地、导向岛绿地和安全岛绿地。通过在交通岛周边的合理植物配置，可强化交通岛外缘的线形，有利于诱导驾驶员的行车视线，特别是在雪天、雾天、雨天，可弥补交通标志的不足。

（1）中心岛绿地。中心岛是设置在交叉口中央，用来组织左转弯车辆交通和分隔对向车流的交通岛，俗称转盘。中心岛一般多用圆形，也有椭圆形、卵形、圆角方形和菱形等（图 7.2.7）。常规中心岛直径在 25m 以上，目前我国大中城市所采用的圆形交通岛，一般直径为 40 ~ 60m。

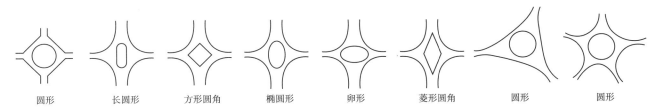

图 7.2.7　中心岛的不同形式

中心岛外侧汇集了多处路口，设计时要保证清晰的视野，便于车辆绕行。

为使驾驶员准确、快速识别路口，一般不种植高大乔木，忌用常绿乔木或大灌木，以免影响视线；也不布置成供行人休息用的小游园或吸引人的过于华丽的花坛，以免分散司机的注意力，成为交通事故的隐患。通常以草坪、花坛为主，或以低矮的常绿灌木组成简单的图案花坛，外围栽种修建整齐、高度适宜的绿篱。但在面积较大的环岛上，为了增加层次感，可以零星点缀几株乔木。在居住区内部，人流车流比较小，以步行为主的情况下，中心岛也可布置成小游园形式，增加群众的活动场地。

（2）安全岛绿地。在宽阔的道路上，由于行人为躲避车辆需要在道路中央稍作停留，应当设置安全岛。安全岛除停留的地方外，其他地方可种植草坪，或结合其他地形进行种植设计。

（3）导向岛绿地。导向岛用以指引行车方向、约束车道、使车辆减速转弯，保证行车安全。导向岛植物景观布置常以草坪、花坛或地被植物为主，不可遮挡驾驶员视线。

7.2.3.4　交叉路口的植物造景

交叉口绿地包括平面交叉口绿地和立体交叉绿地。

（1）平面交叉口绿地。为了保证行车安全，在进入道路的交叉口时，必须在路的转角空出一定的距离，使司机在这段距离内能看到对面开来的车辆，并有充分的刹车和停车的时间而不致发生撞车。这种从发觉对方汽车立即刹车而刚够停车的距离，称为"安全视距"。根据两相交道路的两个最短视距，可在交叉口平面图上形成一个三角形。即"视距三角形"。在此三角形内不能有建筑物、构筑物、树木等遮挡司机视线的地面物。在布置植物时其高度不得超过0.70m，或者在三角视距之内不布置任何植物。安全视距的大小，随道路允许的行驶速度、道路的坡度、路面质量而定，一般采用30～35m为宜。

（2）立体交叉绿地。立体交叉是指两条道路不在一个平面上的交叉。立体交叉绿地包括绿岛和立体交叉外围绿地。立体交叉植物造景设计首先要服从立体交叉的交通功能，使行车视线通畅，突出绿地内交通标志，诱导行车，保证行车安全。例如，在顺行交叉处要留出一定的视距，不种乔木，只种植低于驾驶员视线的灌木、绿篱、草坪和花卉，在弯道外侧种植成行的乔木，突出匝道附近动态曲线的优美，以诱导行车方向，并使司乘人员有一种心理安全感，弯道内侧应保证视线通畅，不宜种遮挡视线的乔灌木。为了适应驾驶员和乘客的瞬间观景的视觉要求，宜采用大色块的造景设计，布置力求简洁明快，与立交桥宏伟气势相协调（图7.2.8）。植物配置应同时考虑其功能性和景观效果，注意选用季相不同的植物，尽量做到常绿树与落叶树相结合，快长树与慢长树相结合，乔、灌、草相结合。

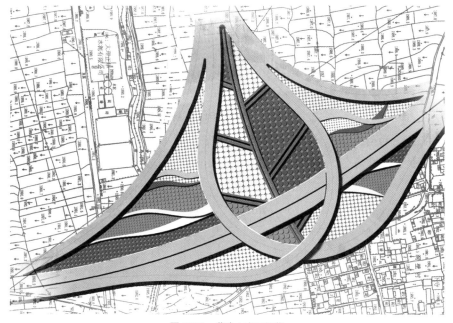

图7.2.8　道路立交区绿化

匝道附近的绿地，由于上下行高差造成坡面，可在桥下至非机动车道或桥下人行道上修筑挡土墙，使匝道绿地保持一个平面，便于植物种植和养护，也可在匝道绿地上修筑台阶形植物带。在匝道两侧绿地的角部，适当种植一些低矮的树丛、灌木球及三五株小乔木，以增强出入口的导向性。也可以在匝道绿地上修筑低挡墙，墙顶高出铺装面60～80cm，其余地面经人工修整后做成坡面（坡度1:3以下铺草；1:3种植草坪、灌木；1:4可铺设草坪，种植灌木和小乔木）。

绿岛是立体交叉中分隔出来的面积较大的绿地。多设计成开阔的草坪，草坪上点缀一些观赏价值较高的孤植树、树丛及花灌木等形成疏朗开阔的植物景观，或用宿根花卉、地被植物、低矮的常绿灌木等组成图案。一般不种植大量乔木或高篱，否则容易给人一种压抑感。桥下宜选择耐阴的地被植物，墙面进行垂直绿化。如果绿岛面积很大，在不影响交通安全的前提下，可设计成街旁游园，并在其中布置园路、座椅等园林小品和休憩设施，或纪念性建筑，供人们作短时间休憩。

7.2.4 林荫道和步行街的植物造景

7.2.4.1 林荫道的植物造景

林荫道是指与道路平行并具有一定宽度的带状绿地，也称带状街头休息绿地。林荫道利用植物与车行道隔开，在其内部不同地段辟出各种不同的休息场所，有简单的园林设施，供行人和附近的居民作短时间休息。在城市绿地不足的情况下，可起到小游园的作用。它扩大了群众活动场所，同时增加了城市绿地面积，对改善城市小气候、组织交通、丰富城市街景作用很大。

（1）林荫道设计中的植物配置，要以丰富多彩的植物取胜。道路广场面积不宜超过25%，乔木占30%～40%，灌木占20%～25%，草坪占10%～20%，花卉占2%～5%。南方天气炎热，需要更多的庇荫常绿树，占地面积可大些；在北方，则以落叶树占地面积较大为宜。

（2）林荫道的宽度在8m以上时，可考虑采取自然式布置；8m以下时，多按规则式布置。游步道的设置，根据绿地宽度而定，可以设置1～2条。车行道与林荫道绿带之间，要有浓密的绿篱和高大的乔木组成绿色屏障相隔，一般立面上布置成外高内低的形式。

（3）林荫道可在长75～100m处分段设立出入口，各段布置应具有特色。但在特殊情况下，大型建筑附近也可以设出入口。出入口可种植标志性的乔木或灌木，起到提示与标识的作用。在林荫道的两端出入口处，可使游步路加宽或铺设小广场，并适当摆放一些四季草花等。

（4）林荫道内，为了便于居民使用，常需布置休息座椅、园灯、喷泉、阅报栏、花架、小型儿童游戏场等设施。

（5）滨河路是城市临河、湖、海等水体的道路，由于一面临水，空间开阔，环境优美，常常可以设计成林荫道，是城市居民休息的良好场地。滨河林荫道的植物配置，取决于自然地形的特点。地势如有起伏，河岸线曲折，可结合功能要求采取自然式布置；如地势平坦，岸线整齐，与车道平行者，可布置成规则式。临水种植乔木，适当间植灌木，利用树木的枝下空间，让路人时不时观赏到水面景观。岸边设有栏杆，并放置座椅，供游人休息。若林荫道较宽，可布置园林小品、雕塑等。如杭州的柳浪闻莺公园的隔离带。

7.2.4.2 步行街的植物造景

城市步行街是以人为主体的环境，因而在进行植物配置时，也要和其他生活设施一样，从人的角度出发，以人为本，尽量满足人们各方面的需求，这样才能使植物景观较长时间地保留下来，而不会因为设置不当导致行人破坏。另外，也要考虑植物对环境条件的需求，根据不同的环境选择不同的植物种类，保证植物的成活率。在种类和品种搭配上，应充分考虑随季节的变化而变化的景观效果，尤其在北方寒冷地区，要精心选择耐寒品种，最大限度地延长绿期。每个季节应有适应该季节的花卉，形成四季花不断的景象，也可用盆栽植物随季节的变化而更换品种。

（1）商业步行街。城市商业街对土地的利用要节约、高效。在植物配置上，要将美观和实用相结合，尽量创造多功能的植物景观。例如可在花坛的池边设置靠背，为行人提供座椅；也可在座椅的旁边种植花草，如在凳子间留下种植槽，种上小型蔓生植物。由于土地有限，在植物选择上以小型花草为主，可布置小型花坛、花钵，虽然体量不大，但在大面积的硬质景观中是绝不可少的点缀。这些小型花坛、花钵可使公众产生美感，缩短人的社交距离，密切人际关系，增添生活情趣。

在较宽阔的商业步行街上可以种植冠大荫浓的乔木或开花美丽的灌木，但树池要用篦子覆盖或种植花草，树池的高矮、质地最好适合于人们停坐。

在商业步行街上，要充分利用空间进行植物景观营造，可以设置花架、花廊、花柱、花球等各种植物景观形式。利用简单的棚架种植藤本植物，在树池中栽种色彩鲜艳的花卉，都可以形成从地面到空间的立体装饰效果。由于人流量大，停留时间长，商业步行街不宜铺设大面积草坪，以免遭到破坏。

（2）游憩步行街。游憩步行街主要是为居民提供一个自然幽静的空间。它对土地的限制不是很严格，因而可以选择多种植物材料进行配置。充分利用不同的乔、灌、草、花等，为人们营造一个绿树成荫、鸟语花香的世界。

如果城市中有良好的景观条件，可根据这些天然景色设置游憩步行道，选择合适的植物加以美化，使人们在游山玩水之时欣赏植物之美。这种植物配置要和街道及自然景观综合起来考虑，组成一个整体景观。

7.3 高速公路的植物造景

高速公路的植物配置不仅可以美化路域景观，为旅客带来轻松愉快的旅途，还具有减轻驾驶员的疲劳、防眩光等作用，以保障交通安全。高速公路的植物景观由中央隔离绿化带、边坡绿化和互通绿化等组成。

中央隔离带内一般不成行种植乔木，避免投影到车道上的树影干扰司机的视线，树冠太大的树木也不宜选用。隔离带内可种植修剪整齐、具有丰富视觉韵律感的大色块模纹绿带，绿带中选择的植物品种不宜过多，色彩搭配不宜过艳，重复频率不宜太高，节奏感也不宜太强烈，一般可以根据分隔带宽度每隔 30 ~ 70m 距离重复一段，色块灌木品种选用 3 ~ 6 种，中间可以间植多种形态的开花或常绿植物使景观富于变化。绿带的高度 0.7 ~ 1m 之间，以起到防眩光作用。

边坡绿化的主要目的是固土护坡、防止冲刷，其植物配置应尽量不破坏自然地形、地貌和植被，选择根系发达、易于成活、便于管理、兼顾景观效果的植物物种，一些没有土壤的岩石边坡可采用生态包的方式进行绿化。

互通立交区绿地位于高速公路的交叉口，最容易成为人们视觉上的焦点，是高速路绿化景观的重要节点，其绿化形式主要有两种：一种是大型的模纹图案，花灌木根据不同的线条造型种植，形成大气简洁的植物景观，还可融入地方文化元素，提升高速路景观品味（图 7.3.1）。另一种是苗圃景观模式，人工植物群落按乔、灌、草的种植形式种植，密度相对较高，在发挥其生态和景观功能的同时，还兼顾了经济功能，为高速路绿化养护提供所需的苗木（图 7.3.2）。

图 7.3.1　模纹图案的互通立交区绿化

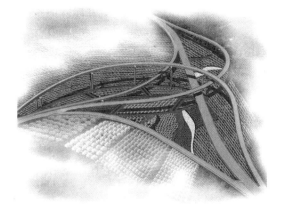

图 7.3.2　结合苗圃生产的互通立交区绿化

7.4 居住区绿地的植物造景

居住区环境质量的高低对人的身心健康有很大的影响，而植物是居住区绿化环境的主体，居住区的生态环境需要绿色植物的平衡和调节。小区作为城市环境的组成部分，其环境状况直接影响着城市的面貌。因此，能否做好小区的植物造景，直接关系到小区环境质量与城市景观面貌。

居住区绿地一般包括公共绿地、宅旁绿地、配套公用建筑所属绿地和道路绿地等。

7.4.1 居住区公共绿地植物造景

居住区公共绿地是居民公共使用的绿地（图 7.4.1），包括居住区公园、居住小区中心游园（图 7.4.2）、居住生活单元组团绿地（图 7.4.3）及儿童游戏场和其他块状、带状公共绿地等。其服务对象是小区所有居民。居住区公共绿地集中反映了小区绿地质量水平，一般要求有较高的设计水平和一定的艺术效果，是居住区绿化的重点。

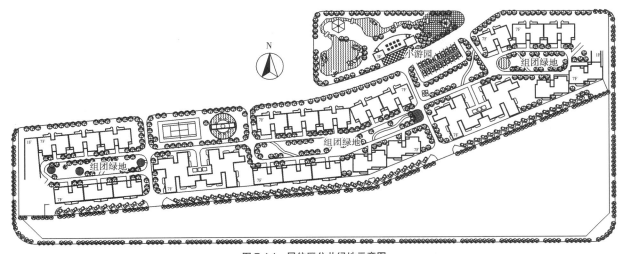

图 7.4.1 居住区公共绿地示意图

居住区公共绿地与城市公园相比，游人成分单一，主要是本居住区的居民，游园时间比较集中，多在早晚，特别是夏季的晚上。因此，要在绿地中加强照明设施，避免人们在植物丛中因黑暗而造成危险。另外，也可利用一些香花植物进行配置，如白兰花、玉兰、含笑、腊梅、丁香、桂花、结香、栀子、玫瑰及素馨等，形成居住区公园的特色。

居住区公园户外活动时间较长，频率较高的使用对象是儿童及老年人。因此在规划中植物配置应多选用夏季遮阴效果好的落叶大乔木，结合活动设施布置疏林地。可用常绿绿篱分隔空间和绿地外围，在成行种植大乔木以减弱喧闹声对周围住户的影响。观赏树种避免选择带刺的或有毒，有异味的树木，应以落叶乔木为主、配以少量的观赏花木、草坪、草花等。在大树下加以铺装，设置石凳、桌、椅及儿童活动设施，以利于老人坐息或看管孩子游戏。在体育运动场地外围，可种植冠幅较大、生长健壮的大乔木，为运动者休息时遮阴。

7.4.2 宅旁绿地植物造景

宅旁绿地包括宅前、宅后，住宅之间及建筑本身的绿化用地，最为接近居民（图 7.4.4）。在居住小区总用地中，宅旁绿地面积最大、分布最广、使用率最高。其绿地面积约占居住区绿地的 35% 左右，通常比小区公共绿地面积指标大 2 ~ 3 倍。对居住环境质量和城市景观的影响最明显，在规划设计中需要考虑的因素也较复杂。

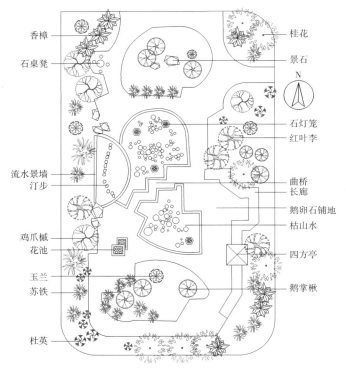

图 7.4.2　居住区小游园

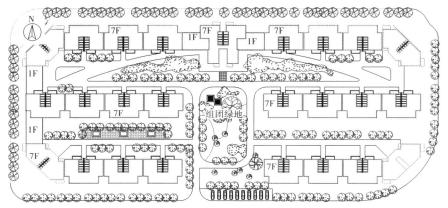

图 7.4.3　居住区组团绿地平面示意

7.4.2.1　住户小院的绿化

（1）底层住户小院。低层或多层住宅，一般结合单元平面，在宅前自墙面至道路留出 3m 左右的空地，给底层每户安排一专用小院，可用绿篱或花墙、栅栏围合起来。小院外围绿化可作统一安排，内部则由每家自由栽花种草，布置方式和植物种类随住户喜好，但由于面积较小，宜简洁，或以盆栽植物为主。

（2）独户庭院。别墅庭院是独户庭院的代表形式，往往都是别墅主人确定其风格，并打上了强烈的个人喜好。因此，院内应根据住户的喜好进行绿化布置，植物选择、搭配应与庭院设计风格紧密结合，相得益彰。面积较大的庭院，除了布置植物，还可在院内设小型水池、山石，建筑小品等，植物的种植应与其他造园要素结合，宜选用小体量的草本植物和灌木为主，适量选用中小乔木，保证庭院内有较好的采光和通风条件，并避免拥挤、闭塞之感，有毒、有飞毛、有臭味的植物不宜选用。根据庭院主人的喜好，选择某些具有吉祥平安等含义的植物，例如传统的"玉堂富贵"（即玉兰、海棠、牡丹、桂花）。虽然庭院面积有限，但选用的植物种类和品种可丰富些，通常会包括乔木、灌木、藤本、竹类、草花等观赏植物，还可根据主人喜好种植一些蔬菜、果树及药用植物，营造富有生活情趣的场景。

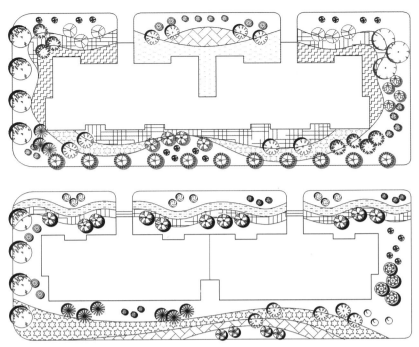

图 7.4.4　宅旁绿地平面示意图

7.4.2.2　宅间活动场地的绿化

宅间活动场地属半公共空间，主要供幼儿活动和老人休息之用，其植物景观的优劣直接影响到居民的日常生活。宅间活动场地绿化布置类型见表 7.4.1。

表 7.4.1　　　　　　　　　　　　　　　宅间活动场地的绿化类型

类型	特　　点	备　　注
树林型	以高大乔木为主，缺乏灌木和花草搭配，显得较为单调	高大乔木与住宅墙面的距离至少应在 5 ~ 8m
游园型	开辟园林小径，设置小型游憩和休息园地，所需投资较大	住宅间距在 30 m 以上
棚架型	以棚架绿化为主，选用紫藤、炮仗花等观赏价值高的攀援植物	—
草坪型	以草坪景观为主，种植一些乔灌木形成疏朗、通透的景观效果	—

7.4.3　居住区道路绿地植物造景

居住区道路是组织联系小区绿地的纽带。居住区道旁绿化在居住区占有很大比重，它连接着居住区小游园、宅旁绿地，一直通向各个角落，直至每户门前。因此，道路绿化与居民生活关系十分密切。其绿化功能主要是美化环境、遮阴、减少噪声、防尘、通风、保护路面等。绿化的布置应根据道路级别、性质、断面组成、走向、地下设施和两边住宅形式而定。

7.4.3.1　主干道

主干道联系着城市干道与居住区内部的次干道和小道，车行、人行并重。道旁的绿化可选用枝叶茂盛的落叶乔木作为行道树，以行列式栽植为主，各条干道的树种选择应有所区别。中央分车带可用低矮的灌木，在转弯处绿化应留有安全视距，不致妨碍汽车驾驶人员的视线。还可用耐阴的花灌木和草本花卉形成花境，借以丰富道路景观。也可结合建筑山墙、绿化环境或小游园进行自然种植，既美观、利于交通，又有利于防尘和阻隔噪声（图 7.4.5 ）。

7.4.3.2　次干道

次干道（小区级）连接着本区主干道及小路等。以居民上下班、购物、儿童上学、散步等人行为主，通车为次。绿化树种应选择开花或富有叶色变化的乔木，其形式与宅旁绿化、小花园绿化布局密切配合，以形成互相关联的整体。特别是在相同建筑间小路口上的绿化应与行道树组合，使乔、灌木高低错落自然布置，使花与叶色具有四季变化的独特景观，以方便识别各幢建筑。次干道因地形起伏不同，两边会有高低不同的标高，在较低的一侧可种常绿乔、灌木，以增强地形起伏感，在较高的一侧可种草坪或低矮的花灌木，以减少地势起伏，使两边绿化有均衡感和稳定感（图7.4.6）。

图 7.4.5　居住区主干道植物配置

图 7.4.6　居住区次干道植物配置

7.4.3.3　小道

生活区的小道联系着住宅区内的干道，以行人为主。宅间小道可以在一边种植小乔木，一边种植花卉、草坪。特别是转弯处不能种植高大的绿篱，以免遮挡人们骑自行车的视线。靠近住宅的小路旁绿化，不能影响室内采光和通风，如果小路距离住宅在2m以内，则只能种花灌木或草坪。通向建筑路口，应适当放宽，扩大草坪铺装；乔、灌木应后退种植，结合道路或园林小品进行配置，以供儿童们就近活动；还要方便救护车、搬运车能临时靠近住户。各幢住户门口应选用不同树种，采用不同形式进行布置，以利辨别方向。另外，在人流较多的地方，如公共建筑的前面、商店门口等，可以采取扩大道路铺装面积的方式来与小区公共绿地融为一体，设置花台、座椅、活动设施等，创造一个活泼的活动中心（图7.4.7）。

7.4.4　居住区临街绿地植物造景

居住区沿城市干道的一侧，包括城市干道红线之内的绿地为临街绿地。主要功能是美化街景，降低噪声。也可用花墙、栏杆分隔，配以垂直绿化或花台、花境。临街绿化树种的配置应注意主风向。据测定，当声波顺风时，其方向趋于地面，这里自路边到建筑的临街绿化应由低向高配置树种，特别是前沿应种低矮常绿灌木（图7.4.8）。当声波逆风时，其方向远离地面，这里的树种应顺着路边到建筑由高而低进行配置，前边种高大的阔叶常绿乔木，后边种相对矮小的树木。

图 7.4.7　居住区小道植物配置

图 7.4.8　居住区临街绿地植物配置

7.5 工厂绿地植物造景

7.5.1 工厂绿地树种选择

7.5.1.1 工厂绿化树种选择的原则

（1）适地适树。就是要对拟绿化的工厂绿地的环境条件有清晰的认识和了解，包括温度、湿度、光照等气候条件和土层厚度、土壤结构和肥力、pH 值等土壤条件，也要对各种园林植物的生物学和生态学特征了如指掌。适地适树就是根据绿化地段的环境条件选择园林植物，使环境适合植物生长，也使植物能适应栽植环境。

在适地适树前提下，适地适树地选择树木花草，成活率高，抗性和耐性就强，绿化效果好。

（2）注意防污植物的选择。工厂企业是污染源，要在调查研究的基础上，选择防污能力较强的植物，以尽快取得良好的绿化效果，避免失败和浪费，发挥工厂绿地改善和保护环境的功能。

（3）生产工艺的要求。不同工厂、车间、仓库、料场，其生产工艺流程和产品质量对环境的要求不同，如空气洁净程度、防火、防爆等。因此，选择绿化植物时，要充分了解和考虑这些要求。

（4）易于繁殖，便于管理。工厂绿化管理人员有限，为省工节支，宜选择繁殖、栽培容易和管理粗放的树种。装饰美化厂容，要选择那些繁衍能力强的多年生宿根花卉。

7.5.1.2 工厂绿化常用树种

工厂绿化常用树种如表 7.5.1 所列。

表 7.5.1   工 厂 绿 化 常 用 树 种

抗 性 特 征	树 种
抗二氧化硫气体树种（钢铁厂、大量燃煤的电厂等）	大叶黄杨、雀舌黄杨、瓜子黄杨、海桐、蚊母、山茶、女贞、小叶女贞、枳橙、棕榈、凤尾兰、蟹橙、夹竹桃、枸骨、枇杷、金橘、构树、无花果、枸杞、青冈栎、白蜡、木麻黄、相思树、榕树、十大功劳、九里香、侧柏、银杏、广玉兰、鹅掌楸、柽柳、梧桐、重阳木、合欢、皂荚、刺槐、国槐、紫穗槐、黄杨
抗氯气的树种	龙柏、侧柏、大叶黄杨、海桐、蚊母、山茶、女贞、夹竹桃、凤尾兰、棕榈、构树、木槿、紫藤、无花果、樱花、枸骨、臭椿、榕树、九里香、小叶女贞、丝兰、广玉兰、柽柳、合欢、皂荚、国槐、黄杨、白榆、红棉木、沙枣、椿树、苦楝、白蜡、杜仲、厚皮香、桑树、柳树、枸杞
抗氟化氢气体的树种（铝电解厂、磷肥厂、炼钢厂、砖瓦厂等）	大叶黄杨、海桐、蚊母、山茶、凤尾兰、瓜子黄杨、龙柏、构树、朴树、石榴、桑树、香椿、丝棉木、青冈栎、侧柏、皂荚、国槐、柽柳、黄杨、木麻黄、白榆、沙枣、夹竹桃、棕榈、红茴香、细叶香桂、杜仲、红花油茶、厚皮香
抗乙烯的树种	夹竹桃、棕榈、悬铃木、凤尾兰
抗氨气的树种	女贞、樟树、丝棉木、腊梅、柳杉、银杏、紫荆、杉木、石楠、石榴、朴树、无花果、皂荚、木槿、紫薇、玉兰、广玉兰
抗二氧化氮的树种	龙柏、黑松、夹竹桃、大叶黄杨、棕榈、女贞、樟树、构树、广玉兰、臭椿、无花果、桑树、栎树、合欢、枫杨、刺槐、丝棉木、乌桕、石榴、酸枣、柳树、糙叶树、蚊母、泡桐
抗臭氧的树种	枇杷、悬铃木、枫杨、刺槐、银杏、柳杉、扁柏、黑松、樟树、青冈栎、女贞、夹竹桃、海州常山、冬青、连翘、八仙花、鹅掌楸
抗烟尘的树种	香榧、粗榧、樟树、黄杨、女贞、青冈栎、楠木、冬青、珊瑚树、广玉兰、石楠、枸骨、桂花、大叶黄杨、夹竹桃、栀子花、国槐、厚皮香、银杏、刺楸、榆树、朴树、木槿、重阳木、刺槐、苦楝、臭椿、构树、三角枫、桑树、紫薇、悬铃木、泡桐、五角枫、乌桕、皂荚、榉树、青桐、麻栎、樱花、腊梅、黄金树、大绣球
滞尘能力强的树种	臭椿、国槐、栎树、皂荚、刺槐、白榆、杨树、柳树、悬铃木、樟树、榕树、凤凰木、海桐、黄杨、女贞、冬青、广玉兰、珊瑚树、石楠、夹竹桃、厚皮香、枸骨、榉树、朴树、银杏
防火树种	山茶、油茶、海桐、冬青、蚊母、八角金盘、女贞、杨梅、厚皮香、交让木、白槠、珊瑚树、枸骨、罗汉松、银杏、槲栎、栓皮栎、榉树

7.5.2 工厂各功能区植物造景

7.5.2.1 厂前区植物造景

厂前区的绿化景观要求美观、整齐、大方，给人以深刻印象，还要方便车辆通行和人流集散。植物种植方式多采用规则式或混合式。植物配置应与建筑立面、形体、色彩相谐调，与城市道路相联系，种植类型多用对植和行列式。因地制宜地设置林荫道、行道树、绿篱、花坛、草坪、喷泉、水池、假山及雕塑等。入口处的布置要富于装饰性和观赏性，强调入口空间。建筑周围的绿化还要处理好空间艺术效果、通风采光、各种管线的关系。广场周边、道路两侧的行道树，选用冠大荫浓、耐修剪、生长快的乔木或树姿优美、高大雄伟的常绿乔木，形成外围景观或林荫道。花坛、草坪及建筑周围的基础绿带或用修剪整齐的常绿绿篱围边，点缀色彩鲜艳的花灌木、宿根花卉或植草坪，用色叶灌木形成模纹图案。

如用地宽余，厂前区绿化还可与小游园的布置相结合，设置山泉水池、建筑小品、园路小径，放置园灯、凳椅，栽植观赏花木和草坪，形成恬静、清洁、舒适、优美的环境。为职工工余班后休息、散步、交往、娱乐提供场所，也体现了厂区面貌，成为城市景观的有机组成部分。

7.5.2.2 生产区植物造景

生产车间周围的绿化要根据车间生产特点及其对环境的要求进行设计，为车间创造生产所需要的环境条件，防止和减轻车间污染物对周围环境的影响和危害，满足车间生产安全、检修、运输等方面对环境的要求，为工人提供良好的短暂休息用地。

车间周围的植物种植设计，首先应考虑有利于生产和室内通风采光，距车间 6 ~ 8m 内不宜栽植高大乔木。然后，要把车间出、入口两侧绿地作为重点绿化美化地段。各类车间生产性质不同，对环境要求也不同，必须根据车间具体情况因地制宜地进行绿化设计（表 7.5.2）。

表 7.5.2　　　　　　　　　各类生产车间周围绿化特点及设计要点

序号	类　型	绿 化 特 点	设 计 要 点
1	精密仪器车间、食品车间、医药卫生车间、供水车间	对空气质量要求较高	以栽植藤本、常绿树木为主，铺设大块草坪，选用无飞絮、种毛、落果及不易掉叶的乔灌木和杀菌能力强的树种
2	化工车间、粉尘车间	有利于有害气体、粉尘的扩散、稀释或吸附，起隔离、分区、遮蔽作用	栽植抗污、吸污、滞尘能力强的树种，以草坪、乔灌木形成一定空间和立体层次的屏障
3	恒温车间、高温车间	有利于改善和调节小气候环境	以草坪、地被物、乔灌木混交，形成自然式绿地。以常绿树种为主，配以色淡味香的花灌木。可配置园林小品
4	噪声车间	有利于减弱噪声	选择枝叶茂密、分枝低、叶面积大的乔灌木，以常绿落叶树木组成复层混交林带
5	易燃易爆车间	有利于防火、防爆	栽植防火树种，以草坪和乔木为主，不栽或少栽花灌木，以利可燃气体稀释、扩散，并留出消防通道和场地
6	露天作业区	起隔音、分区、遮阴作用	栽植大树冠的乔木混交林带
7	工艺美术车间	创造优美的环境	栽植姿态优美、色彩丰富的树木花草，配置水池、喷泉、假山、雕塑等园林小品，铺设园路小径
8	暗室作业车间	形成幽静、庇荫的环境	搭荫棚或栽植枝叶茂密的乔木，以常绿乔、灌木为主

7.5.2.3 仓库、堆场植物造景

仓库区的绿化设计，要考虑消防、交通运输和装卸方便等要求，选用防火树种，禁用易燃树种，疏植高大乔木，间距 7 ~ 10m，绿化布置宜简洁。在仓库周围要留出 5 ~ 7m 宽的消防通道。

露天堆场绿化，在不影响物品堆放、车辆进出、装卸条件下，周边栽植高大、防火、隔尘效果好的落叶阔叶树，外围加以隔离。

7.5.2.4　防护林带设计

工厂防护林带的主要作用是滤滞粉尘、净化空气、吸收有毒气体、减轻污染，保护、改善厂区乃至城镇环境。因此，工厂防护林带对那些产生有害排出物或生产要求卫生防护很高的工厂尤为重要。

工厂防护林带首先要根据污染因素、污染程度和绿化条件，综合考虑，确立林带的条数、宽度和位置。通常，在工厂上风方向设置防护林带，防止风沙侵袭及邻近企业污染。在下风方向设置防护林带，必须根据有害物排放、降落和扩散的特点，选择适当的位置和种植类型。一般情况，污物排出并不立即降落，在厂房附近地段不必设置林带，而将其设在污物开始密集降落和受影响的地段内。防护林带内，不宜布置散步休息的小道、广场，在横穿林带的道路两侧加以重点美化隔离。烟尘和有害气体的扩散，与其排出量、风速、风向、垂直温差、气压、污染源的距离及排出高度有关。因此设置防护林带，也要综合考虑这些因素，才能发挥较大的卫生防护效果。在大型工厂中，为了连续降低风速和污染物的扩散程度，有时还要在厂内各区、各车间之间设置防护林带，以起隔离作用。因此，防护林带应与厂区、车间、仓库、道路绿化结合起来，以节省用地。

在植物选择方面，防护林带应选择生长健壮，病虫害少，抗污染性强，树体高大，枝叶茂密，根系发达的树种。树种搭配上，要常绿树与落叶树相结合，乔、灌木相结合，阳性树与耐阴树相结合，速生树与慢生树相结合，净化与美化相结合。林带结构以乔灌混交的紧密结构和半通透结构为主，外轮廓保持梯形或屋脊形，防护效果较好。

7.6　校园绿地植物造景

学校绿化的主要目的是创造浓荫覆盖、花团锦簇、绿草如茵、清洁卫生、安静清幽的校园景观，为师生的工作、学习和生活，提供良好的环境和场所。

7.6.1　幼儿园植物造景

幼儿园绿地植物的选择，要考虑儿童的心理特点和身心健康，要选择形态优美、色彩鲜艳、适应性强、便于管理的植物，禁用有飞毛、毒、刺及引起过敏的植物，如花椒、黄刺玫、漆树等。同时，建筑周围注意通风采光，5m内不能植高大乔木。

公共活动场地是儿童游戏活动场所，是幼儿园重点绿化区。在活动器械附近，以种植遮阴的落叶乔木为主，角隅处适当点缀花灌木，整个室外活动场地，应尽量铺设草坪，在周围种植成行的乔灌木，形成浓密的防护带，起防风、防尘和隔离噪声作用。有条件的幼儿园可单独设置菜园、果园或花园，以培养儿童热爱劳动，热爱科学的精神。可将其设置在全园一角，用篱笆隔离，里面种植少量果树、油料、药用等经济植物，或整个室外活动场地，应尽量铺设草坪，在周围种植成行的乔灌木，形成浓密的防护带，起防风、防尘和隔离噪声作用。

7.6.2　中小学植物造景

中小学建筑附属绿地的植物种植设计既要考虑建筑物的使用功能，如通风采光，遮阴、交通集散，又要考虑建筑物的体量、色彩等。大门出入口、建筑门厅及庭院，可作为校园绿化的重点，结合建筑、广场及主要道路进行绿化布置，注意色彩层次的对比变化。配置四季花木、建花坛、铺草坪、植绿篱、衬托大门及建筑物入口空间和正立面景观，丰富校园景色、构筑校园文化。建筑物前后作低矮的基础栽植，5m内不植高大乔木。两山墙处植高大乔木，以防日晒。校园道路绿化，以遮阴为主，植乔灌木。

学校周围沿围墙种植绿篱或乔灌木林带，与外界环境相对隔离，避免相互干扰。

中小学绿化树种选择与幼儿园相同。树木应挂牌，标明树种名称，便于学生识别、学习。

7.6.3 大专院校植物造景

大专院校校园面积大，一般分为校前区、教学区和生活区。各区功能不同，对绿化的要求也不同，绿化形式也相应有所变化。

7.6.3.1 校前区植物造景

学校出入口与行政、办公区组成校前区，与工厂厂前区一样，是学校的门面和标志，体现学校面貌。校前区绿化应以装饰观赏为主，衬托大门及主体建筑，突出安静、优美、庄重、大方的高等学府校园环境。

校前区绿化设计以规则式绿地为主，以校门、办公楼入口为中心轴线，布置广场、花坛、水池、喷泉、雕塑和国旗台，两侧对称布置装饰或休息性绿地，或在开阔的草地上种植树丛，点缀花灌木，自然活泼，或植绿篱、草坪、花灌木，低矮开朗，富有图案装饰性。校前区绿地常绿树应占较大比例（图 7.6.1）。

图 7.6.1 某高校校前区绿化

7.6.3.2 教学区的植物造景

教学区的绿化，首先保证安静的教学环境，在不影响教学楼内通风采光的条件下，多植落叶乔灌木。为满足学生课间休息，楼附近要留出小型活动场地，地面铺装。

大礼堂是集会的场所，正面人口前设置集散广场，绿化同校前区，空间较小，内容相应简单。礼堂周围基础栽植，以绿篱和装饰性树种为主，礼堂外围可结合道路和场地大小，布置草坪树林或花坛，以便人流集散。

实验楼的绿化同教学楼，还要根据不同实验室的特殊要求，在选择树种时，综合考虑防火、防爆及空气洁净程度等因素。农林医类专业的实验楼庭院绿地可结合专业特点和教学需要布置成实习场地。如中医学院教学楼庭院可选用药用观赏植物进行造景，既美化环境，又可满足学生认知实习的需要。

7.6.3.3 生活区的植物造景

生活区的植物造景参照居住区植物造景的方法。

思考题

1. 公园绿地植物造景中，休闲游览区的植物配置应注意哪些事项？

2. 城市道路绿化的断面形式有哪些？

3. 高速公路植物景观由哪几部分构成？植物配置应注意什么？

4. 居住区小游园的植物配置特点有哪些？

5. 工厂绿地植物造景时，树种选择的原则是什么？

第8章　植物造景设计实例分析

8.1　昆明市盘龙江南段绿化景观设计 ❶

8.1.1　现状分析

8.1.1.1　项目区位

本项目河段位于昆明市官渡区西部，北（上游）起官渡区水务局南坝管理所，南（下游）至滇池，长度为7.7km。其间横穿日新路、广福路等交通主干道，流经多个居民小区和村庄，最后流入滇池。

8.1.1.2　现状条件

该河段场地现状情况复杂。部分河段虽有绿化，但植物物种单一，基本为桉树，缺乏统一规划，景观效果差；驳岸上植被覆盖率普遍较低，并多为野生草本植物，景观效果及生态功能较差；并且部分驳岸上倾倒了许多建筑及生活垃圾，严重影响防洪安全；河道驳岸情况多样，主要包括缓土坡、陡土坡、硬质边坡、硬质陡坎、亲水台阶等多种形式，且各种驳岸形式交叉出现，十分混乱。沿河尚存点滴农村自然风貌，让人感受到丝丝田园风光，但十分破碎化，没有形成连续的绿色生态长廊。

8.1.2　设计依据（略）

8.1.3　规划目标

将盘龙江建成贯穿城乡的绿生态长廊，通过有效的绿化营建来保护河道，形成连接城区与滇池湖岸的绿化带，并使河道景观融入城市之中；同时为城乡居民提供休闲活动的场所，达到"水清、岸绿、景美"的境界，提高城市绿化率、美化城市环境、完善城市绿地系统。

8.1.4　设计原则

8.1.4.1　满足功能，兼顾景观原则

河岸绿化首先应满足行洪排涝、供水灌溉等基本功能要求，避免对河道行洪的影响，避免对河中水流的阻碍作用，注重水土保持和水质保护，同时应兼顾景观效果和方便居民使用。

8.1.4.2　适地适景、因地制宜原则

根据现有河道断面情况和河道功能要求，为丰富景观进行微地形的适当营造，对原有地形进行深入分析，根据不同地形，合理配置绿化植物。

8.1.4.3　保护性原则

在河道绿化规划中应当珍惜并保护现有资源，坚持保护与新建相结合的原则，注意对河边原有林木、绿化的保护，防止对原有生态的破坏，将原有绿化融入整个河道绿化规划中。在有限的绿化面积内通过植物群落复合结构提高绿量，使之最大限度地发挥生态效益。

---

❶ 本项目资料由宋杰提供。

8.1.4.4 以乡土植物为主，体现春城特色

根据本地土壤、气候、水位等因素，选用适合的园林植物，以保证园林植物有正常的生长发育条件，并反映出本地区的植物风格，如樟树、滇朴、冬樱花、杜鹃、云南黄馨及扁竹兰等。考虑植物多样性，适当选用一些生态适应性强、生长快、景观效果好的外来树种；在常绿树木的背景下，配置观花乔灌木和花卉，形成"春城无处不飞花"的宜人景象。

8.1.4.5 景观延续性原则

从宏观来看，该滨河绿地作为绿轴贯穿城市，连接着旧城与新城，设计时应注重体现绿化景观的延续性，形成统一的基调。从景观的时序变化来说，应达到四季有花、四季有景、并有季相变化的延续性景观效果。

8.1.5 设计理念

通过盘龙江两岸绿化带建设，初步形成绿色生态走廊；逐步实现盘龙江水清、堤固、岸绿，环境优美，景观怡人，成为集防洪、供水、排水、生态、灌溉、旅游为一体的多功能水系。

8.1.6 具体种植设计

盘龙江景观绿带由堤岸绿带、沿河道路绿带两大部分组成。中间贯穿滨河游园和亲水平台，形成收放有秩、多层次、多功能，点、线结合的生态景观廊道。

8.1.6.1 两岸堤岸绿化空间的构筑

盘龙江沿岸堤岸形式复杂，有土质梯形断面、土质矩形断面、硬质梯形段面及硬质矩形断面等几种。有土质梯形断面的河岸，其坡度，坡面宽度又有所不同。根据不同河岸断面形式采取不同绿化形式。并在有条件的河段布置滨水游园和亲水平台，以满足附近居民游憩休闲的需要。

（1）土质梯形断面的植物种植设计。保留原有桉树，沿河补种一行耐水的树木，近水区域自然式布置耐水的地被植物，主要有鸢尾、美人蕉、肾蕨、云南黄馨等种类。模拟自然界中林地边沿地带多种野生花卉交错生长的状态，力求形成一个具有田园风貌的自然景观绿带。桉树林下光照不足，主要种植耐阴的地被植物，主要选用杜鹃、八角金盘、鹅掌柴、常春藤等种类。驳岸上没有桉树的地段或桉树较稀疏的地方补种一些杨树，因杨树生长迅速，能够快速成林，从而达到提高沿岸绿化覆盖率的目的。各种低矮植物宛如绿色血液，流入到林下每个角落，将整个滨水景观带串连成一个充满活力的绿色空间。沿河有部分原生的芦苇，景观效果好，应予以保留。

（2）土质矩形断面植物种植设计。此种河段在堤岸垂直面上难以种植植物，主要通过在堤岸上的绿化带种植藤蔓类植物，让其柔软的枝蔓沿堤岸垂下，从而对堤岸垂直面起到美化绿化作用。主要选用云南黄馨、常春藤等乡土植物，以形成具有乡土特色的堤岸景观。

（3）硬质梯形段面。部分河段的梯形坡面堤岸已经硬化，上面不能栽种植物。此种堤岸的绿化手段同上。

（4）硬质矩形断面。通过村庄的河段大多是此种堤岸。此种堤岸可种植植物的空间有限，为了提高绿视率，增强美化效果，在堤岸垂直面上（水位线以上），布置一些错落有致的花卉种植池，种上垂直绿化植物，通过柔美的枝叶对硬质驳岸起到软化、美化作用。

（5）滨水游园种植设计。为了给沿河村民提供日常休闲空间，结合现状条件，在有条件的居民点附近将绿化带做成滨水游园，设置台阶、花架等设施，配以多种乡土植物，形成一个树绿、花美的小型公园。树种选择主要突出植物群体的观赏功能和美学氛围，利用绿化植物具有的形体美、色彩美、动态美、韵律美和季相变化等要素，创造富有诗情画意的优美景观。

8.1.6.2 沿路绿化带设计

按照10m的道路红线，在路的两侧各建2m宽的绿化带，用多土树种，以常绿乔木为骨架，并布置不同季

节开花的多种植物和秋季观叶植物，体现"花枝不断四时春"的春城特色。由于绿化带较窄，采取规则的种植方式，形成简洁、整齐的景观。植物搭配上乔木、灌木、草本植物相结合，形成高中低不同的空间层次，提高单位面积的叶面积数量，从而充分发挥绿地的生态效益。选择的乔木树种主要有云南樟、冬樱花、滇杨、垂柳、石榴、紫薇及紫叶李等种类。灌木主要有红花继木、金叶女贞、紫叶小檗、杜鹃、构骨冬青等种类。树种搭配上常绿与落叶相结合、不同季节开花的植物相结合，以形成四季常青，四时有花的绿化景观，达到绿化、美化、彩化的效果。

在无村庄的地段，以路沿石砌成带状树池，有路口地方断开；经过村庄地段，则布置错路有致的树池、花池，并结合树池设置座椅，以供居民休闲，并可观赏两岸风光。树池的平面形式沿河岸有节奏地进行变化。有亲水平台的地段断开留出路口并设置花架，配以观赏性垂直绿化植物，形成一个个荫棚，居民可以坐在花架下乘凉、休息和观赏两岸风光。树池上层种植柳树和冬樱花，以形成冬观花、夏观柳的河岸景观；下层除了种植彩叶灌木，沿岸再种植一些藤蔓类植物，以对硬质堤岸进行美化。

8.1.6.3 入湖口的种植物种植设计

在河道入湖口 100m 长、50m 宽的范围内，建成可供游憩的滨水湿地绿带。设计池杉、落羽杉、中山杉、水杉等耐湿树种构成的针叶混交林，以便在 3 ~ 5 年内长成自然的观赏群落。不但可以欣赏秀丽的锥形姿态和色叶的变化，也可以欣赏水中美丽的倒影。林下布置一些具有丰富色彩的耐湿景观植物如芦竹、马蹄莲、玉簪、鸢尾及肾蕨等。林下可布置弯弯曲曲的仿木小径，既能让人们走入林中、走入花丛，近感自然花境的野芳气息，又起到分割块面的作用，小径旁设置座凳、花架等简易休闲设施，以供居民休闲之用。这些块状的绿地形成河道绿化体系中的"面"。

8.2 某湿地公园绿化景观设计 ❶

8.2.1 项目概况及分析

8.2.1.1 项目概况

该湿地公园位于昆明市五华区北部，规划面积 101 亩，周围群山环抱，林木葱郁，风景秀美，与昆沙公路相距仅 1km，交通便利。公园北侧紧接西北沙河水库，上游水量充沛。园址位于水库大坝南侧，整个地势北高南低、东高西低，西北沙河穿园而过，园区原为纵横交错的鱼塘，部分区域已被村民自主开发为小型农家乐，供游人餐饮垂钓。

该规划区处于昆明缺乏滨水湿地休闲场所的城市建成区西北郊，是城市居民近郊游览、远足休闲的好去处。同时也是水源涵养、水质净化的理想生态湿地。

8.2.1.2 现状分析

（1）园区由众多鱼塘组成，水系未统一规划，驳岸生硬单调，缺乏美感和生态功能，园区内水质较差，存在重复污染现象。

（2）园区内植被覆盖率低，植物种类贫乏，仅有垂柳、柏树等树种，栽植形式单一，色彩、层次过于单调，未形成绿色景观；湿地植物稀少，湿地景观尚需营造。

（3）园区服务及景观设施简陋，村民自建的民房改造而成的农家乐，卫生状况差，经营层次低，缺乏合理布置，景观效益及经济效益低下。

---

❶ 本项目资料由宋杰提供。

（4）园区被人为分割为数片，彼此之间无法顺利通达，道路系统尚未建立，阻碍了游客的游览情趣。

8.2.2 规划设计依据（略）

8.2.3 总体构思

8.2.3.1 规划设计主题——寻找逝去的桃花源

诗人陶渊明笔下的"桃花源"描述了一位渔夫沿溪行舟，两岸桃花落英缤纷，不知路之远近，水尽而山出，穿过一山洞，眼前豁然开朗，这便是藏于山后的"桃花源"：群山环绕，屋舍俨然，有良田美池，农耕景观与自然和谐交映；此中的人们像家人一样和谐相处，老者健康怡然，幼童欢快活泼；纯朴善良的人们用美酒佳肴热情款待这位不速之客，就像对待自己的兄弟一样。当渔夫离开此地后，想再次重返时，桃花源却再也不觅其踪了。

每个人心中都有自己的桃花源，城市化的高速发展，生活节奏的加快，使城市居民逐渐远离了桃花源。然而，心中的桃花源又是人们挥之不去的情结。

规划区正符合诗人的描述，周围山林葱茏，让人处于其间仿若有与世隔绝之感，园区阡陌纵横的塘网港汊、菁菁芦草、夹岸杨柳、清溪绵延、天高云低，一派迷人的田园风光与水乡风情，是人们寻觅多年的桃花源。

8.2.3.2 规划设计理念

1."自然"的理念

众所周知，山水风景皆有其独具的特色和灵性，规划区显著的场所特征即为"清、野、悠、恬"，虽然人类活动的痕迹已经侵染了这块绝美的桃源世界，但经过景观的成功营造、合理布局，以调节自然元素与人工元素之间的平衡和张力来努力提升场所的"潜质"，弱化其缺憾，强化其生态景观优势，同样可以使公园景观与自然之间达到美妙的和谐与平衡。

2."文化"的理念

"文化"的传承性决定了景观营造的使用寿命，一个成功的风景区总是伴生着经年累月所积淀的文化内涵，故文化理念的提出是景观设计的重要内容。本次规划采用"寻找逝去的桃花源"为主题，希望运用地形地势与景观空间的布局来实现文脉与自然环境的交融汇聚。主题文化空间作为一种独具风格和个性的"文本"，具有特殊的渗透力和感染力，人们在对环境的反复解读和体味中思考和把握其中所蕴含的各种文化信息，从而增强了景区的吸引力和持久力。

8.2.4 规划布局

8.2.4.1 功能分区

公园规划现状用地分为生态湿地区、生态休闲区、功能湿地区和功能服务区4大区块，通过完整的游览路线把各个景区组成一个有机湿地系统和游览系统。以生态休闲区为整个湿地公园的开发建设核心。

8.2.4.2 景区营造

全园共规划了一下几个景区：①入口景区；②稻香人家；③渔歌唱晚；④烟水渔庄；⑤花影荷香；⑥碧塘观鱼；⑦水泽农苑；⑧金色乐园；⑨水草深处。

8.2.5 植物种植设计

8.2.5.1 种植设计的原则

（1）树种选择应遵循适地适树的基本原则，尽可能的选用乡土树种，突出地方特色。

（2）植被培植遵循生态学的原则，注重植物配置的多样性特征，陆生、湿生、水生植物综合考虑，乔、灌、草合理搭配，为动植物栖息创造良好的生境。

（3）配置遵循美学原则，注重植物的季相色彩和立体层次的变化及植物大小、疏密的搭配。

（4）绿化配置以乔木为主，合理搭配灌木，减少草坪的用量，同时突出湿地公园的主题，按需大量栽植功能性湿地植物。

（5）原有树木及野生地被植物尽量保留，保留原则为：古树名木必须保留；生长良好、树形优美的应保留；连片生长的覆盖效果好野生地被植物尽量保留。

8.2.5.2 物种选择

规划以云南樟、滇朴、天竺桂、复羽叶栾、水杉、落羽杉、枫杨、合欢、榉树等为基调树，点缀色叶树种枫香、三角枫、鸡爪槭、银杏、乌桕、杜英及观花树种桂花、玉兰、腊梅、冬樱花、垂丝海棠、蓝花楹、叶子花等，并点缀有色花灌木如假连翘、红花檵木、鹅掌柴、南天竹、杜鹃、茶梅等，溢洪道旁栽植藤本植物云南黄馨、花叶蔓长春花加以遮蔽美化，草坪草选用三叶草、狗牙根、黑麦草、早熟禾等，水生植物选用芦苇、鸢尾、千屈菜、水葱、再力花、慈姑、荷花、睡莲、香蒲、菖蒲、梭鱼草、纸莎草、芦竹、风车草、黄菖蒲、金鱼藻、狐尾藻等。

8.2.5.3 具体配置方式

（1）公园入口主要以规则式为主，植物经过整形修剪，进行色彩搭配，注重图案效果。具体方式为：列植较大规格的天竺桂形成绿荫大道，突出入口的标识性，并搭配银杏、杜英等色叶树进行点缀，道路旁片植假连翘、杜鹃等色带植物，用黄金榕球、海桐球进行点缀。

（2）入口景区的树阵广场选用树体高大、树形优美的榉树，停车场旁选用合欢为遮阴树，防止停放车辆在阳光下暴晒，并搭配桂花、女贞、蓝花楹、乌桕等色叶树和观花树种。

（3）园区周边适宜的地方种植双排云南樟作为防护带，起到隔离、界定的作用，云南樟为特色乡土树种，枝繁叶茂、树体高大，是优良的园林绿化树种。

（4）在各餐饮服务场所旁以观赏性和庭院式绿化为主，以乔、灌、草为主相互搭配，以常绿、色叶、花香等植物为主，如银杏、鹅掌楸、桂花、鸡爪槭、腊梅、垂丝海棠、冬樱花、杜鹃及鹅掌柴等。

（5）在生态湿地区主要以挺水植物为主，突出湿地的净化及观赏功能，主要种植芦苇、鸢尾、千屈菜、水葱、再力花、慈姑、荷花、睡莲、香蒲、菖蒲、梭鱼草、纸莎草、芦竹、风车草和黄菖蒲等水生植物，它们具有较强的净水能力，具有突出的生态功能。

（6）生态休闲区植物造景主要体现休闲气息，以自然式布置为主，突出各个休闲场所的主题景观，主要树种为滇朴、水杉、香樟、桂花、蓝花楹、玉兰、鸡爪槭、鹅掌柴、杜鹃、假连翘、水竹等，休闲区水体不提倡种植大面积湿地植物，只是局部点缀挺水植物、浮水植物，以观赏为主的水体栽植较大面积的品种睡莲和荷花来进行装点，突出主题。

（7）溢洪道经过整治，其上部不影响行洪安全的地方种植云南黄馨、花叶蔓长春花等藤蔓类植物进行边坡绿化美化，使其形成带状的绿色景观廊道。

（8）苗圃区内可种植桃树、柿树、枇杷、杨梅、葡萄等既有景观价值，也可产生经济效益的树种。

（9）规划对主次道路的树种选择注重季节性，可谓四季有景，三季有花，春季可观赏海棠、玉兰、云南黄馨盛开的美丽景象，夏天可看到复羽叶栾金黄色的花序、蓝花楹湛蓝色的花序盛开时的交相辉映，秋季则丹桂飘香、银杏、鸡爪槭、枫香、乌桕等色叶树如火如荼的展放风姿，冬天则早有腊梅、冬樱花、茶梅绽放枝头。园区内丰富的水生植物结合季节更迭更加突出了景观的表现。

8.3 某单位绿地植物景观设计 ❶

8.3.1 项目概况和现状分析

8.3.1.1 项目概况

中国十五冶金建设有限公司武汉基地位于湖北武汉市东湖新技术开发区，占地面积 26651m²，地上建筑面积 66607m²，地下室 12490m²，绿地率 36.53%，建筑密度 28.64%。其中包括一幢 20 层的办公楼，一幢 12 层的酒店和一幢 3 层楼的会议中心，3 幢楼由 3 层高的裙楼相连。南面地块另有独立的 16 层公寓式酒店。本次设计范围为地面景观绿地面积约为 16749m²；屋顶花园景观绿地面积约为 2445m²；地下室下沉式庭院景观面积约为 290m²；合计为 19484m²。

8.3.1.2 项目基地现状调查

建筑的风格为现代简约式建筑风格。景观绿地围绕和穿插在这几幢建筑之间。北面的绿地与高新大道相连，东面的绿地与光谷六路相连。第四层有高低不同的两块屋面为屋顶花园，地下一层临近食堂为下沉式花园。基地地势平坦，没有植被和障碍物。土壤类型为黄黏土。

8.3.2 设计依据（略）

8.3.3 景观设计总体定位

充分体现高档办公、会议及酒店景观环境，全面展现中国十五冶企业的特色文化。

8.3.4 植物种植设计

8.3.4.1 种植设计原则

（1）功能性原则。绿化种植强调绿化量，以生态种植为主，减少大色块，起到防护、庇荫、滤尘、减噪、绿化及美化的作用，同时绿色植物有利于放松心情，调节情绪，特别是植物挥发的气体有一定的保健作用，可以起到健神醒脑、身心健康的作用。

（2）生态性原则。尊重植物的自然习性，植物配置乔、灌、地被相结合，常绿与落叶相结合，同时注重色彩和季相的搭配，依靠多样性的配置形式和特色树种，创造多样性的绿色景观。注意常绿树和落叶树的比例，做到夏季枝繁叶茂，冬季也有绿树点景。

（3）适地适树原则。种植本地区的乡土树种和特色树种，充分反映当地的自然风貌，同时引进新优植物新品种，做到植物的多样性。

（4）"以人为本"的原则。在道路的两侧种植高大浓荫的乔木，起到庇荫作用。建植高低起伏的绿地，为职工在公休和休会期间，提供户外的娱乐场所。

（5）经济性原则。多选择管理粗放，效果显著的树种，减少草坪用量，增加灌木和地被的用量，多用自然形树种，减少修剪量。控制工程投资和建成后的养护管理成本。

8.3.4.2 植物选择

（1）地方特色树种。乔木有香樟、广玉兰、栾树、重阳木、乌桕、杂交马褂木、白玉兰、三角枫、桂花、朴树、银杏、柿树、枇杷等。小乔木有梅花、碧桃、紫叶李、樱花、垂丝海棠、丁香、紫玉兰、腊梅、紫薇、木槿等。

---

❶ 本项目资料由董则奉提供。

（2）引进特色植物。特色乔木包括榉树、无患子、胡柚、香橼、深山含笑。特色花境植物有浓香茉莉、荚蒾、美国薄荷、熏衣草、迷迭香、美丽月见草、长春花、棉毛水苏、金山绣线菊、金叶大花六道木等。特色观赏草有细叶芒、矮蒲苇、血草、棕叶薹草、狼尾草、玫红苔草、紫御谷等。

（3）植物观赏特色。春景树有碧桃、紫叶李、樱花、垂丝海棠、白玉兰、紫玉兰、黄馨、连翘、郁李、榆叶梅等。夏景树包括广玉兰、紫薇、木槿、石榴、丰花月季、栀子花等。秋景树有栾树、重阳木、乌桕、杂交马褂木、三角枫、桂花、朴树、银杏、木芙蓉等。冬景树有腊梅、梅花、红瑞木、茶花、茶梅等。

（4）主要香花树种。春季有白玉兰、紫玉兰。夏季有广玉兰、栀子花、玫瑰等。秋季有桂花。冬季有腊梅、梅花。

8.3.4.3　植物种植设计构思

1. 地面景观的种植设计

地面景观共分5个区来进行设计。

（1）第一个景区：即至诚至信——国旗飘扬景观区。基地北入口的西侧，即办公楼主入口区。主要是国旗台的背景，以大规格的香樟、银杏、朴树、桂花种植在起伏的土坡的顶部，挺拔高耸的大乔木，以用来衬托升旗台，在土坡的底部种植春景植物，如樱花、红花檵木球等。特别是北侧的围栏，隐含在自然林带中，即起到防范作用，又不被显露。

（2）第二个景区：诚筑基业——混凝土艺术模块景观区。基地北入口的东侧，即酒店北入口。绿地有两大块，一块是紧靠酒店建筑的北侧的绿地，该绿地在地下车库上，覆土1m，局部适当抬高，由于覆土的限制和北侧阳光的限制，该处主要是在线条非常柔和地形上，铺种果岭草坪，用大桂花组团种植，点缀花灌木，以形成层次简洁的树群组合，桂花同时也是秋季观赏树。另一块绿地位于基地的北外侧，这块绿地面积较大，用混凝土景墙划分成游园休闲场地，最外侧围栏际密植树丛外，以疏林草地的布置手法形成该处的风格，主要种植了夏季观花的合欢，春季观花的垂丝海棠、紫玉兰，秋季观叶色的榉树、银杏，冬季观花的茶花、茶梅、腊梅。

（3）第三个景区：精益求精——多层细腻跌水景观区。在酒店的主入口正对的绿地，作为酒店对景的绿地，也是酒店喷泉的背景绿地，种植层次丰富的观赏植物，如广玉兰、银杏、桃花、红枫、紫玉兰及桂花等，林下种植红花檵木球、金边黄杨球、无刺构骨球、茶梅球等，形成一幅层层叠叠、高低错落、色彩斑斓的立体画。

（4）第四个景区：创高创新——高品位矿石堆雕塑景观区。即会议中心南入口的东西两侧。该处也是在车库顶上面，由于覆土深度的限制，难以种植高大的树木。在会议中心人行入口的两侧，选用两组造型树，能体现园艺的高超的技艺，来隐喻十五冶的人文精神——高品位。在该区建筑的边缘，种植桂花、香橼、无患子等秋色树种，并点缀西府海棠、白玉兰等春花树种。

（5）第五个景观区：与客户共发展、与员工共成长、与社会共和谐——美丽家园景观。即酒店式公寓的四周边。因为此处为公寓楼，周边绿地要给人有家的舒适、有游公园的放松，达到"美丽家园"景观感受。在公寓酒店的北面两侧对称有地下车库的出入口，环线的出入口形成了两个圆形的绿地，绿地种植棕榈科的植物，如华盛顿棕榈、苏铁及布迪椰子等，与环线出入口的玻璃顶棚形成对比。在公寓楼的北侧有停车位，密植乔灌木，将道路和车辆隔离开，保持公寓楼的安静。公寓楼的东西两面，绿地面积较大。东侧设计了温室，此处植物景观与温室相配合，以四季观赏为主题，为四季景观花园。春夏秋冬四季的观赏树种包括白玉兰、垂丝海棠、杜鹃、丁香、日本晚樱、紫薇、广玉兰、木槿、茶花。秋天观叶色的有：朴树、马褂木、乌桕等。香花树有：桂花、腊梅、浓香茉莉、栀子花等，加上四季叠翠的哺鸡竹和温室里的异域花卉，静谧的花园，让人陶醉，好一派园艺风光。公寓楼的西侧，设计为果园，在起伏的小山丘上，种植了枇杷、日本甜柿、石榴、山楂、香橼、胡柚、樱桃、代代等。樱桃、山楂、石榴等既可观花又可结果，给园子增添了不少的情趣。东侧的花香花色和西侧的果香果色，使整个游园的游客赏心悦目，流连忘返。

2. 屋顶花园植物配置

屋顶花园的定位是"国际化的愿景——世界园林景观""人性化的环境——室外客厅景观区"，围绕这两个主题，屋顶花园植物配置的创意如下。

屋顶花园的面积较大，有做好文章的基础。但由于受到屋顶荷载的限制，屋顶覆土深度只有 30cm，限制了植物的种植的种类。为了使屋顶花园在有限的土层上做出错落有致的层次和丰富多彩的植物景观，我们采用轻质配比的营养土，在局部柱顶处加高土层，使土层达到 50~60cm，屋顶花园植物选择的范围就扩大了，景观效果就有了保证。我们选择了大灌木、小灌木、球形植物及水生植物，达到花香四溢、五彩缤纷的景观效果。

在日本特色园中，选用了小叶罗汉松、杜鹃、黑松等植物，特别是枯山水造型，在园内覆白砂，缀以山石组并适量栽植不太高大的观赏树木、有修剪树的外形姿态而又不失其自然生态的造型植物。

在英国自然式特色园中，采用了自然风致的园艺派风格做法，选用了迷迭香、熏衣草、黄杨绿篱、月季、玫瑰、杜鹃等植物，根据植物的花期、色彩和株型仔细搭配，以及采用密植花卉的手法，做成具有英伦风尚的花园。

在地中海特色花园中，主要体现阳光、水、色彩鲜艳的花卉，立体的绿化，灵动的曲线，以彰显人文气质，还有铺装和装饰等。这些质朴的装饰都是地中海园林的特色，因此选用了地中海荚蒾、苏铁、滴水观音、红叶石楠及金森女贞等阔叶植物，并用多曲线变化线形和色彩鲜艳花草，以充分体现地中海的园林特色。在办公楼一侧的屋顶花园，主要体现室外客厅的理念，选择以观花灌木和地被、观赏草、观叶色的球形植物等组合，特别是用钢筋编制的隔断，选择鸡血藤、西番莲、红花金银花等藤本植物，使其爬满整个网架，形成绿色的墙，来提升屋顶花园植物的高度，达到立体绿化的目的。

3. 下沉式花园设计

下沉式花园主要是服务进餐的人员。此处三面是高 5m 多的挡土墙，一面是食堂的开敞玻璃窗和大门入口，形成了一个天井。因此该处的绿植以尽量减少墙面的硬质感，达到赏心悦目的园林景观。在靠近食堂的沿边。设置了低矮的落地式盆景，并种植造型树，放置山石，点缀球形植物和开花地被，形成"石本顽，树活则灵"的生态造型。透过低矮的盆景植物，看到对面的植物，仿佛是展开的一幅画，也就是三面墙体的造景：高挑的哺鸡竹，枝叶婆娑，遮去了一半的墙体，竹子前配置了罗汉松、梅花、大花八仙花、杜鹃、茶梅等，好一幅"岁寒三友"图，诗情画意油然而生。在竹子的背后还种植了爬山虎，爬山虎可以爬到墙的顶部。在三面墙的顶端，配置了浓香茉莉，它类似云南黄馨，但比云南黄馨更有优点，常绿，开黄色的花，花香，花期长，枝条下垂，是近年来引进的新优植物品种。以上的种植有效地将生硬的挡土墙变成绿色的景观墙。

4. 行道树设计

根据标书的要求，本基地的行道树选用在武汉长势良好的香樟。

8.4 北京奥林匹克森林公园植物造景设计

8.4.1 项目背景

北京奥林匹克森林公园位于北京城市市区北部，城市中轴线的北端，是举办 2008 年奥运会的核心区域，集中了奥运项目的大部分主要比赛场馆及奥运村、国际广播电视中心等重要设施。

8.4.2 种植设计理念

充分贯彻和体现公园"通向自然轴线"总体设计理念，通过巧妙利用各种乡土植物，运用植物造景的原则、手法，组成一个个既能发挥综合的生态、社会、经济效益，又各具特色的植物景观群落，使园林景观逐渐由城市化向自然山林过渡。

8.4.3 植物造景的原则

以生态的思想和生物多样性的原则为植物造景的首要原则，在充分解读北京的自然植被信息和乡土树种的综合特性及北京的主要乡土动物物种对植物种类及栖息地的依存关系的基础上，坚持以北京的乡土树种为公园的骨干和基调树种，合理进行乔、灌、草的搭配，常绿树种和落叶树种的搭配。针叶树种和阔叶树种的搭配，并建立多种多样的景观、群落类型，从而实现景观和生态效益、社会效益的多重功能。

8.4.4 场地生态环境分析

8.4.4.1 地形地貌概况

公园由于现状五环路的存在而自然地形成了南区与北区两个部分。因此，根据这两个部分与城市的关系及周边用地性质、建设时间的不同，将二者分别规划成以生态保护与恢复功能为主的北部生态种源地，以及以休闲娱乐功能为主的南部公园区。以自然密林为主的北部公园为生态种源地，以生态保护和生态恢复功能为主，尽量保留现状自然地貌、植被，形成微地形起伏及小型溪涧景观。减少设施，限制游人数量，为动植物的生长、繁育创造良好环境。

南部定位为生态森林公园，以大型自然山水景观的构建为主，创造自然、诗意、大气的山环水抱的空间意境。公园内有较大面积的绿化种植和水面。绿化主要以林地为主。其中，树木较密集的林地约 340hm²，较为稀疏的林地约 65hm²，国家领导人栽种的纪念林地 4 片。现状用地西南高、东北低，西南和东北最大高差 13.7m，因南北跨度较大（近 3000m），整体地形仍较为平坦。在洼里公园、碧玉公园内部还有部分微地形。

8.4.4.2 地形地貌分区—生态环境区域划分

丰富的地形地貌形成了溪流河道、大山大水、湿地、草地和林地等不同的生态区域。分析这些区域的生态特征，是具体的植物群落景观设计的基础。公园规划绿地面积 450hm²，占总面积的 66.28%。以规划地形地貌、景观分区、功能分区为基础。考虑到植物的种植形式和影响植物生长和植物景观特征的主要因素——地形高度及水分状况，分别将种植方式、高度、土壤水分状况 3 个因子划分为 3 个梯度，并采用分层叠加的方式，获得不同的生态区域。其中种植方式划分为自然、半自然和人工区，是结合总体规划中的景观分区和功能分区，从植物景观总体规划的角度入手，根据不同的配置手法来体现的，其类型灵活多变。地形高度划分则以场地现状的最高点高程 48.90m（西南部）和最低点高程 35.20m（东北部）的中间值 42m 作为相对零点高程，再依照规划中森林公园对于山地的划分标准（高山 48m、中山 20m 左右、低山 5 ~ 10m 的相对高程）。将相对高度大于 5m 的地上部分归为高地，0 ~ 5m 高度归为平地，其余为低地。三大梯度的划分以陆地景观为主。因而在土壤划分中省略了水体部分。土壤则根据其高度对水分状况划分为旱地区、中地区、湿地区 3 个梯度。

将以上 3 大类 9 个小区分层叠加，产生 4 大类 27 个分区。在此基础上，结合森林公园基址条件，最终产生以下 4 大类 11 个分区。

（1）第一类。A 区——高地 + 自然 + 干地区；B 区——高地 + 自然 + 中地区；C 区——高地 + 半自然 + 中地区。

（2）第二类。D 区——平地 + 自然 + 中地区；E 区——平地 + 半自然 + 中地区；F 区——平地 + 人工 + 中地区。

（3）第三类。G 区——平地 + 自然 + 湿地区；H 区——平地 + 半自然 + 湿地区；I 区——平地 + 人工 + 湿地区。

（4）第四类。J 区——低地 + 自然 + 湿地区；K 区——低地 + 半自然 + 湿地区。

8.4.5 主要生态环境区域植物群落构成释例

生态环境区域的划分为明确植物的生境条件提供了基础。公园近生态的设计要求我们必须根据环境选择最适宜的植物种类，从而最大限度地减少人工养护的力度，并尽快形成完善的生态系统。因此，针对特定的生态区域构建适宜的植物群落是植物景观设计的最重要内容。借鉴北京地区自然植被的特征和群落结构特征，公园中一般采用乔木、灌木、草本地被 3 层复层混交的配置方式，使其最大限度地发挥光能利用率，充分利用土壤不同层次的水分和养分，又能提高抗病虫害的能力，加强生态系统的平衡性和稳定性。同时根据总体规划中景观分区和功能分区的主题，运用植物造景的原则、手法，组成一个个既能发挥综合生态效益，又各具景观特色的植物群落。下面举例说明。

8.4.5.1　第一类

公园地形丰富。高地主要是指相对高程在 5 ~ 48m 之间的山体。

1. A 区——高地 + 自然 + 干地区

该分区主要集中在园内山体南坡。由于山体南坡光照强，土温、气温高，土壤较干，水分状况差，所以适宜种植一些耐旱的植物。采用自然式配置方式，力求达到近似天然。植物景观以绿色为基调，适当配置夏季观花植物。

模式举例：栾树 + 油松 + 侧柏；荆条 + 小花溲疏 + 胡枝子；景天类。

该模式内均是乡土植物，且耐干旱瘠薄，适合在高处、土壤干燥的情况下生长。群落以绿色为基调，但其中小花溲疏的白色花、胡枝子的粉色花以及栾树的黄花也为群落增添了几分色彩。同时荆条还是良好的蜜源植物，可吸引昆虫。

2. B 区——高地 + 自然 + 中地区

该分区主要集中在园内山体北坡。采用乔灌草的自然式配置方式，充分模拟天然植物群落，植物景观以绿色或红色为基调，具有良好的效果。

模式 1：侧柏 + 油松 + 国槐 + 臭椿；小花溲疏 + 棣棠 + 红瑞木 + 黄栌；沙地柏。

该模式以绿色为基调，以万古长青为主题，以常绿松柏为主要植物材料。同时配有少量观花灌木，创造植物景观变化。黄栌的秋色叶、冬季的红瑞木红枝和棣棠的嫩绿枝条配苍松翠柏，使整个群落景观变化丰富。

模式 2：柿树 + 元宝枫 + 银杏 + 油松；香茶藨子 + 山楂 + 秋胡颓子 + 黄栌；宽叶麦冬 + 紫花地丁。

该模式以秋季红色为基调、秋季丰收为主题。秋季柿树硕大的金黄色果实，山楂鲜红色的果实和元宝枫、银杏、黄栌的红色叶，构成了一副丰收的景象。春季亦有香茶藨子、紫花地丁；夏天有苍翠的油松使得群落有三季景观变化。

8.4.5.2　第二类

公园大部分区域处于平地或微地形条件下，干性土壤，植物多是中生植物，不能忍受过干和过湿的条件。

以 D 区（平地 + 自然 + 中地区）为例。该分区主要分布在功能性活动较少的地段，供人们停留休息，采用自然配置方法，模拟天然植物群落。结合公园植物景观规划中的四季景观分区，提出四季植物景观群落模式。

1. 春景模式举例

旱柳 + 流苏 + 油松；海州常山 + 锦带花 + 连翘 + 山桃；二月兰 + 荚果蕨。

该模式早春柳吐新绿，二月兰、连翘、山桃竞相开放；晚春有海州常山、锦带花、流苏等次第登场。营造美丽而持久的春季景色。

2. 夏景模式举例

栾树 + 刺槐 + 华山松；珍珠梅 + 连翘 + 紫薇 + 月季；大花萱草 + 宽叶麦冬。

该模式以连翘的春花开始，夏季有刺槐、珍珠梅、栾树、大花萱草、紫薇等次第开放，再加上月季，整个夏季花开不断。土麦冬则可以维持冬季景观。

3. 秋景模式举例

元宝枫 + 山楂 + 白皮松；黄栌 + 木槿 + 香茶藨子；五叶地锦 + 野牛草。

该模式中，秋季元宝枫鲜亮的黄叶和黄栌、五叶地锦的红色叶构成整个景观的底色，山楂的红果、香茶藨子的黑果，以及白皮松的苍翠点缀其间，增加景观层次。

4. 冬景模式举例

刺槐 + 青杆 + 白皮松；红瑞木 + 棣棠 + 迎春 + 云杉；野牛草。

该模式中，红瑞木、棣棠、迎春以大面积的色彩来表现植物群体美，不仅春有花，而且冬有枝干创造冬季丰富的色彩（红瑞木，枝红；棣棠、迎春、云杉，枝绿；白皮松，干白；刺槐，枝黑）和不同姿态的景观。

8.4.5.3 第三类

在近水体、环境潮湿的平地或微地形范围内，选择中度耐水湿树种，多采用自然配置方式。

以 G 区（平地 + 自然 + 湿地区）为例。该模式采用自然配置方式。

模式：栾树 + 绦柳 + 水杉；绣线菊属 + 红瑞木 + 迎春；玉簪。

该模式中，绦柳、水杉、红瑞木临水种植，以水杉和绦柳两种不同姿态创造丰富而又有变化的天际线；以红瑞木、迎春群体的量与整个群落绿色主调形成反差。春季可观迎春、绣线菊；夏天有栾树的满树金黄及玉簪的点缀；秋冬有红瑞木的枝色体现生机。

总之，公园植物景观的营造，力求通过运用适当的乡土植物，充分模拟自然植被群落层次结构，创造出近乎天然的植物景观，与"通往自然的轴线"理念相吻合。

附录1　我国常见园林

适用地区	上 层 植 物	中 层 植 物
东北地区	臭冷杉、辽东冷杉、红皮云杉、落叶松、樟子松、杜松、白桦、旱柳、梓树、白榆、皂角、侧柏、大果榆、桑树、核桃楸、槲树、蒙古栎、辽东栎、千金榆、糠椴、紫椴、山杨、山荆子、怀槐、黄檗、刺楸、水曲柳、花曲柳等、茶条槭、蒙椴、日本桤木、稠李、紫、辽东桤木、花楸树、丝棉木、天女花、白檀	省沽油、金银木、接骨木、天目琼花、蓝靛果、迎红杜鹃、兴安杜鹃、连翘、胡枝子、太平花、东陵绣球、黄芦木、细叶小檗、东北茶藨子、长白茶藨子、三裂绣线菊、东北珍珠梅、风箱果、金露梅、锦带花、大花水亚木
华北地区	黑松、油松、圆柏、青秆、侧柏、白皮松、水杉、雪松、赤松、银杏、白蜡、绒毛白蜡、洋白蜡、臭椿、合欢、国槐、苦楝、栾树、麻栎、槲树、刺槐、悬铃木、元宝枫、柿树、杜仲、流苏、旱柳、楸树、梓树、毛白杨、白榆、皂角、玉兰、华山松、朴树、鸡爪槭、茶条槭、蒙椴、日本桤木、八角枫、白檀、玉铃花	鸡麻、连翘、小花溲疏、卫矛、天目琼花、红瑞木、迎红杜鹃、省沽油、金银木、珍珠梅、柳叶绣线菊、三裂绣线菊、棣棠、矮紫杉、大叶黄杨、荚蒾、接骨木、六道木、大叶铁线莲、胡枝子、紫荆、小叶黄杨、猬实、太平花、海州常山、紫叶小檗、大花溲疏、蒙古荛
华南地区	南洋杉、大叶南洋杉、鸡毛松、榕属、桉属、木棉、台湾相思、洋紫荆、凤凰木、木麻黄、银桦、大王椰子、蒲葵、槟榔、假槟榔、大果马蹄荷、木菠萝、蓝花楹、南洋楹、大花紫薇、荔枝、盆架树、白千层、芒果、人面子、白兰、蒲桃、秋枫、阴香、竹柏、罗汉松、幌伞枫、短穗鱼尾葵、美丽异木棉、大叶榕、细叶榕、荷木、银桦、大叶相思、马占相思、水翁、尖叶杜英、黄檀、印度紫檀、水石榕、火焰木、台湾栾树、刺桐	红茴香、米兰、九里香、鹰爪花、水冬哥、星毛鸭脚木、牛矢果、海桐、光叶海桐、野锦香、野海棠、虎舌红、罗伞树、杜茎山、金腺荚蒾、红紫珠、臭茉莉、山茶类、含笑、栀子、八角金盘、绣球、野扇花、十大功劳、南天竹、米碎花、虎刺、云南黄馨、桃叶珊瑚、紫金牛、软叶刺葵、散尾葵、棕竹、金粟兰、通脱木、茵芋、六月雪、玉叶金花、龙船花、硬骨凌霄、茉莉、变叶木、但连翘、冬红、朱樱花、红桑
长江中下游地区	马尾松、黑松、柏木、日本冷杉、金钱松、水杉、广玉兰、樟树、杜英、木荷、金叶含笑、紫楠、浙江楠、苦槠、石栎、青冈栎、桂花、红豆树、钩栲、枫香、光皮梾木、无患子、梧桐、喜树、合欢、薄壳山核桃、鹅掌楸、鸡爪槭、珊瑚朴、玉兰、七叶树、楸树、南酸枣、乌桕、枫扬、罗汉松、柳杉、日本五针松、木莲、薄叶润楠、四照花、日本女贞、山矾、茶条槭	山茶、罗汉柏、八角金盘、棣棠、油茶、茶梅、厚皮香、瑞香、海桐、福建柏、乌药、圆锥八仙花、天目琼花、野珠花、马银花、毛白杜鹃、朱砂杜鹃、六月雪、朱砂根、紫金牛、栀子、雀舌花、枸骨、南天竹、十大功劳属、滨柃、徽毛柃、格药柃、小檗属、箬竹、夏蜡梅、溲疏、鹅毛竹、短穗竹、糯米条、臭牡丹、野扇花、东方野扇花、通脱木、美丽马醉木、含笑、野茉莉
西南地区	香冠柏、美洲花柏、扁柏、刺柏、圆柏、塔柏、龙柏、伊桐、干香柏、大叶冬青、鱼骨松、银合欢、山杜英、云南红豆杉、红花荷、马蹄荷、肋果茶、长蕊木兰、鹅掌楸、缅桂、黄缅桂、乐昌含笑、深山含笑、峨眉含笑、毛果含笑、山玉兰、广玉兰、云南拟单性木兰、红花木莲、南洋杉、景东槭、枇杷、水红木、三尖杉、红桂木、高山榕、橡皮树、柳叶榕、小叶榕、银木荷、木荷、银桦、北美红杉、柳杉、池杉、杉木、水杉、雪松、红花羊蹄甲、大树杨梅、滇润楠、香油果、香樟、云南樟、天竺桂、大叶香樟、加拿利海枣、蒲葵、老人葵、鱼尾葵、董棕、棕榈、山桐子、重阳木、乌桕、刺桐、滇皂荚、云南紫荆、云南七叶树、皮哨子、栾树、银杏、滇朴、云南樱花、冬樱花	金花茶、云南山茶、木槿、扶桑、罗汉松、竹柏、桂花、油橄榄、尖叶木樨榄、云南木樨榄、苏铁、马樱花、红花油茶、华东茶、滇丁香、油茶、厚皮香、大叶伞、八角金盆、球花石楠、石楠、龙血树、红叶李、贴梗海棠、垂丝海棠、西府海棠、腊梅、木芙蓉、红枫

植物群落组合

下 层 植 物	群 落 举 例
冰凉花、铃兰、桔梗、大字杜鹃、萱草、大苞萱草、鸢尾类、八宝景天、圆苞紫菀、锦葵、紫斑风铃草、黄堇、石松、花葱、落新妇、荷包牡丹、苔草类、北五味子、越橘	（1）红松＋花楸树—茶条槭＋兴安杜鹃—越橘。 （2）辽东冷杉—天目琼花—铃兰。 （3）红皮云杉—蒙椴—大苞萱草。 （4）樟子松＋辽东栎木—紫杉＋蓝靛果—冰凉花。 （5）黄檗—茶条槭＋长白茶藨子—苔草类。 （6）白榆—丝棉木—稠李—落新妇。 （7）白桦—天女花＋大花水亚木—紫斑风铃草。 （8）水曲柳—东北珍珠梅＋三裂绣线菊—桔梗。 （9）色木＋辽东栎木—大花水亚木—荷包牡丹。 （10）蒙古栎—黄芦木—黄堇
土麦冬、阔叶土麦冬、苔草类、垂盆草、二月蓝、玉簪、紫萼、鹿葱、鸢尾类、射干、蟛蜞菊、络石、小叶扶芳藤、大花萱草、紫花地丁、爬山虎	（1）毛白杨＋元宝枫—天目琼花＋连翘—玉簪＋大花萱草＋荷包牡丹。 （2）合欢—金银木＋小叶女贞—早熟禾＋紫花地丁。 （3）国槐＋圆柏—裂叶丁香＋天目琼花—苔草＋垂盆草。 （4）臭椿＋元宝枫—太平花—连翘—络石。 （5）栾树＋云杉—珍珠梅＋金银木—紫花地丁＋土麦冬。 （6）白皮松＋西府海棠—丁香＋锦带花—扶芳藤。 （7）水杉—英蒾＋连翘—小叶扶芳藤。 （8）苦楝—丁香—二月蓝。 （9）油松＋茶条槭—黄栌＋连翘—土麦冬。 （10）黑松＋八角枫—三裂绣线菊—鸢尾
仙茅、大叶仙茅、海芋、一叶兰、蜘蛛兰、肾蕨、紫背竹芋、广东万年青、球花马蓝、可爱花、虎尾兰、金粟兰、秋海棠属、合果芋、紫花络石、中华常春藤、酢浆草、沿阶草、白芨、天竺葵、山姜、矮山姜、草胡椒、深山黄堇、红背蛇根草、千年健、露兜树	（1）银桦＋罗汉松—鹰爪花—海芋。 （2）白兰—大头茶＋罗伞树—虎尾兰。 （3）小叶榕＋竹柏—红背桂——叶兰。 （4）凤凰木—玉叶金花＋虎刺—合果芋。 （5）假槟榔—软枝刺葵—棕竹—仙茅。 （6）阴香＋黄槿—含笑＋棕竹—广东万年青。 （7）橄榄—南天竹＋海桐—大叶仙茅＋红花酢浆草。 （8）台湾相思—九里香—沿阶草。 （9）南洋楹—鹰爪花＋含笑—地毯草。 （10）黄兰＋木莲—大叶米兰—艳山姜。 （11）小叶榕—银边草。 （12）盆架子—蔓花生。 （13）大王椰子—台湾草
吉祥草、土麦冬、沿阶草、金线草、红花酢浆草、石蒜、玉簪、紫萼、垂盆草、鸢尾富贵草、吊竹梅、白芨、葱莲、马蹄金、三叶草、杜衡、蔓长春花、万年青、深裂竹根七、荞麦叶大百合、大吴风草、山荷叶、翠云草、庐山楼梯草	（1）广玉兰＋白玉兰—山茶—阔叶土麦冬。 （2）浙江楠＋马醉木—夏腊梅—大吴风草。 （3）樟树—含笑＋栀子—二月兰。 （4）青冈栎＋三角枫—野茉莉＋红枫—毛白杜鹃—富贵草。 （5）苦槠—四照花＋鸡爪槭—紫酢浆草。 （6）深山含笑—红茴香—锦绣杜鹃。 （7）水杉＋日本柳杉—夏腊梅＋洒金珊瑚—朱砂杜鹃＋吉祥草。 （8）七叶树—含笑＋野扇花—白芨。 （9）红豆树＋桂花—茶花＋栀子—玉簪。 （10）枫香＋罗汉松—结香—石蒜＋土麦冬
肾蕨、紫花地丁、三色堇、佛甲草、汉宫秋、千日红、天竺葵、红花酢浆草、旱金莲、四季秋海棠、茼蒿菊、大丽花、田埂报春、金叶过路黄、丛生福禄考、珊瑚花、吊竹梅、鸭跖草、地涌金莲、花叶艳山姜、黄姜花、大花美人蕉、蜘蛛抱蛋、蜘蛛兰、火把莲、沿阶草、天门冬、萱草、玉竹、麦冬、玉簪、春羽、百子莲、大花君子兰、葱兰、文殊兰、蝴蝶花、虎头兰、肾蕨、铁线蕨、红花檵木、金丝桃	（1）滇朴—桂花—八角金盘—土麦冬。 （2）云南樟—腊梅—蜘蛛兰。 （3）云南樱花—云南含笑—萼距花。 （4）滇青冈＋三角枫—华东山茶＋红枫—毛杜鹃—红花酢浆草。 （5）小叶榕—扶桑＋鸡爪槭—紫酢浆草。 （6）深山含笑—木槿—洒金珊瑚—麦冬。 （7）冬樱花＋红花木莲—马缨花—金叶过路黄。 （8）高山榕—垂丝海棠—黄姜花。 （9）台湾相思＋重阳木—红花油茶—苏铁—玉簪。 （10）董棕—棕榈—棕竹＋地涌金莲—汉宫秋

附录2 植物造景设计案例图纸节选

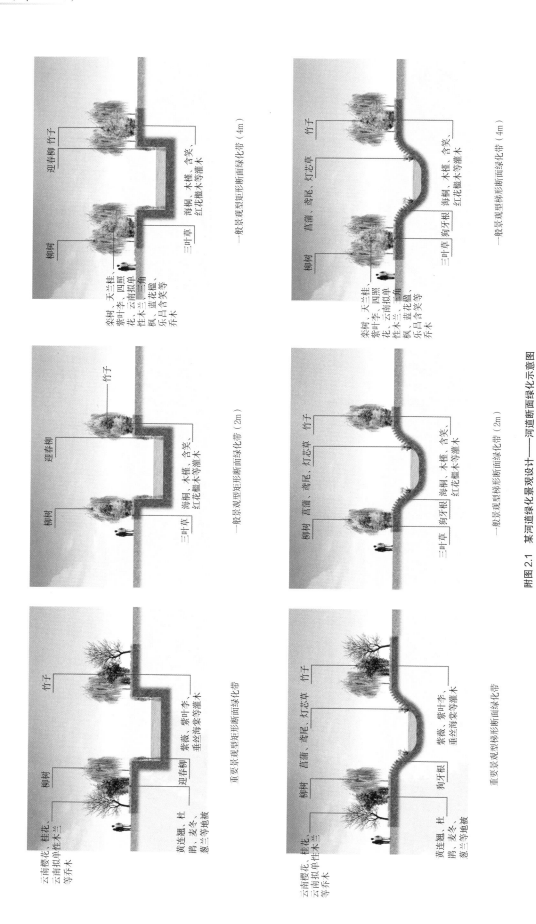

一般景观型矩形断面绿化带（4m）

一般景观型梯形断面绿化带（4m）

一般景观型矩形断面绿化带（2m）

一般景观型梯形断面绿化带（2m）

重要景观型矩形断面绿化带

重要景观型梯形断面绿化带

附图2.1 某河道绿化景观设计——河道断面绿化示意图

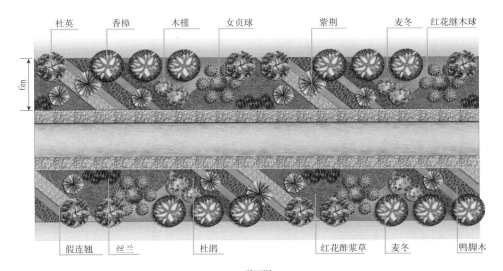

杜英　香樟　木槿　女贞球　紫荆　麦冬　红花继木球

6m

假连翘　丝兰　杜鹃　红花酢浆草　麦冬　鸭脚木

平面图

立面图

断面图

效果图

附图 2.2　某河道绿化景观设计——梯形河道断面种植设计图（平面图、立面图、断面图、效果图）

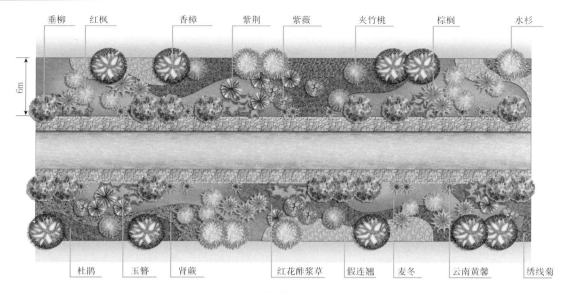

垂柳　红枫　香樟　紫荆　紫薇　夹竹桃　棕榈　水杉

杜鹃　玉簪　肾蕨　红花酢浆草　假连翘　麦冬　云南黄馨　绣线菊

6m

平面图

立面图　　　　断面图

效果图

附图2.3　某河道绿化景观设计——矩形河道断面种植设计图（平面图、立面图、断面图、效果图）

附图 2.4　某河道绿化景观设计——滨河游园种植设计图（平面图、效果图）

平面图

附图 2.5　某河道绿化景观设计——滨河游园种植设计图（平面图、效果图）

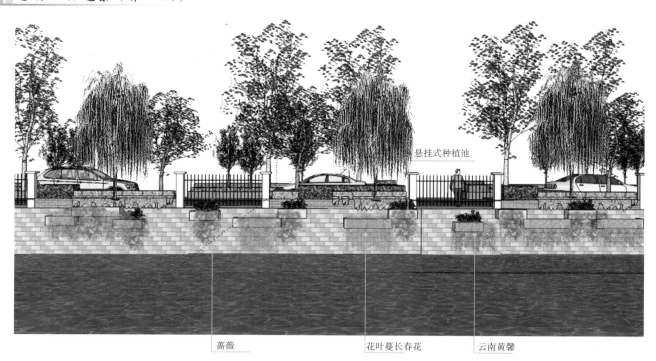

悬挂式种植池

蔷薇 　　　　　　　　 花叶蔓长春花 　　 云南黄馨

附图 2.6　某河道绿化景观设计——硬质垂直驳岸种植设计图（立面图）

附图 2.7　某湿地公园绿化景观设计——鸟瞰图

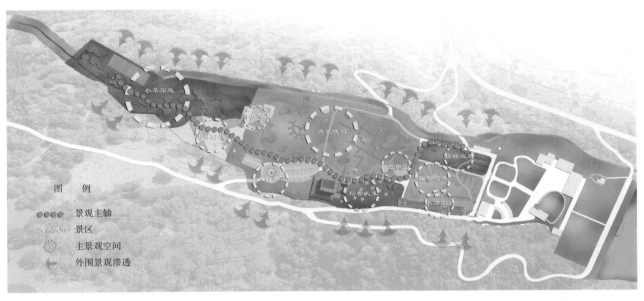

附图 2.8　某湿地公园绿化景观设计——景观分区图

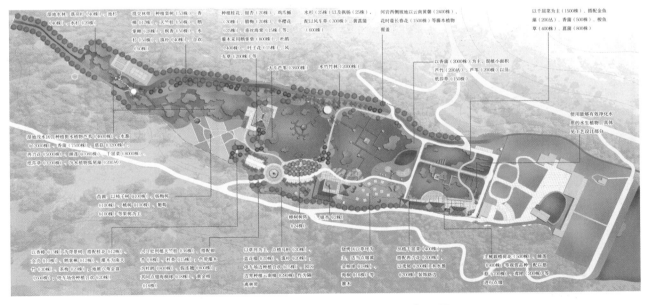

附图 2.9　某湿地公园绿化景观设计——种植设计平面图

附图 2.10　某湿地公园绿化景观设计——局部景区效果图（Ⅰ）

附图 2.11　某湿地公园绿化景观设计——局部景区效果图（Ⅱ）

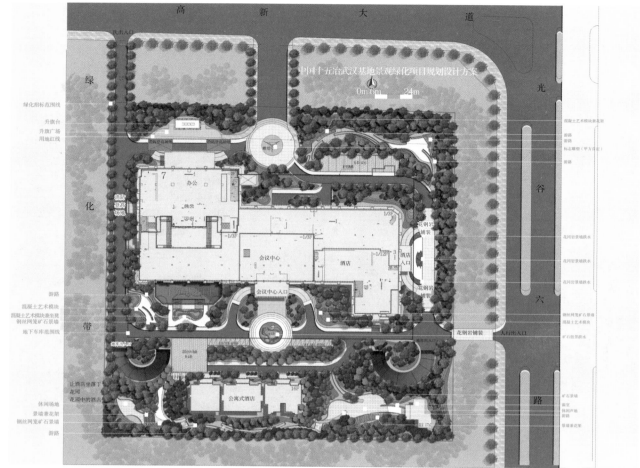

总平面图

总体鸟瞰效果图

附图 2.12　某单位绿地植物景观设计——绿化布置总平面图和鸟瞰图

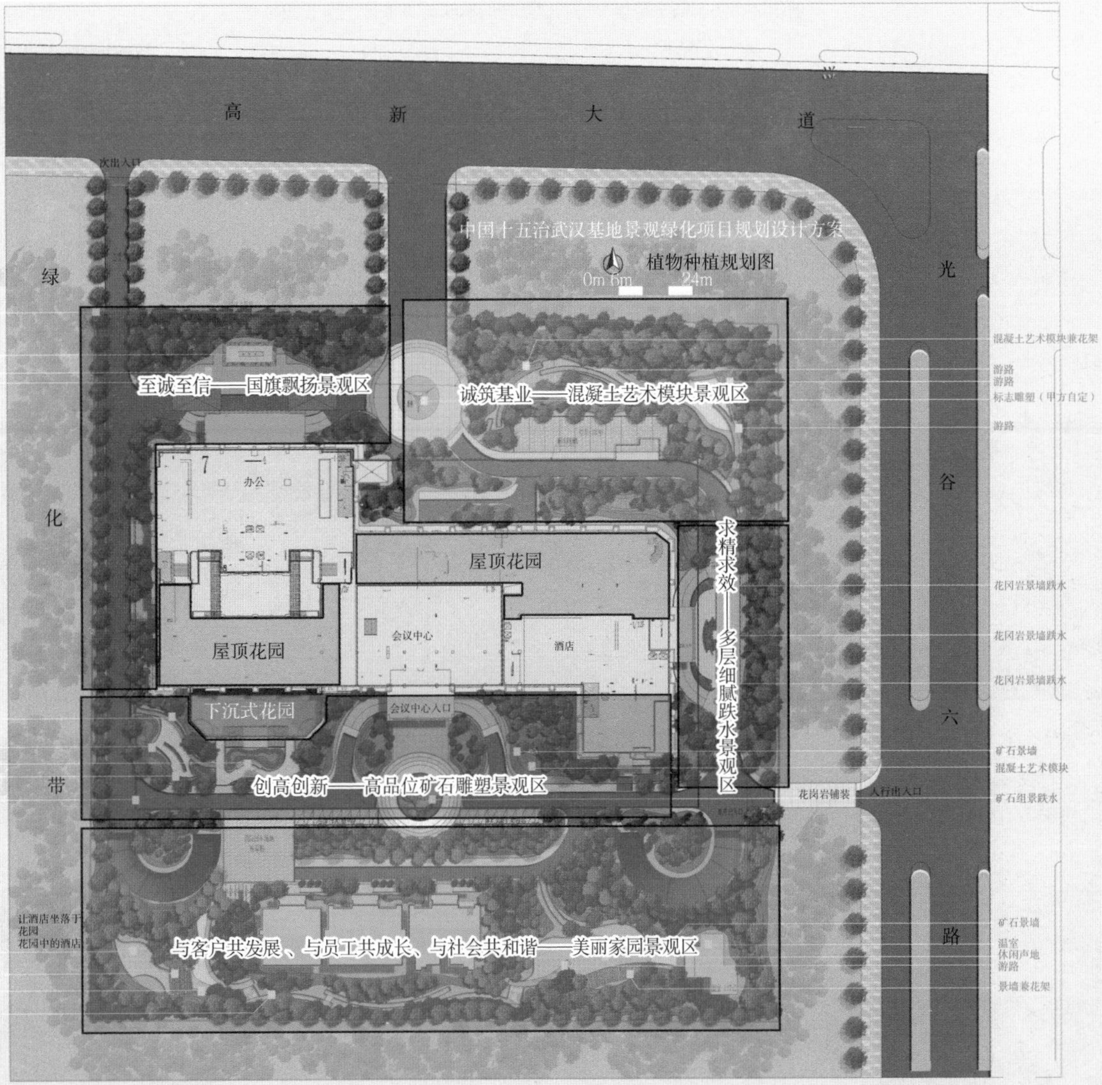

附图 2.13 某单位绿地植物景观设计——种植规划图

诚筑基业——混凝土艺术模块景观区

基地北人入口的东侧，即办酒店北入口。除基地北外侧绿地最外侧围栏处密植绿树丛外，主要通过种植夏季花的合欢；秋季观叶色的榉树；冬季观花的茶梅，腊梅红花继续延黄地的景观。

在酒店的主人入口正对的绿地中种玉兰、银杏、桃花、红枫、紫玉兰等花球，无刺构骨球，茶梅球等。

在紫薇酒店建筑前，用大花组团绿地铺种花灌木，形成层叠简洁花树群组合。

果岭草坪景观区

即会议中心南人行入口的东西两侧。在该区建筑的边缘，种植桂花、香樟、无患子等秋色种种，点缀常绿的构海棠、布迪椰子等。

求精求效——多层细腻跌水景观区

在会议中心入口的东侧选用两组园艺造型树。在该区建筑的出入口，环绕着出入口形成了两个圆形的绿地种植棕榈科的植物，如华盛顿棕榈、苏铁、布迪椰子等。

与客户共发展、与员工共成长——社会公园景观区

即酒店公寓四周的周边，与员工共成长。与公寓楼前出入口对称布有地下车库的出入口的北面种植桂花、木槿、丁香、紫薇花等的有马褂木、马褂木、浓香茶花等。还有茶花等加上四季盛开的翠喉鸡竹和福橙里加上叠一派园艺江风光。

公寓楼的西侧，在起伏的小山丘上种植枇杷、石榴、山楂、香橼、胡柚、樱桃、代代等异域魅力十足的果园。

至诚至信——国旗飘扬景观区

基地北人入口的西侧，即办公楼主入口区将大规模种植的香樟、银杏、朴树、桂花升旗台在起伏的土坡的顶部村托升旗台。在主坡的底部种植春景植物樱花、红花继木球等。

屋顶花园

在办公楼一侧的屋顶花园主要体现室外客厅的理念，特别运用钢筋编制的隔断，选择鸡血藤等植物爬满整个钢架，形成各色的墙。

日式特色园选用小叶罗汉松、杜鹃、黑松、薰衣草、月季、玫瑰等植物。英式特色园选地中海式、杜鹃、黄杨绿篱、月季特色园选用地中海莱迭、苏铁、滴水观音、金森女贞等阔叶植物。

下沉式花园

下沉式花园主靠近食堂的沿边种植造型树，放置山石，点缀球形植物和开花地被，对面种植哺鸡竹、杜鹃、大花人仙花、罗汉松、哺鸡竹后端种墙体植物丁爬墙虎。在三面墙的顶部，配置丁浓香茉莉。

创高创新——高品位矿石堆塑景观区

即会议中心矿石堆塑景观西两侧，选用两组造型树。在该区建筑入口的两侧种植桂花、香樟、无患子等秋色的树种，点缀西府海棠、白玉兰等春花树种。

在酒店的主人口正对的绿地，作为酒店的对景绿地，也是酒店喷泉的背景绿地。种植层次丰富的观赏植物，如广大玉兰、银杏、红枫、紫玉兰、桂花等，林下种植红花继木球、金边黄杨球、茶梅球等，无则构青球，形成一幅层层森盛、高低错落、色彩斑斓的立体画。第四个景区："创意创新——富品位矿石堆雕塑景观区"。

附图 2.14　某单位绿地植物景观设计——酒店东侧绿化带效果图

屋顶花园鸟瞰图

屋顶花园局部效果图

附图 2.15　某单位绿地植物景观设计——屋顶花园鸟瞰图与局部效果图

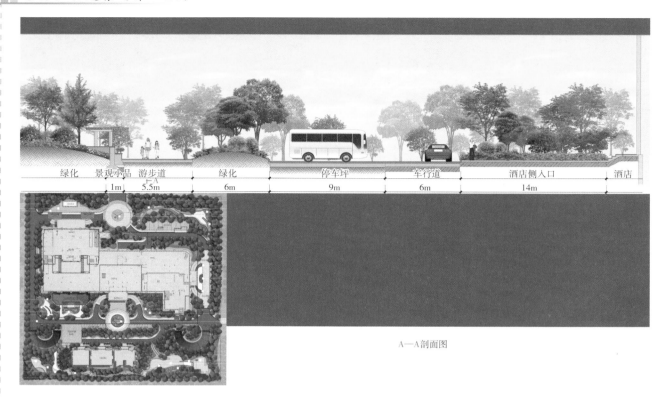

绿化	景观小品	游步道	绿化	停车坪	车行道	酒店侧入口	酒店
	1m	5.5m	6m	9m	6m	14m	

A—A剖面图

局部景观效果图

附图 2.16　某单位绿地植物景观设计——办公楼北侧植物景观剖面图和局部效果图

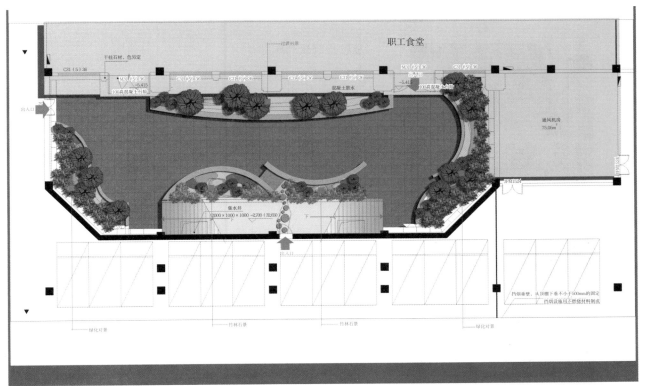

下沉广场平面图

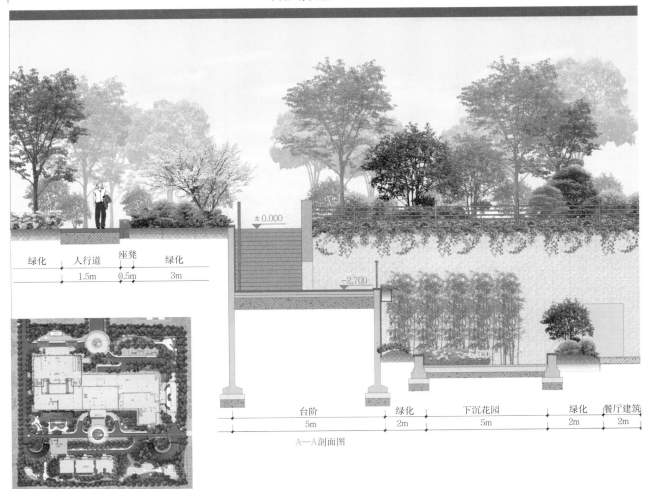

绿化	人行道	座凳	绿化
	1.5m	0.5m	3m

±0.000

−2.700

−5.500

台阶	绿化	下沉花园	绿化	餐厅建筑
5m	2m	5m	2m	2m

A—A剖面图

附图 2.17　某单位绿地植物景观设计——下沉广场植物景观平面图和剖面图

植物景观规划原则

在总体规划原则的指导下进行植物景观的规划设计。本着模拟自然界的生态植物群落，改善城市生态环境，营造优美道路绿化景观的设计理念，并且与"9+1"两侧的用地性质相适应，形成大气统一，富有空间变化，色彩鲜明，韵律感强的现代植物景观特色，体现鹤壁市日新月异、蓬勃发展的全新城市面貌。

植物形象特征

（1）热闹商业区：以大型行列树阵规则灌木色带，强调简洁大气，体现现代感。

（2）办公、居住区：以色彩丰富的观赏植物群落满足人们休闲游赏的视觉要求。

规划应从形成整个绿带健全完善的生态系统观点出发合理进行树种的搭配和选择。

（1）坚持适地适树原则，乡土植物为主。注意体现地方特色和区域特色，局部科学采用外来引进树种，丰富物种。

（2）物种多样性原则。不同类别、特性的植物科学搭配，形成四季有景、景观各异、丰富多彩的植物景观。

（3）因地制宜，从现状实际出发的原则。对现状栽植时间较长且景观效果较好的乔木将予以保留，绿化改造可本着添绿补绿的原则，在其前补栽观赏林带。

基调树种

雪松、小叶朴、黄连木、栾树、重阳木、银杏、女贞。

骨干树种

五角枫、杜仲、白玉兰、青桐、刺槐、乌桕、小叶朴、七叶树、楝树、丝棉木、臭椿、杂种马褂木、广玉兰、悬铃木。

枇杷、红叶石楠、金桂、四季桂、银桂、红枫、茶条槭、日本早樱、绯红晚樱、杏、垂丝海棠、西府海棠、紫叶李、紫叶桃、碧桃、木绣球、丁香、紫荆、腊梅、石榴、木槿、紫薇、紫玉兰、垂柳。

铺地柏、构骨、海桐、大叶黄杨、小叶黄杨、凤尾兰、十大功劳、火棘、香荚蒾、糯米条、贴梗海棠、麦李、郁李、白鹃梅、榆叶梅、黄刺玫、粉花绣线菊、棣棠、木绣球、金叶女贞、紫叶小檗、连翘、迎春、红瑞木、锦带花、常春藤、扶芳藤、书带草、红花酢浆草、鸢尾、萱草。

附图2.18　鹤壁市"9+1"工程景观带植物种植设计方案——种植设计原则
（本资料由苏州园林设计院有限公司提供）

种植设计构思

本段景观立意"淇水思源"，起源于北侧艺术中心，北接沿淇河景观绿带"淇河诗苑"，文化艺术内涵丰富。本段的种植设计突出植物的景观文化内涵，以特色植物隐喻场地人文特征。

种植形式上采用点、线、面相结合的形式融入场地景观。在道路交叉口处以及场地广场中以标志性大乔木点缀或形成树阵广场，沿水流形铺装种植特色乔灌木形成带状绿廊，绿带近建筑侧以块状绿化为主，形成树群及植物群落绿化效果，达到整体浑然一体、重点地段精彩纷呈的植物景观效果。

树种选择。重点选择风格化传统树种，如黑松、梅花、腊梅、淡竹等植物，作为场地突出景观。基调树种采用乡土树种，国槐、榉树、栾树等，具体如下。

（1）上层乔木：白皮松、黑松、龙柏、广玉兰、榉树、国槐、栾树、淡竹、刚竹、紫竹。

（2）中层花灌木：桂花、梅花、腊梅、垂丝海棠、丁香、白玉兰、紫玉兰、鸡爪槭、罗汉松。

（3）下层地被：金叶女贞、紫叶小檗、小龙柏、火棘、大叶黄杨、南天竹、毛鹃。

人行道种植

绿色廊道种植

背景种植

广场种植

特色种植

附图 2.19　鹤壁市"9+1"工程景观带植物种植设计方案——"淇水思源"景观段

173

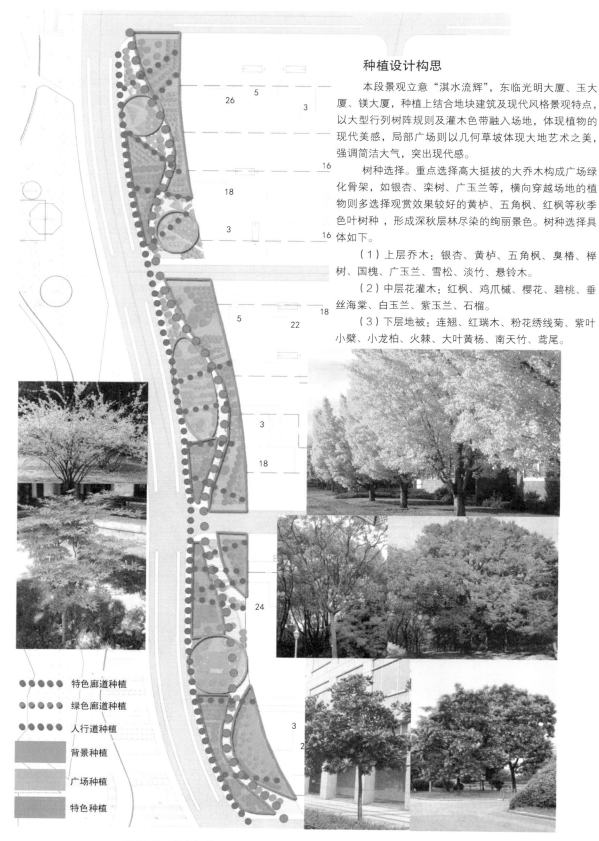

种植设计构思

本段景观立意"淇水流辉"，东临光明大厦、玉大厦、镁大厦，种植上结合地块建筑及现代风格景观特点，以大型行列树阵规则及灌木色带融入场地，体现植物的现代美感，局部广场则以几何草坡体现大地艺术之美，强调简洁大气，突出现代感。

树种选择。重点选择高大挺拔的大乔木构成广场绿化骨架，如银杏、栾树、广玉兰等，横向穿越场地的植物则多选择观赏效果较好的黄栌、五角枫、红枫等秋季色叶树种，形成深秋层林尽染的绚丽景色。树种选择具体如下。

（1）上层乔木：银杏、黄栌、五角枫、臭椿、榉树、国槐、广玉兰、雪松、淡竹、悬铃木。

（2）中层花灌木：红枫、鸡爪槭、樱花、碧桃、垂丝海棠、白玉兰、紫玉兰、石榴。

（3）下层地被：连翘、红瑞木、粉花绣线菊、紫叶小檗、小龙柏、火棘、大叶黄杨、南天竹、鸢尾。

特色廊道种植

绿色廊道种植

人行道种植

背景种植

广场种植

特色种植

附图 2.20　鹤壁市"9+1"工程景观带植物种植设计方案——"淇水流辉"景观段

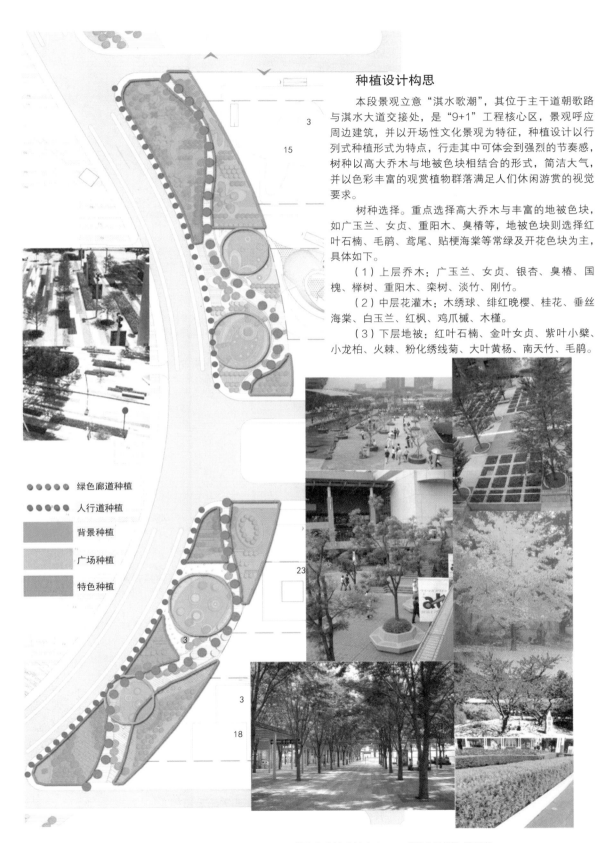

种植设计构思

本段景观立意"淇水歌潮",其位于主干道朝歌路与淇水大道交接处,是"9+1"工程核心区,景观呼应周边建筑,并以开场性文化景观为特征,种植设计以行列式种植形式为特点,行走其中可体会到强烈的节奏感,树种以高大乔木与地被色块相结合的形式,简洁大气,并以色彩丰富的观赏植物群落满足人们休闲游赏的视觉要求。

树种选择。重点选择高大乔木与丰富的地被色块,如广玉兰、女贞、重阳木、臭椿等,地被色块则选择红叶石楠、毛鹃、鸢尾、贴梗海棠等常绿及开花色块为主,具体如下。

(1)上层乔木:广玉兰、女贞、银杏、臭椿、国槐、榉树、重阳木、栾树、淡竹、刚竹。

(2)中层花灌木:木绣球、绯红晚樱、桂花、垂丝海棠、白玉兰、红枫、鸡爪槭、木槿。

(3)下层地被:红叶石楠、金叶女贞、紫叶小檗、小龙柏、火棘、粉化绣线菊、大叶黄杨、南天竹、毛鹃。

●●●●● 绿色廊道种植

●●●●● 人行道种植

背景种植

广场种植

特色种植

附图2.21 鹤壁市"9+1"工程景观带植物种植设计方案——"淇水歌潮"景观段

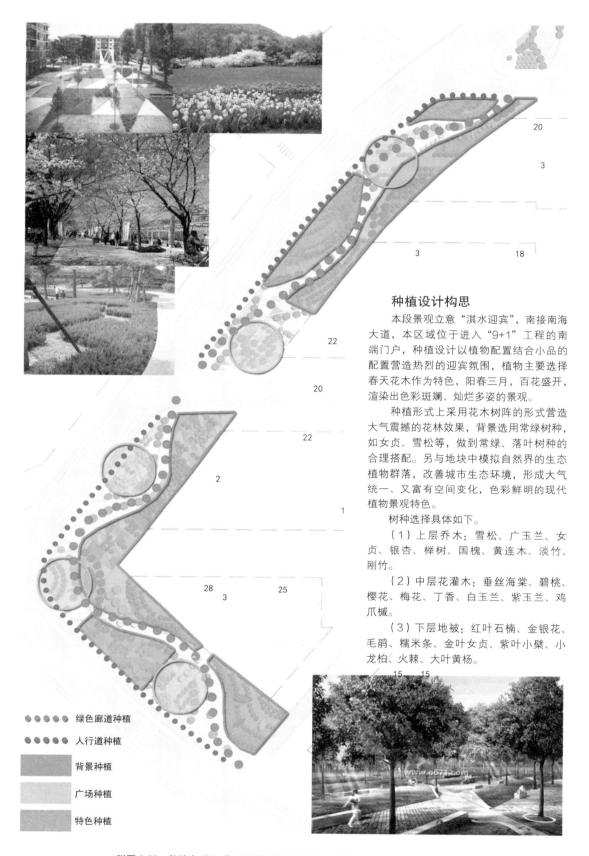

种植设计构思

本段景观立意"淇水迎宾"，南接南海大道，本区域位于进入"9+1"工程的南端门户，种植设计以植物配置结合小品的配置营造热烈的迎宾氛围，植物主要选择春天花木作为特色，阳春三月，百花盛开，渲染出色彩斑斓、灿烂多姿的景观。

种植形式上采用花木树阵的形式营造大气震撼的花林效果，背景选用常绿树种，如女贞、雪松等，做到常绿、落叶树种的合理搭配。另与地块中模拟自然界的生态植物群落，改善城市生态环境，形成大气统一、又富有空间变化，色彩鲜明的现代植物景观特色。

树种选择具体如下。

（1）上层乔木：雪松、广玉兰、女贞、银杏、榉树、国槐、黄连木、淡竹、刚竹。

（2）中层花灌木：垂丝海棠、碧桃、樱花、梅花、丁香、白玉兰、紫玉兰、鸡爪槭。

（3）下层地被：红叶石楠、金银花、毛鹃、糯米条、金叶女贞、紫叶小檗、小龙柏、火棘、大叶黄杨。

绿色廊道种植

人行道种植

背景种植

广场种植

特色种植

附图 2.22 鹤壁市"9+1"工程景观带植物种植设计方案——"淇水迎宾"景观段

参 考 文 献

[1] 董丽，胡洁，吴宜夏.北京奥林匹克森林公园植物规划设计的生态思想［J］.中国园林，2006，22（8）：34-38.

[2] 胡洁，吴宜夏，张艳.北京奥林匹克森林公园种植规划设计［J］.中国园林，2006，20（6）：25-31.

[3] 胡长龙.园林规划设计［M］.2版.北京：中国农业出版社，2002.

[4] 李允菲.环境心理学在园林设计中的应用［J］.陕西林业科技，2009，39（2）：133-137.

[5] 黄运超.浅析园林植物造景的色彩规划［J］.农业科技与信息，2010，27（3）：46-48.

[6] 周玉敏，潘瑞芳.浅谈园林设计中的色彩应用［J］.湖北生态工程职业技术学院学报，2010，8（3）：11-13.

[7] 金煜.园林植物景观设计［M］.沈阳：辽宁科学技术出版社，2008.

[8] 臧德奎.园林植物造景［M］.北京：中国林业出版社，2008.

[9] 熊运海.园林植物造景［M］.北京：化学工业出版社，2009.

[10] 卢圣.植物造景［M］.北京：气象出版社，2004.

[11] 苏雪痕.植物造景［M］.北京：中国林业出版社，1994.

[12] 唐学山，李雄、曹礼昆.园林设计［M］.北京：中国林业出版社，2010.

[13] 兰茜J·奥德诺.观赏草及其景观配置［M］.刘建秀，译.北京：中国林业出版社，2004.

[14] 马翠平.论园林植物与建筑的融合［J］.现代园艺，2011，34（11）：78.

[15] 李博，王浩.水景园植物配置与造景［J］.吉林林业科技，2007，36（3）：18-20.

[16] 辛爽，王先杰.水生植物在园林水景中的应用研究［J］.北方园艺，2011，35（7）：97-100.

[17] 彭海平.园林绿化中地形的营造［J］.北京园林，2009，25（88）：12-15.

[18] 诺曼K·布思（美）.风景园林设计要素［M］.曹礼昆，译.北京：中国林业出版社，2006.

[19] 郭芳明.锦绣园林尽芳华——世博园中国园区设计方案［M］.北京：中国建筑工业出版社，1999.

[20] 卢圣，侯芳梅.植物造景［M］.北京：气象出版社，2004.

[21] 许冲勇.植物种植设计施工图的探索［J］.中国园林，2001，17（3），64-66.

[22] 陆耀东.珠三角城市森林的防护隔离带类型及其树种配置［J］.中国城市林业，2005，3（1）：34-38.

[23] 宋钰红.别墅区绿地植物造景概述［J］.南方农业，2010，4（3）：37-39.

[24] 姜来成.论防护绿地的规划建设［J］.防护林科技，2002，20（1）：33-34.

[25] 蔡如，韦松林.植物景观设计［M］.昆明：云南科技出版社，2005.

[26] 陈月华，王晓红.植物景观设计［M］.北京：国防科技大学出版社，2005.

[27] 柳骅，吕琦.植物景观设计教程［M］.浙江：浙江人民美术出版社，2009.

[28] （德）汉斯·罗易德，斯蒂芬·伯拉德.开放空间设计［M］.罗娟，雷波，译.北京：中国电力出版社，2007.

[29] 林玉莲，胡正凡.环境心理学［M］.2版.北京：中国建筑工业出版社，2011.

[30] 刘永德.建筑外环境设计［M］.北京：中国建筑工业出版社，1996.

[31] 李志民，王琰.建筑空间环境与行为［M］.武汉：华中科技大学出版社，2009.

［32］詹姆斯·博耐特景观事务所.莱斯大学布洛斯坦馆设计［J］.景观设计学，2010，3（6）：84-85.

［33］王求是.大众行为与公园设计［M］.北京：中国建筑工业出版社，1990.

［34］洪得娟.景观建筑［M］.上海：同济大学出版社，1999.

［35］徐玉红.园林植物观赏性与园林景观设计的关系（自然科学版）［J］.2006，37（3）：465-470.

［36］赵爱华，李冬梅.园林植物景观的设计美与意境美浅析［J］.西北林学院学报，2004，19（4）：170-173.

［37］刘东来，吴中伦，阳含熙，等.中国的自然保护区［M］.上海：上海科技教育出版社，1999.

［38］邓解悟.观赏植物资源与中国园林［J］.中国园林，1996，12（4）：461-471.

［39］王晓晓，谭峰.北京市居住区植物造景［J］.城乡建设，2005，50（5）：47-48.

［40］毛春英，李和滨，徐斌，等.园林植物造景刍议［J］.北方园艺，2007，31（2）：72-74.

［41］姜凌云.居住区植物造景发展趋势［J］.湖南园林，2007，54（19）：15.

［42］李艳.浅析英国自然风景园植物造景［J］.安徽农业科学，2007，35（24）：7443.

［43］郭晖，张建强.豫北地区园林植物的季相特征及造景研究［J］.安徽农业科学，2007，35（23）：7049-7051.

［44］郭伟，姜福志，李静，等.泰安市区攀缘植物造景及其在园林绿化中的应用现状分析［J］.安徽农业科学，2007，35（13）：3854-3855.

［45］丁丰华，胡希军，熊伟.现代公园植物造景探讨：以株洲石峰公园为例［J］.安徽农科学，2007，35（10）：2987-2988.

［46］徐华金，张志毅，王莹.彩叶植物研究开发现状及展望［J］.四川林业科技，2007，28（1）：44-49.

［47］金荷仙，华海镜.寺庙园林植物造景特色.中国园林［J］.2004，20（12）：50-56.

［48］覃勇荣，刘旭辉，卢立仁.佛教寺庙植物的生态文化论述.河池学院学报［J］.2006，26（1）：11-17.

［49］刘秀丽.中国古代园林植物配置的分析与论述.北京林业大学学报［J］.2001，23（6）：54-55.

［50］金荷仙.寺庙园林意境的表现手法.浙江林学院学报［J］.1998，15（4）：450-455.

［51］任明华.红楼园林［M］.济南：画报出版社，2004.

［52］管欣.中国佛教寺庙空间的意境塑造.安徽农业大学学报［J］.2006，15（2）：116-119.

［53］王春沐.论植物景观设计的发展趋势［D］.北京：林业大学博士学位论文，2008.

［54］徐德嘉.古典园林植物景观配置［M］.北京：中国环境科学出版社，1997.

［55］余树勋.园林美与园林艺术［M］.北京：中国建筑工业出版社，2006.

［56］彭一刚.中国古典园林分析［M］.北京：中国建筑工业出版社，1986.

［57］朱建宁.自然植物景观设计的发展趋势［J］.湖南林业，2006，53（1）：11.

［58］王莉芳.传统观赏植物的文化内涵及景观表现手法［J］.蓝天园林，2006，6（1）.

［59］卓身权，陈家秀.园林花境设计在现代植物造景中的理论与实践［J］.民营科技，2010，6（10）：277.

［60］杨奕.道路绿化中的植物配置与绿化形式［J］.品牌（理论月刊），2010，23（11）：198.

［61］高侠.城市道路绿化植物选择及配置［J］.河南农业，2007，17（11）：9.

［62］胡乐国.树木盆景的线条美［J］.中国花卉盆景，1988，5（10）：17.

［63］陶芳.浅谈影响园林植物景观美感要素［J］.现代园艺，2011，34（13）：126.

［64］王晓俊.风景园林设计［M］.南京：江苏科学技术出版社，2000.

［65］张振.现代开放式空间的功能定位［J］.中国园林，2004，20（8）：29-34.

［66］935景观工作室.园林细部设计与构造图集4：园林植物［M］.北京：化学工业出版社，2011.

《办公空间设计》
978-7-5170-3635-7
作者：薛娟 等
定价：39.00
出版日期：2015 年 8 月

《交互设计》
978-7-5170-4229-7
作者：李世国 等
定价：52.00
出版日期：2017 年 1 月

《装饰造型基础》
978-7-5084-8291-0
作者：王莉 等
定价：48.00
出版日期：2014 年 1 月

新书推荐 —— ·普通高等教育艺术设计类"十三五"规划教材

| 色彩风景表现 |
978-7-5170-5481-8

| 设计素描 |
978-7-5170-5380-4

| 中外装饰艺术史 |
978-7-5170-5247-0

| 中外美术简史 |
978-7-5170-4581-6

| 设计色彩 |
978-7-5170-0158-4

| 设计素描教程 |
978-7-5170-3202-1

| 中外美术史 |
978-7-5170-3066-9

| 立体构成 |
978-7-5170-2999-1

| 数码摄影基础 |
978-7-5170-3033-1

| 造型基础 |
978-7-5170-4580-9

| 形式与设计 |
978-7-5170-4534-2

| 家具结构设计 |
978-7-5170-6201-1

| 景观小品设计 |
978-7-5170-5519-8

室内装饰工程预算与投标报价
978-7-5170-3143-7

| 景观设计基础与原理 |
978-7-5170-4526-7

| 环境艺术模型制作 |
978-7-5170-3683-8

| 家具设计 |
978-7-5170-3385-1

| 室内装饰材料与构造 |
978-7-5170-3788-0

| 别墅设计 |
978-7-5170-3840-5

| 景观快速设计与表现 |
978-7-5170-4496-3

| 园林设计初步 |
978-7-5170-5620-1

| 园林植物造景 |
978-7-5170-5239-5

| 园林规划设计 |
978-7-5170-2871-0

| 园林设计 CAD+SketchUp 教程 |
978-7-5170-3323-3

| 企业形象设计 |
978-7-5170-3052-2

| 产品包装设计 |
978-7-5170-3295-3

| 视觉传达设计 |
978-7-5170-5157-2

| 产品设计创意分析与应用 |
978-7-5170-6021-5

计算机辅助工业设计——Rhino与T-Splines的应用
978-7-5170-5248-7

| 产品系统设计 |
978-7-5170-5188-6

| 工业设计概论 |
978-7-5170-4598-4

| 公共设施设计 |
978-7-5170-4588-5

| 影视后期合成技法精粹——Nuke |
978-7-5170-6064-2

| 游戏美术设计 |
978-7-5170-6006-2

| Revit 基础教程 |
978-7-5170-5054-4